Illustrator
平面设计立体化教程

陈红梅 胡宁 李娅◎主编
周永龙 汪艳 蒲羽◎副主编

人民邮电出版社
北京

图书在版编目（CIP）数据

Illustrator平面设计立体化教程 ：Illustrator 2021 ：微课版 / 陈红梅，胡宁，李娅主编. -- 北京 ：人民邮电出版社，2024.6
新形态立体化精品系列教材
ISBN 978-7-115-64274-5

Ⅰ. ①I… Ⅱ. ①陈… ②胡… ③李… Ⅲ. ①平面设计－图形软件－教材 Ⅳ. ①TP391.412

中国国家版本馆CIP数据核字(2024)第080460号

内 容 提 要

本书以 Illustrator 2021 为蓝本，系统地讲解 Illustrator 常用功能和工具的使用方法及实战案例。本书采用项目任务的形式来讲解知识点，共 10 个项目。其中项目 1 讲解 Illustrator 平面设计基础知识，以及 Illustrator 2021 工作界面和文件的基本操作；项目 2～项目 9 包括绘制简单图形、编辑与管理对象、绘制复杂图形、调色与填充图形、应用文字与图表、变形与混合对象、图像描摹与风格化、应用特殊效果等内容，层层深入，帮助学生奠定扎实的技能基础；项目 10 为综合性的商业设计案例，帮助学生熟练运用相关软件操作和设计技巧，独立完成商业设计工作。

本书知识全面、讲解详尽、案例丰富，理论联系实际，将 Illustrator 与平面设计的理论知识同实战案例紧密结合；融入设计素养知识，落实“立德树人”这一根本任务；设置特色小栏目，实用性、趣味性较强；配有讲解视频，有助于学生理解知识点、分析与制作设计案例；紧密结合职场，将职业场景引入课堂教学中，着重培养学生的实际应用能力和职业素养，有利于学生提前了解工作内容。

本书可作为高等院校 Illustrator 相关课程的教材，也可作为各类培训学校相关专业的教材，还可供 Illustrator 初学者及准备从事设计工作的人学习参考。

◆ 主　　编　陈红梅　胡　宁　李　娅
副 主 编　周永龙　汪　艳　蒲　羽
责任编辑　马　媛
责任印制　王　郁　马振武

◆ 人民邮电出版社出版发行　　北京市丰台区成寿寺路 11 号
邮编　100164　　电子邮件　315@ptpress.com.cn
网址　https://www.ptpress.com.cn
三河市兴达印务有限公司印刷

◆ 开本：787×1092　1/16
印张：15　　2024 年 6 月第 1 版
字数：406 千字　　2024 年 6 月河北第 1 次印刷

定价：59.80 元

读者服务热线：(010)81055256　印装质量热线：(010)81055316
反盗版热线：(010)81055315
广告经营许可证：京东市监广登字 20170147 号

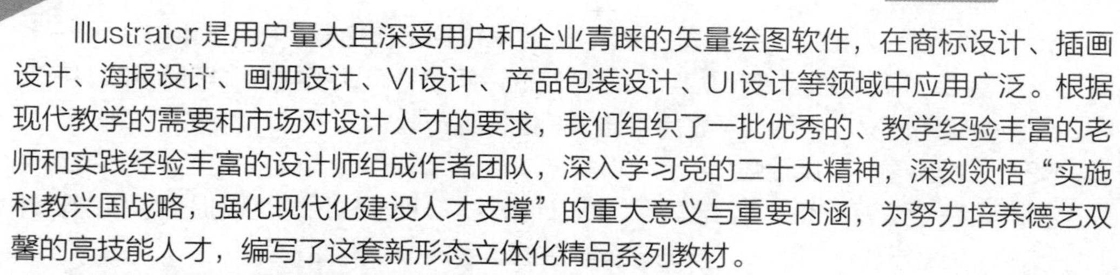

前言

Illustrator是用户量大且深受用户和企业青睐的矢量绘图软件，在商标设计、插画设计、海报设计、画册设计、VI设计、产品包装设计、UI设计等领域中应用广泛。根据现代教学的需要和市场对设计人才的要求，我们组织了一批优秀的、教学经验丰富的老师和实践经验丰富的设计师组成作者团队，深入学习党的二十大精神，深刻领悟“实施科教兴国战略，强化现代化建设人才支撑”的重大意义与重要内涵，为努力培养德艺双馨的高技能人才，编写了这套新形态立体化精品系列教材。

这套新形态立体化精品系列教材进入学校已有多年时间。在这段时间里，我们很庆幸这套教材能够帮助老师授课，并得到广大老师的认可；同时我们更加庆幸，很多老师给我们提出了宝贵的建议。为与时俱进，让本套教材更好地服务于广大老师和学生，我们根据一线老师的建议和教学需求，在套系教材中增加编写了本书（《Illustrator平面设计立体化教程（Illustrator 2021）（微课版）》）。本书拥有“知识全”“案例新”“练习多”“资源多”“与行业结合紧密”等优点，可以满足现代教学需求。

教学方法

本书将素养教育贯穿于教学全过程，引领学生从二十大精神中汲取砥砺奋进力量，并学以致用；以理论联系实际，树立社会责任感，弘扬工匠精神，培养职业素养。本书采用多段式教学方法，将职业场景、软件知识、行业知识进行有机整合，各个环节环环相扣，浑然一体。

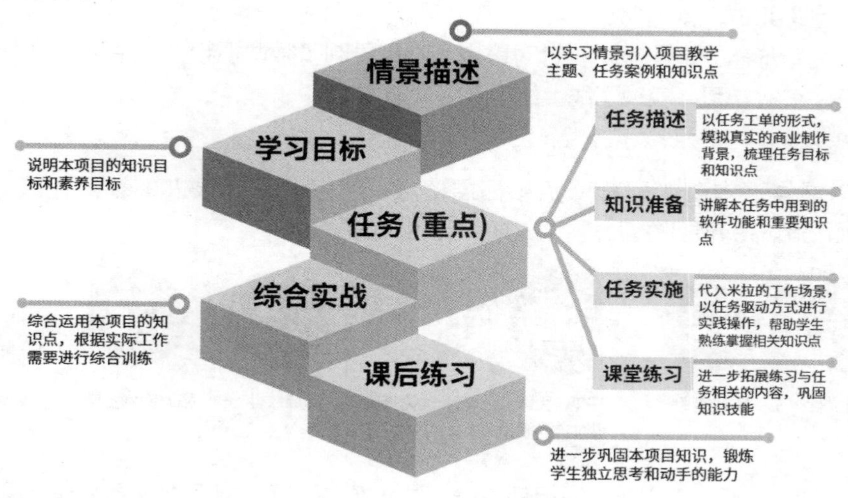

教材特色

本书旨在帮助学生循序渐进地掌握Illustrator 2021的相关应用，并使学生能在完成案例的过程中融会贯通所学知识，具体特色如下。

（1）情景代入，生动有趣

本书以职场和实际工作中的任务为主线，通过主人公米拉的实习日常，以及公司资

前言

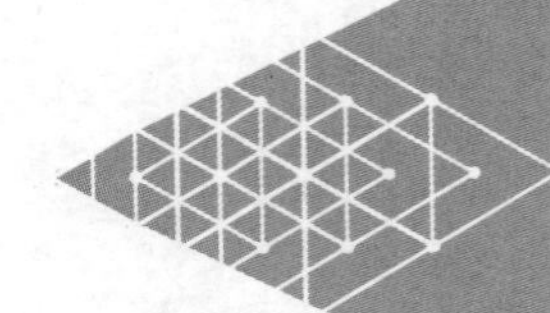

深设计师洪钧威（米拉的顶头上司“老洪”）对米拉的工作指导，引出项目主题和任务案例，并将工作情景贯穿于知识点、案例操作的讲解中，有助于学生了解所学知识在实际工作中的应用情况，做到“学思用贯通，知信行统一”。

（2）栏目新颖，实用性强

本书设有“知识补充”“疑难解析”“设计素养”3种小栏目，用以提升学生的软件操作技术，拓宽学生的知识面，同时培养学生的思考能力和专业素养。

（3）立德树人，融入素养教育

本书精心设计，因势利导，依据专业课程的特点采取恰当的方式自然融入中华传统文化、科学精神和爱国情怀等元素，注重挖掘其中的素养教育要素，弘扬精益求精的专业精神、职业精神和工匠精神，培养学生的创新意识，将“为学”和“为人”相结合。

（4）校企合作，双元开发

本书由学校老师和富有设计经验的设计师共同编写，参考了市场上各类真实设计案例，由常年深耕教学一线、有丰富教学经验的老师执笔，将项目实践与理论知识相结合，体现了“做中学，做中教”等职业教育理念，保证了教材的职教特色。

（5）项目驱动，产教融合

本书精选企业真实案例，将实际工作过程真实再现到本书中，在教学过程中培养学生的项目开发能力。以项目驱动的方式进行知识介绍，激发学生学习和认知的热情。

（6）创新形式，配备微课

本书为新形态立体化教材，针对重点、难点录制了微课视频，学生可以利用计算机和移动终端进行学习，实现了线上线下混合式教学。

教学资源

本书提供了丰富的配套资源和拓展资源，读者可以登录人邮教育社区（www.ryjiaoyu.com）获取相关资源。

素材和效果文件

+

微课视频

+

PPT、大纲和教学教案

+

设计理论基础

+

题库软件

+

拓展案例资源

+

拓展设计技能

本书由陈红梅、胡宁、李娅担任主编，周永龙、汪艳、蒲羽担任副主编。虽然编者在编写本书的过程中倾注了大量心血，但恐百密之中仍有疏漏，敬请广大读者批评指正。

编者

2024年2月

01

02

03

项目1

初识Illustrator平面设计

情景描述

初入职场，老洪将设计师助理的主要工作内容告知米拉，并告诉米拉作为一名合格的设计师助理，掌握一款矢量图制作软件的使用方法十分有必要，而Illustrator就是一款具有代表性的矢量图制作软件。老洪先为米拉分配了一个较为简单的节气海报设计任务，以考查米拉对软件的熟练程度，包括新建、打开、置入、存储、导出等基本功能的使用，并通过这些基本功能将多个图像元素添加到一个文档中，制作出美观的海报版面。

米拉虽然在学校时已学习过Illustrator，但距离熟练应用仍有提升的空间。米拉决定多请教老洪及公司其他同事，尽快提高自己的软件操作水平，以便后续设计工作的顺利进行。

学习目标

知识目标	● 熟悉Illustrator平面设计基础知识和Illustrator 2021工作界面 ● 掌握新建文件、打开文件、置入文件、存储文件和关闭文件的方法 ● 掌握抓手工具、标尺、辅助线、网格的使用方法
素养目标	● 制定职业规划，明确职业目标 ● 建立良好的人际关系，掌握沟通的艺术 ● 保持积极的工作心态，通过不断学习来提高自身能力

任务1.1 了解Illustrator平面设计基础

米拉进入公司后发现老洪交待的工作需要频繁用到Illustrator，为了顺利完成工作，米拉准备先熟悉Illustrator平面设计基础知识，拓展自己的知识面，为后面的设计工作奠定坚实的基础。

1. Illustrator的应用领域

Adobe Illustrator（简称AI）是Adobe公司开发的一款标准矢量绘图软件，被广泛应用于商标设计、插画设计、海报设计、画册设计、VI设计、产品包装设计、UI设计等领域中。

- **商标设计：**商标（又称Logo，Logo需要在国家相关机构注册为商标，否则仅为美术作品）是指生产者、经营者为了区别自己与他人的商品或服务，而使用在商品及其包装上或服务标记上的，由文字、字母、数字、图形和颜色组合，或上述要素的组合所构成的一种可视性标志。在Illustrator中绘制商标时，可以任意设置形状、大小、颜色等外观参数，无论将图形放大或缩小多少倍都能保证商标的清晰度。图1-1所示为商标设计案例。
- **插画设计：**插画又称插图，是指以手绘、鼠绘、板绘等形式绘制的图画。Illustrator绘图功能强大、色彩丰富，能轻松绘制各式各样的商业插画，如出版物配图、卡通吉祥物、海报插画、漫画、绘本、贺卡、挂历、装饰画、包装插画等。图1-2所示为插画设计案例。

图1-1 商标设计

图1-2 插画设计

- **海报设计：**海报是一种信息传递艺术，可以通过图形、色彩和构图等要素产生强烈的视觉效果，达到宣传的目的。Illustrator强大的绘图功能、优秀的文案排版功能、丰富的变形功能，可以帮助用户制作出促销海报、宣传海报和公益海报等多种类型的海报。图1-3所示为海报设计案例。
- **画册设计：**画册是指用于宣传企业或品牌的风貌、文化、理念、产品特点，塑造品牌形象的广告媒体。Illustrator可以创建多页面文件，而且其文字工具和路径文字工具提供了优秀的图文混排功能，设计师可以通过流畅的线条，以及协调、美观的图文编排，设计出既富有创意，又具有可读性、观赏性的精美画册。图1-4所示为古镇旅游画册设计案例。
- **VI设计：**VI（Visual Identity，视觉识别）设计是一种明确企业理念、形象和企业文化的整体设计，又称为"企业视觉识别系统设计"。它通过对企业的产品包装、企业Logo、企业内部环境等进行一致性设计，赋予企业良好的形象，增强企业在市场中的识别度。图1-5所示为茶饮品牌的VI设计案例。
- **产品包装设计：**产品包装设计是指选用合适的包装材料，针对产品本身的特性及受众的喜好等相关因素，运用巧妙的工艺制作手段，为产品进行的容器结构造型和包装的美化装饰设计。产品包装设计包含产品容器、产品内外包装、产品吊牌和标签，以及运输包装与礼品包装等的设计。Illustrator在产品包装设计的图案绘制、文字特效制作、色彩搭配和画面布局等方面的表现都十分出色，能快速、高效地完成制作任务。图1-6所示为“无核西梅”包装设计案例。

图1-3　海报设计

图1-4　画册设计

图1-5　VI设计

图1-6　产品包装设计

- **UI设计：** UI（User Interface，用户界面）设计也称界面设计，是指对软件的人机交互、操作逻辑和界面的整体设计，如软件界面设计、App界面设计和网站界面设计等。随着IT行业的快速发展，以及移动设备和智能设备的逐渐普及，企业和用户对网站和产品的交互设计愈加重视，UI设计在交互设计中的应用也越来越广泛。Illustrator中的绘图、上色、矢量效果和对齐等功能可以很好地完成界面元素的设计和排版，因此Illustrator非常适合用于进行UI设计。图1-7所示为美食外卖App UI设计案例，图1-8所示为天猫网站某店铺首页设计案例。

图1-7　美食外卖App UI设计

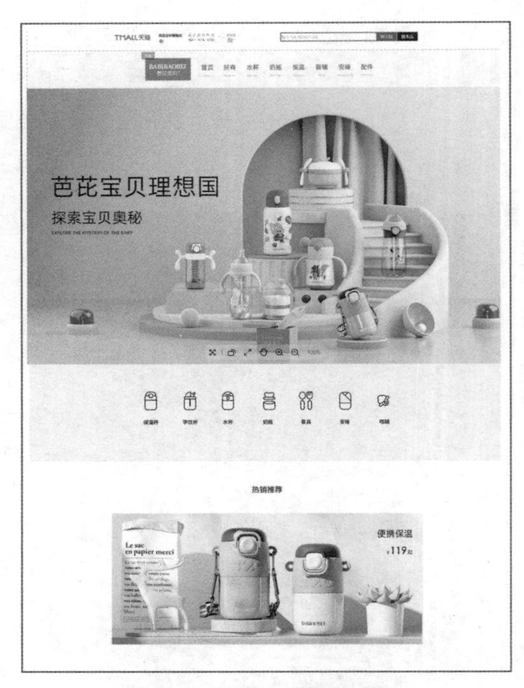

图1-8　天猫网站某店铺首页设计

2. 矢量图与位图的区别

矢量图又称为向量图，是指由点组成的直线或曲线所构成的图形。构成这些图形的点和线可被称为对象，每个对象都是单独的个体，具有大小、方向、轮廓、颜色和位置等属性。由于矢量图可以被无限放大或缩小而不影响清晰度，且文件小，适合高分辨率印刷，所以矢量图在插画设计、商标设计、版式设计和UI设计等领域中被广泛使用。图1-9所示为草莓矢量图的原图及其放大后的效果。

通过相机、手机等设备拍摄的图像称为位图，也叫点阵图，是由单个像素组成的。位图能逼真地显示物体的光影和色彩，是平面设计中的主要构成元素。位图的单位面积内像素（Pixel，简称px）越多，分辨率就越高，文件越大，图像效果也越好。图1-10所示为614像素×756像素（文件大小为1.33MB）、30像素×37像素（文件大小为3.25KB）的草莓位图对比效果。位图放大到一定程度后，图像画面将变得模糊不清。

图1-9　草莓矢量图的原图及其放大后的效果

图1-10　614像素×756像素、30像素×37像素的草莓位图对比效果

知识补充

像素和分辨率

像素是构成位图的最小单位，位图是由一个个小方格形状的像素组成的。一幅相同的图像，其像素越多画面效果越清晰、逼真。像素点是表示位图中每个具体像素的点，包含颜色值、亮度值等信息，以此呈现出完整的图像。分辨率是指图像的精密度，单位是ppi (pixels per inch)，即每英寸所包含的像素。如图像的分辨率为72ppi，表示每英寸的图像包含72个像素。图像的分辨率越高，则每英寸的图像包含的像素就越多，图像就有更多的细节，颜色过渡也越平滑。

3. Illustrator支持的文件格式

Illustrator支持的文件格式有AI、EPS、PSD、PDF、SVG、JPEG、TIFF、PNG、BMP、SWF、GIF等，其中AI、EPS、PDF、SVG格式是Illustrator的基本格式，它们可保留所有的Illustrator数据。

- **AI格式：** 它是Illustrator的专用格式，也是一种矢量图格式。
- **EPS格式：** 它是一种跨平台的通用格式，大多数绘图软件和排版软件都支持此格式。它可以保存图像的路径信息，并可以在各软件之间相互转换。
- **PSD格式：** 它是Adobe公司开发的Photoshop的基本格式，在Illustrator中也能使用。该格式能保存图像数据的每一个细节，且各图层中的图像相互独立；其唯一的缺点是存储的图像文件比较大。
- **PDF：** 它是一种可移植文档的文件格式，主要用于网络出版，可以包含矢量图和位图，并支持超链接。在Illustrator中可打开和编辑PDF文件，也可将文件保存为PDF。
- **SVG格式：** 它是一种标准的矢量图格式，它可以使设计师设计出高分辨率的Web图形页面，并且可以使图形在浏览器页面上呈现很好的效果。
- **JPEG格式：** 它是一种用来描述位图的文件格式，可用于Windows和Mac平台上。它支持CMYK、RGB和灰度颜色模式的图像，但不支持Alpha通道。该格式还可以对图像进行压缩，使图像文件变小。
- **TIFF：** 它是扫描仪生成的一种格式，很多绘画、图像编辑和页面排版应用程序都支持该格式。
- **PNG格式：** 它是网络图像常用的一种文件格式。这种格式可以使用无损压缩方式压缩图像文件，并可以利用Alpha通道制作透明背景，是功能非常强大的网络文件格式。
- **BMP格式：** 它是在DOS（Disk Operating System，磁盘操作系统）和Windows平台上常用的一种标准位图格式。该格式支持RGB、索引、灰度和位图颜色模式的图像，但不支持Alpha通道。
- **SWF格式：** 它是一种以矢量图为基础的文件格式，常用于交互动画和Web图形。图形以SWF格式输出后，便于进行Web设计和在配备了Macromedia Flash Player的浏览器上浏览。
- **GIF：** 它是一种位图交换格式，适用于线条图（如最多含有256色）形式的剪贴画以及使用大块纯色的图像。该格式使用无损压缩方式来减少图像的大小。设计师在将图像保存为GIF格式时，可以自行决定是否保存透明区域或者将其转换为纯色。此外，GIF格式还可以保存动画文件。

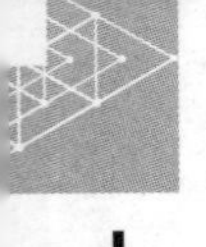

任务1.2 认识Illustrator 2021工作界面

打开或新建Illustrator文件后，会进入Illustrator的工作界面。熟悉工作界面布局、掌握工作界面各个组成部分的作用，是使用Illustrator设计作品的基础。Illustrator 2021的工作界面主要由菜单栏、控制栏、文件窗口、工具箱、面板等组成，如图1-11所示。

图1-11 Illustrator 2021的工作界面

1. 菜单栏

Illustrator的菜单栏中包含文件、编辑、对象、文字、选择、效果、视图、窗口和帮助9个菜单选项。选择某一个菜单选项，在弹出的菜单中选择一个命令，可执行该命令。在菜单中，某些命令右侧显示了字母，表示该命令有对应的快捷键，设计师可按对应的快捷键来执行命令，如按【Ctrl+W】快捷键，将执行【文件】/【关闭】命令。

2. 控制栏

控制栏中显示了一些常用的参数。使用不同工具或选择不同的对象时，控制栏中的参数也会发生变化，如选择绘制的图形，控制栏中会显示图形的填充、描边、不透明度、位置、宽度和高度等参数。若控制栏没有显示，可以选择【窗口】/【控制】命令将其显示出来。

3. 文件窗口

文件窗口包含标题栏、画板、滚动条和状态栏等部分，如图1-12所示。直接拖曳标题栏可将当前文件窗口从工作界面中分离出来，该文件窗口将变为浮动窗口，此时可将文件窗口移动至工作界面的任何位置，拖曳窗口边缘可以调整文件窗口的大小。当打开多个文件后，选择【窗口】/【排列】命令，在弹出的子菜单中可设置文件窗口的排列方式。

- **标题栏：**打开文件后，标题栏中会自动显示该文件的名称、格式、窗口缩放比例以及颜色模式等信息。当同时打开多个文件时，在名称标签上单击会切换到对应文件，单击名称标签右侧的×按钮可以关闭该文件。
- **画板：**画板是文件窗口中黑线所框成的矩形区域，也是Illustrator中进行操作和预览文件效果的区域。

- **滚动条：** 当画板内不能完全显示出整个文件内容时，可以通过拖曳滚动条来实现对整个文件内容的全部浏览，也可单击滚动条上的⌃ ⌄ ‹ ›按钮进行滚动。
- **状态栏：** 状态栏位于画板底部，它显示了当前画板的缩放比例、画板数量、切换画板按钮、工具信息等内容，如图1-13所示。单击画板数量右侧的‹按钮，在弹出的菜单中可选择某一个画板；单击⌃ ⌄ ‹ ›按钮可以切换画板；单击工具信息右侧的›按钮，在弹出的菜单中选择“显示”命令，在弹出的子菜单中可选择希望在状态栏中显示的内容。

图1-12　文件窗口

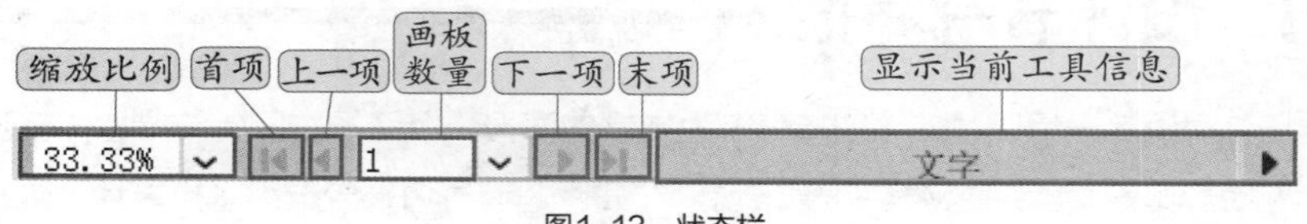

图1-13　状态栏

4. 工具箱

工具箱中集合了Illustrator提供的所有工具，默认位于工作界面左侧，拖曳工具箱的顶部可以将其移动到工作界面的任意位置。若工具按钮右下角有一个黑色的小三角形◢标记，表示该工具位于工具组中，工具组中还有一些隐藏的工具。在该工具按钮上按住鼠标左键不放或单击鼠标右键，可显示该工具组中隐藏的其他工具。除此之外，单击“编辑工具栏”按钮…，将打开“所有工具”面板，在其中可以查看隐藏的工具与工具组信息；将鼠标指针移动到工具上，按住鼠标左键不放将其拖曳到工具箱上，可在工具箱上显示该工具。

5. 面板

Illustrator提供了多种面板，主要用于配合编辑图稿、设置工具参数和选项等。设计师通过“窗口”菜单可以打开所需的各种面板，系统默认已打开的面板是在操作过程中经常使用的，位于工作界面右侧，单击面板右上角的×按钮可关闭该面板。面板可以单独显示，也可以拖曳面板到已有面板顶部形成面板组；单击▸▸按钮可以将展开的面板折叠成图标显示，如图1-14所示，单击◂◂按钮可再次展开面板。为避免界面杂乱，可将所有面板图标拖曳到面板右侧的边缘线上，当出现蓝色线条时释放鼠标，将面板堆在边缘线右侧。

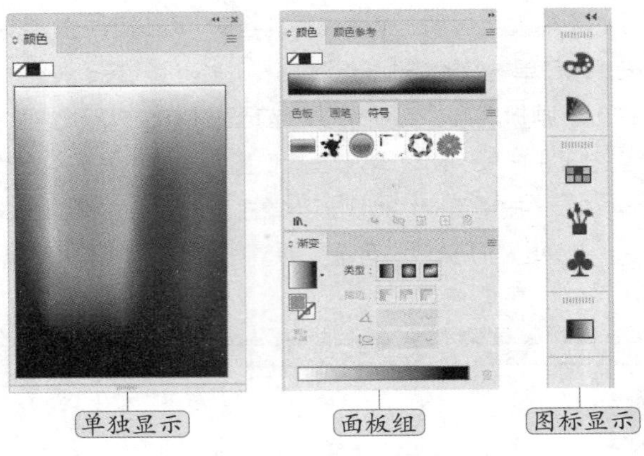

图1-14　不同的面板状态

知识补充

预设与自定义工作区

Illustrator的工作界面具有不同模式的工作区，每种工作区都默认打开不同的面板，且面板的位置和大小都有利于当前编辑操作。选择【窗口】/【工作区】命令，在弹出的子菜单中选择对应工作区命令，可将当前工作区切换到预设的工作区状态；也可根据自己的操作习惯将面板重新组合、排列或关闭，然后选择【窗口】/【工作区】/【新建工作区】命令将自定义的工作区存储起来，以便下次使用。

任务1.3　设计节气海报

某客户委托公司设计一组以“二十四节气”为主题的海报，以弘扬中国传统文化。老洪接到了该任务，由于二十四节气较多，老洪便将其中的“处暑”“白露”节气海报分配给米拉设计。米拉先通过网络了解这两个节气的特点，然后搜集节气的对应元素来设计海报。如“处暑”节气海报可采用手捧西瓜插画、树叶等元素表现吃西瓜解暑、暑气渐消的感觉，“白露”节气海报考虑以青蓝色的天空、展翅的白鹭表现秋高气爽、天气渐凉的感觉。海报的文字字体考虑采用书法体，以弘扬中国传统文化。

任务描述

任务背景	二十四节气是中国传统文化的重要组成部分，它是中国人民自古以来根据农业生产和气候变化制定的一个时间系统。二十四节气为立春、雨水、惊蛰、春分、清明、谷雨、立夏、小满、芒种、夏至、小暑、大暑、立秋、处暑、白露、秋分、寒露、霜降、立冬、小雪、大雪、冬至、小寒、大寒。某文化品牌委托公司制作节气海报，打算通过节气海报进行借势营销，对品牌进行推广，要求结合节气特点，体现中国传统文化的魅力和时代价值
任务目标	① 运用已有的“处暑”“白露”图片、文案资料设计节气海报
	② 制作尺寸为1242px×2208px，分辨率为72像素/英寸的节气海报
	③ 海报排版精致、美观，“处暑”“白露”节气主题突出
知识要点	新建文件、打开文件、置入文件、新建画板、视图缩放设置、启用智能辅助线、存储文件、导出文件、关闭文件等

本任务的参考效果如图1-15所示。

图1-15 “处暑”“白露”节气海报参考效果

素材位置： 素材\项目1\树叶.jpg、处暑文案.ai、西瓜插画.ai、白露文案.ai、白露背景.jpg

效果位置： 效果\项目1\节气海报.ai、节气海报.jpg

知识准备

米拉经过前面的学习与准备，对Illustrator应用领域、工作界面等有了详细的了解。她深知，运用Illustrator就能快速完成本次的节气海报设计任务。为保证后续设计工作的顺利进行，米拉首先要熟悉Illustrator基础操作，包括新建空白文件、设置画板、置入文件、导出文件、浏览视图，以及标尺、辅助线、网格的使用等。

1. 新建文件

选择【文件】/【新建】命令，或在启动界面中单击 新建 按钮，打开图1-16所示的“新建文档”对话框。单击对话框上方的标签选项，展开对应的参数选项，双击预设尺寸可以快速创建文件。在对话框右侧可自定义设置新建文件的参数，如名称、宽度和高度、方向、出血、单位、颜色模式等，设置完成后单击 创建 按钮完成文件的创建。单击 更多设置 按钮，将打开“更多设置”对话框，如图1-17所示，在其中能对文件进行更详细的设置，设置完成后单击 创建文档 按钮。

“新建文档”对话框与“更多设置”对话框的参数大致相同，主要参数的含义介绍如下。

- **名称（预设详细信息）：** 用于设置新建文件的名称，默认情况下为“未标题-1”。
- **配置文件：** 该下拉列表中提供了打印、Web（网页）、基本RGB这3个选项，选择任意一个选项后，文件参数会自动根据所选选项进行调整。
- **画板数量（画板）：** 用于设置工作界面中画板的数量。

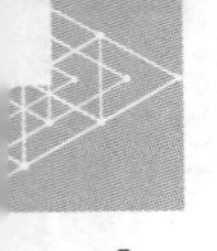

- **间距：** 用于设置画板之间的默认距离。
- **列数：** 用于设置画板的列数。
- **大小：** 用于设置画板的预设尺寸。
- **宽度、高度：** 用于设置画板的尺寸。
- **单位：** 用于设置文件所采用的单位，默认情况下为“毫米”。
- **取向（方向）：** 用于设置新建页面的方向（竖向或横向）。
- **出血：** 用于设置页面上、下、左、右的出血值。出血是指图稿落在印刷边框、打印定界框或位于裁剪标记外的区域。
- **颜色模式：** 用于设置文件的颜色模式。
- **栅格效果（光栅效果）：** 用于设置文件栅格效果的分辨率。
- **预览模式：** 用于设置文件的预览模式。

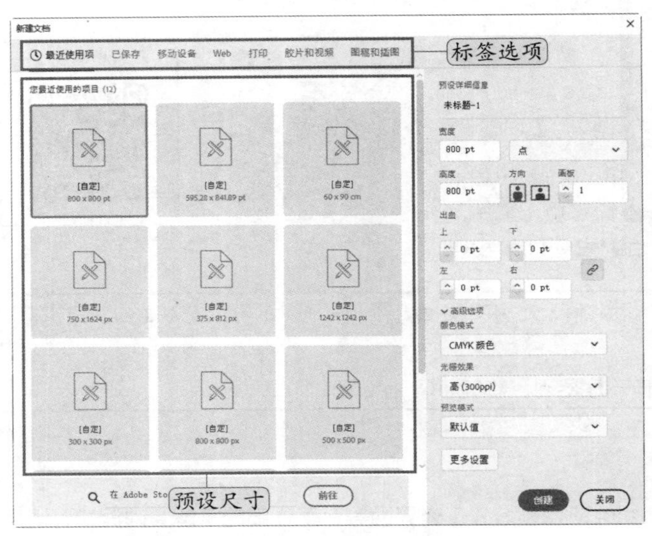

图1-16 “新建文档”对话框

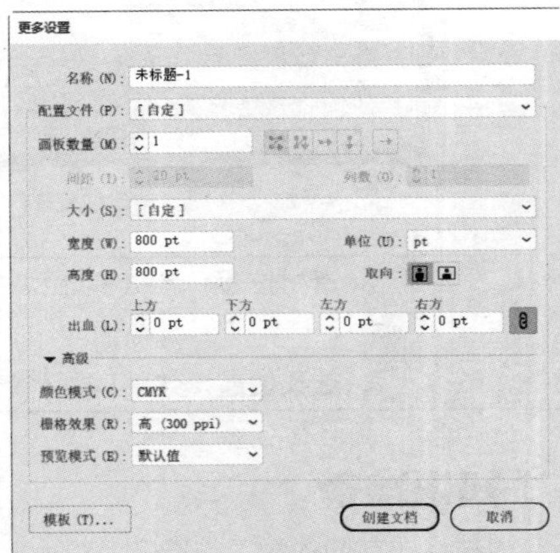

图1-17 “更多设置”对话框

2. 设置画板

新建文件后，画板的大小和位置可以更改，而且一个文件中可同时存在多个画板，常用于多页面设计作品。选择“画板工具”，将鼠标指针移动到画板内部，直接拖曳到其他位置可以移动画板，拖曳画板定界框上的控制点可以调整画板大小，如图1-18所示。

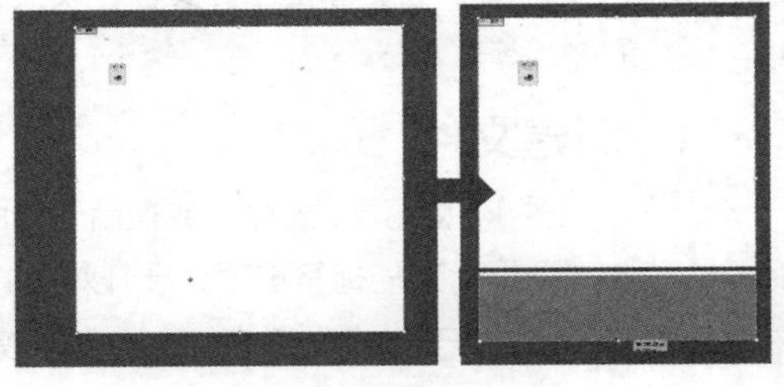

图1-18 调整画板大小

在“画板工具”的控制栏中可以设置画板的参数，如图1-19所示。

图1-19 “画板工具”的控制栏

- 自定：选择画板，在该下拉列表中选择一种预设的尺寸可修改画板大小。
- **纵向、横向：** 单击对应按钮，可以调整画板的方向。
- **新建画板：** 单击该按钮，可新建一个与所选画板大小相同的画板。

- **删除画板** ：单击该按钮将删除所选的画板。
- **名称：** 用于设置所选画板的名称。
- **移动/复制带有画板的图稿** ：该按钮默认处于选中状态，表示在移动和复制画板时，画板中的内容同时被复制并移动。
- **画板选项** ：单击该按钮，打开“画板选项”对话框，可设置画板参数。
- **X、Y：** 用于设置画板在工作界面中的位置。
- **高、宽：** 用于设置画板的大小。
- **约束宽度和高度比例** ：单击该按钮，设置画板的宽度和高度时，可以限制宽度和高度比例，即同时改变宽度和高度数值，使其比例保持不变。
- 全部重新排列：单击该按钮可以打开“重新排列所有画板”对话框，在其中可设置版面排列方式、版面顺序、画板列数、画板间距等参数。
- **对齐所选选项** ：此按钮默认处于未激活状态，选择多个对象后激活。该按钮用于设置对齐的参考对象，需要配合“对齐”面板使用，具体讲解参考项目3的任务3.2。

3. 置入文件

在Illustrator中打开或创建文件后，可通过置入文件将外部素材添加至当前文件中。置入文件的方法为：选择【文件】/【置入】命令，打开“置入”对话框，选择置入文件，设置置入参数，单击 置入 按钮，如图1-20所示。返回工作界面，单击即可将文件按原大小置入单击的位置；按住鼠标左键进行拖曳可自定义置入文件的大小和位置。

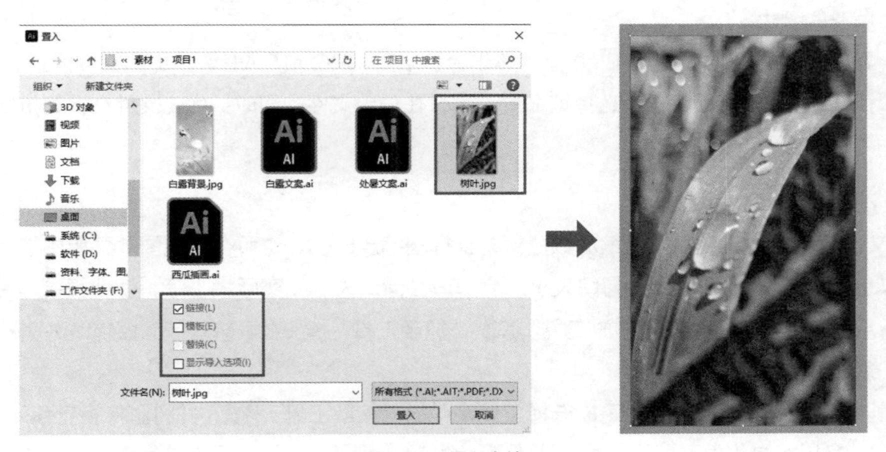

图1-20　置入文件

“置入”对话框中主要参数的介绍如下。

- **链接：** 选中该复选框，则被置入的文件保持独立。当链接的文件被修改或编辑时，置入的链接文件也会自动修改并更新。如果取消选中该复选框，置入的文件会嵌入Illustrator文件中，并且当链接的文件被编辑或修改时，嵌入的文件将不会自动更新。
- **模板：** 选中该复选框，可将置入的文件转换为模板文件。将置入的文件转换为模板文件后，置入的文件将自动在“图层”面板中的模板图层上被锁定。
- **替换：** 若当前文件中已经有一个置入的文件，并且处于选中状态，则“替换”复选框被选中时，新置入的文件会替换处于选中状态的文件。
- **显示导入选项：** 选中该复选框，导入部分格式的文件时会出现设置对话框。

置入文件后，选择【窗口】/【链接】命令，打开"链接"面板，如图1-21所示，通过该面板可以对置入文件进行定位、重新链接、编辑等操作。"链接"面板中主要参数的介绍如下。

图1-21 "链接"面板

- **显示链接信息**：在"链接"面板中选择一个对象，单击该按钮，面板下方将显示链接名称、格式、缩放比例、路径等信息。
- **从信息库重新链接**：单击该按钮，在打开的"库"面板中重新进行链接。
- **重新链接**：在"链接"面板中选择一个对象，单击该按钮，在打开的"置入"对话框中可选择一个素材来替换当前链接内容。

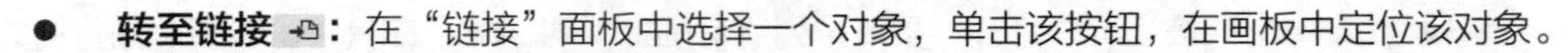

- **转至链接**：在"链接"面板中选择一个对象，单击该按钮，在画板中定位该对象。
- **更新链接**：当链接修改后，单击该按钮，画板中的对象将同步修改。
- **编辑原稿**：在"链接"面板中选择一个链接对象，单击该按钮，在打开的图像编辑器中可编辑链接对象。
- **嵌入的文件**：在"链接"面板中，若对象后面有该图标，表示该对象的置入方式为嵌入。

4．导出文件

在Illustrator中完成作品的创作后，应将其导出为不同格式的文件，方便在其他软件中打开和使用。选择【文件】/【导出】命令，其中提供了以下3种导出子命令。

- **导出为多种屏幕所用格式**：选择该命令，可以一步生成不同大小和格式的文件，以适应不同屏幕的需求。
- **导出为**：选择该命令，可以将文件导出为PNG、JPG和SWF等常见的文件格式。
- **存储为Web所用格式**：选择该命令，可以在导出文件的同时，优化文件在计算机网页或手机等移动设备屏幕上的显示效果。

5．浏览视图

打开文件后，可通过控制栏的缩放数值框调整视图缩放比例，也可在"视图"菜单中选择合适的缩放命令，如放大、缩小、画板适合窗口大小、全部适合窗口大小和实际大小等，使视图更适合浏览，如图1-22所示。此外，还可通过"缩放工具"、"抓手工具"、"导航器"面板辅助浏览视图。

（1）缩放工具

若当前画面不满足浏览需要，可以选择工具箱中的"缩放工具"，并将鼠标指针移动到画板中，此时鼠标指针会显示为放大镜形状，其内部还有一个"+"形状，在画板任一位置单击，可将当前画板放大一倍，且单击处将移动到屏幕中间，如图1-23所示。

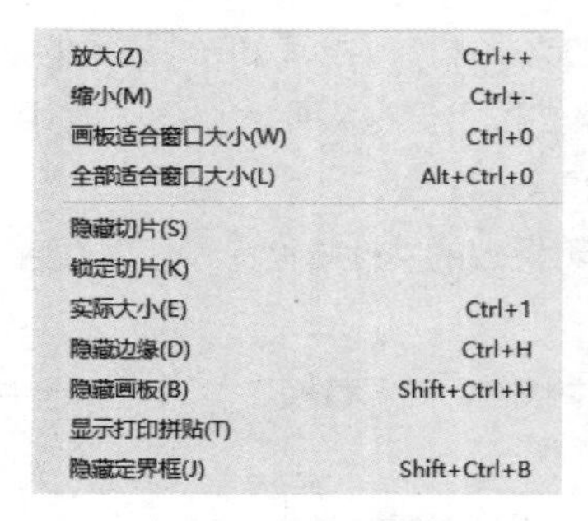

图1-22 "视图"菜单命令

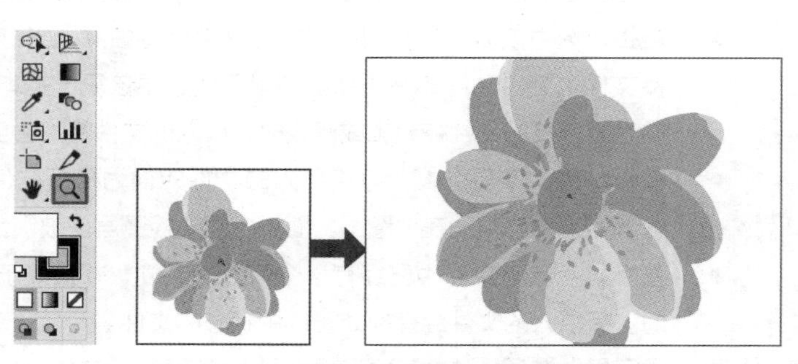

图1-23 使用"缩放工具"放大显示局部

快速缩放视图

知识补充

按住【Alt】键向前滚动鼠标滚轮，可以鼠标指针所在位置为中心快速放大视图；按住【Alt】键向后滚动鼠标滚轮，可以鼠标指针所在位置为中心快速缩小视图。

（2）抓手工具

当图像呈较大倍数显示时，在工具箱中选择"抓手工具"或按【H】键，此时，鼠标指针将变为形状，按住鼠标左键不放并朝任意方向拖曳画板，可查看各个位置的图像。图1-24所示为使用"抓手工具"向上拖曳画板，查看下方的图像。

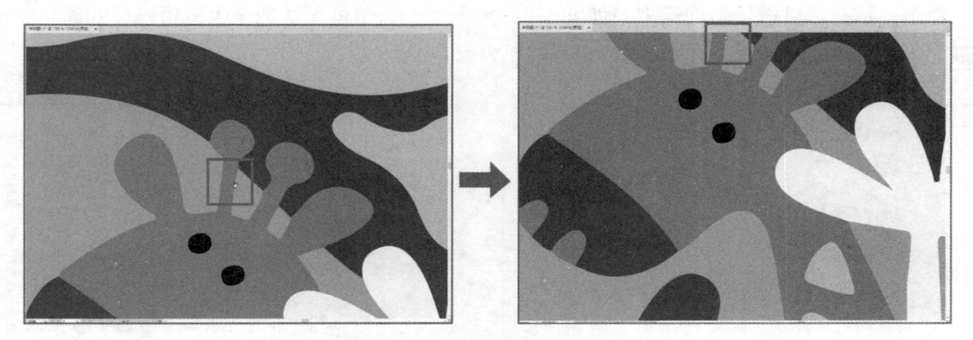

图1-24　使用"抓手工具"查看图像

（3）"导航器"面板

如果画板的放大倍数较大，能同时看到的图像内容较少，使用"缩放工具"和"抓手工具"查看图像就不太便捷。此时，可通过"导航器"面板更加快速地查看整个图像。选择【窗口】/【导航器】命令，打开"导航器"面板，如图1-25所示。

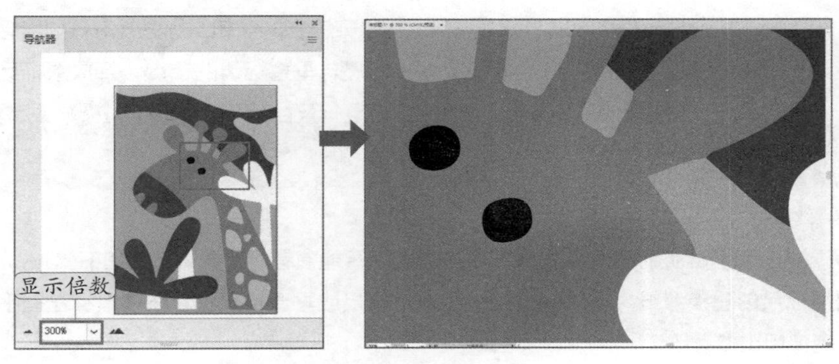

图1-25　"导航器"面板

"导航器"面板中主要参数的介绍如下。

- **视图框：**视图框默认显示为红色矩形框，用于指示画板中正在查看的区域。保持放大状态并拖曳视图框到其他位置，可查看不同区域的图像。
- **≡按钮：**单击面板右上角的≡按钮，在弹出的菜单中选择"仅查看画板内容"命令，缩略图将仅显示画板内的内容；选择"面板选项"命令，则可在打开的"画板选项"对话框中设置视图框的颜色。

- **显示倍数：** 用于设置精确的显示倍数。单击▲按钮，可减小显示倍数；单击▲▲按钮，可增大显示倍数。

6. 标尺、参考线、网格

Illustrator 提供了标尺、参考线和网格等工具，利用这些工具可以帮助设计师精确定位所绘制和编辑的图形，更准确地测量图形的尺寸。

（1）标尺

显示标尺是创建参考线的第一步，按【Ctrl+R】快捷键或选择【视图】/【标尺】/【显示标尺】命令可显示出标尺，按【Ctrl+R】快捷键可将显示的标尺隐藏。如果需要设置标尺的显示单位，则在标尺上单击鼠标右键，在弹出的快捷菜单中选择需要的单位，如图1-26所示；或者选择【编辑】/【首选项】/【单位】命令，打开"首选项"对话框，如图1-27所示，在"单位"选项卡中设置标尺的显示单位，单击 确定 按钮。

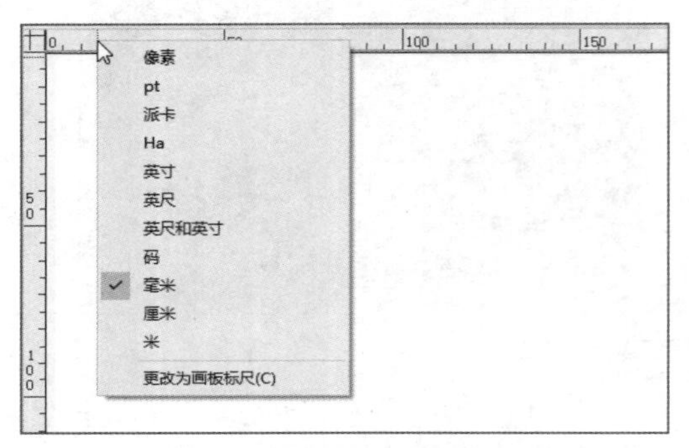

图1-26 设置标尺的显示单位

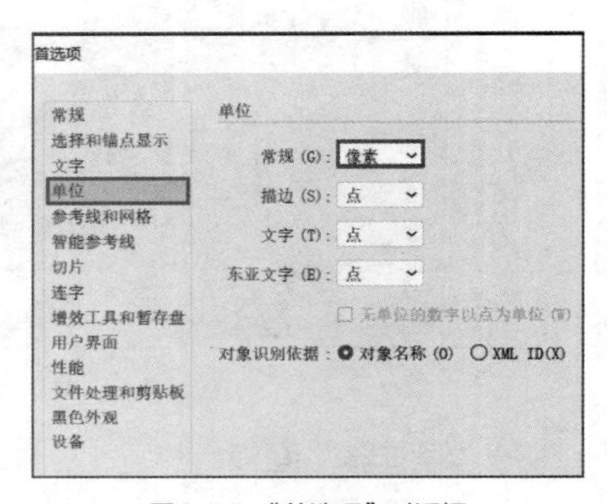

图1-27 "首选项"对话框

设置标尺的坐标原点

知识补充

在软件默认的状态下，标尺的坐标原点在文件窗口的左上角，如果想要更改坐标原点的位置，朝画板方向拖曳水平标尺与垂直标尺的交点，释放鼠标后，坐标原点将被设置在释放鼠标处。如果想要恢复标尺坐标原点的默认位置，只需双击水平标尺与垂直标尺的交点。

（2）参考线

设计师可以根据标尺、路径创建参考线，也可以启用智能参考线，具体方法如下。

- **利用标尺创建参考线：** 将鼠标指针移至水平标尺或垂直标尺上，按住鼠标左键不放，朝画板方向拖曳出参考线。
- **利用路径创建参考线：** 选中路径，按【Ctrl+5】快捷键或选择【视图】/【参考线】/【建立参考线】命令，可将选中的路径转换为参考线，如图1-28所示。选择【视图】/【参考线】/【释放参考线】命令（快捷键为【Alt+Ctrl+5】），可以将选中的参考线转换为路径。

清除、隐藏与锁定参考线

知识补充

创建参考线后，设计师可以选择【视图】/【参考线】中的子命令，或按对应的快捷键清除、隐藏与锁定参考线。

- **启用智能参考线：** 选择【视图】/【智能参考线】命令（快捷键为【Ctrl+U】），可以显示智能参考线。当图形移动到一定位置或旋转到一定角度时，智能参考线就会高亮显示并给出提示信息。图1-29所示为利用智能参考线垂直居中对齐图形。

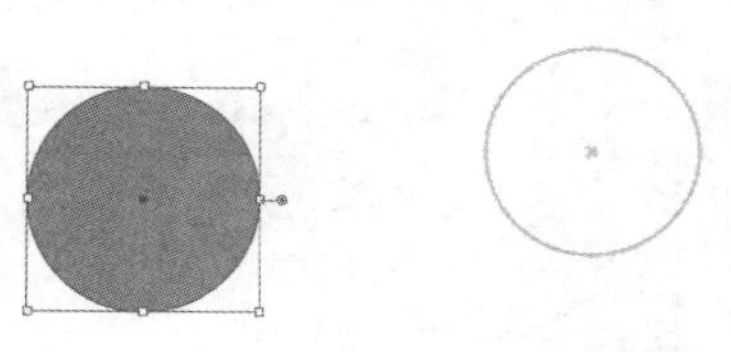

图1-28　将路径转换为参考线

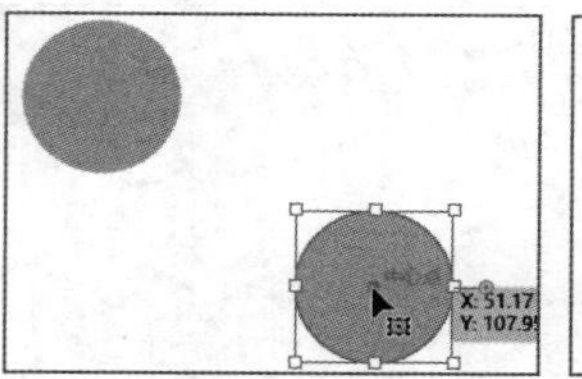

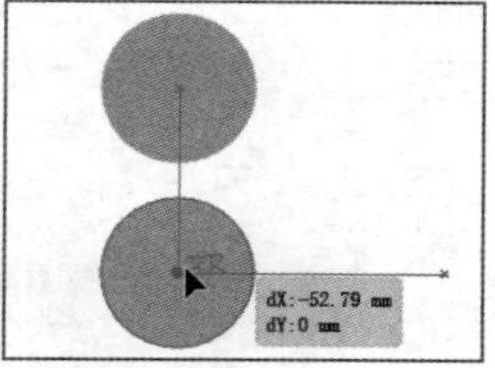

图1-29　利用智能参考线

（3）网格

选择【视图】/【显示网格】命令（快捷键为【Ctrl+"】），即可显示出网格。再次按【Ctrl+"】快捷键可将显示的标尺隐藏。选择【编辑】/【首选项】/【参考线和网格】命令，打开“首选项”对话框，可以设置网格的颜色、样式、间隔等参数，如图1-30所示。

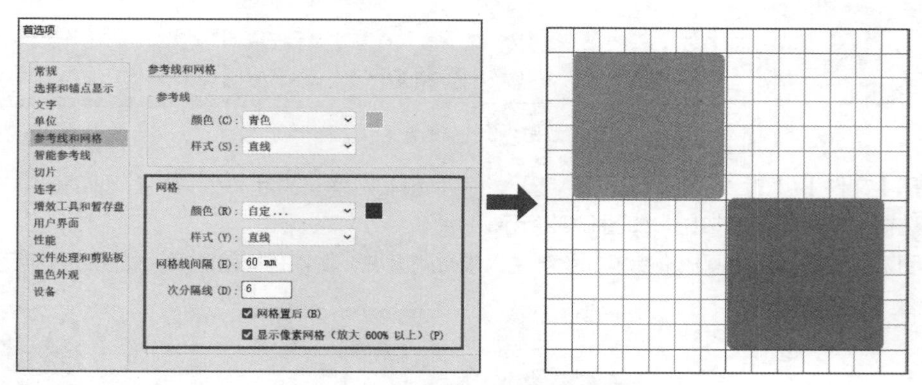

图1-30　“首选项”对话框中的网格设置

“首选项”对话框中常用的网格设置参数如下。

- **颜色：** 用于设置网格的颜色。
- **样式：** 用于设置网格的样式，包括直线和点线样式。
- **网格线间隔：** 用于设置网格线的间距。
- **次分隔线：** 用于设置网格线的细分数量。
- **网格置后：** 选中该复选框后，网格线显示在图形的上方；取消选中后，显示在下方。
- **显示像素网格（放大60%以上）：** 选中该复选框，当图形被放大到 600%以上时，可以查看像素网格。

任务实施

1. 新建与置入文件

由于客户要求海报宽度为“1242px”、高度为“2208px”，米拉需要新建符合要求的文件；为避免源素材丢失，素材无法正常显示，置入素材文件时，米拉采用嵌入的方式，具体操作如下。

（1）启动Illustrator，选择【文件】/【新建】命令，打开“新建文档”对话框，在右侧设置预设详细信息为“节气海报”，宽度为“1242px”，高度为“2208px”，光栅效果为“屏幕（72ppi）”，单击创建按钮，如图1-31所示。

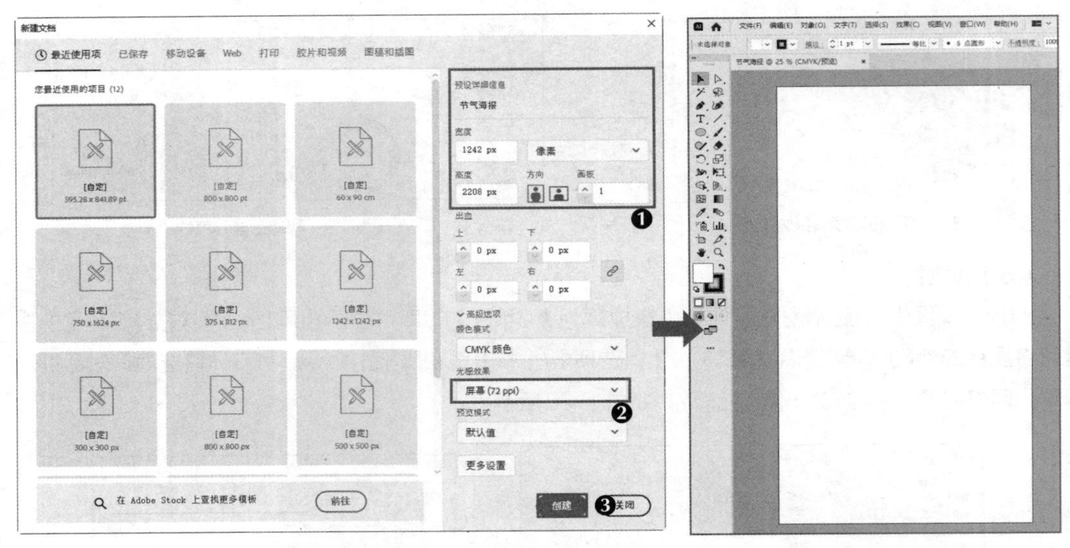

图1-31　新建文件

（2）选择【文件】/【置入】命令，打开“置入”对话框，选择“树叶.jpg”素材，取消选中“链接”复选框，单击置入按钮，如图1-32所示。

（3）返回工作界面，沿着画板拖曳鼠标绘制置入素材的区域，使素材覆盖画板，如图1-33所示。

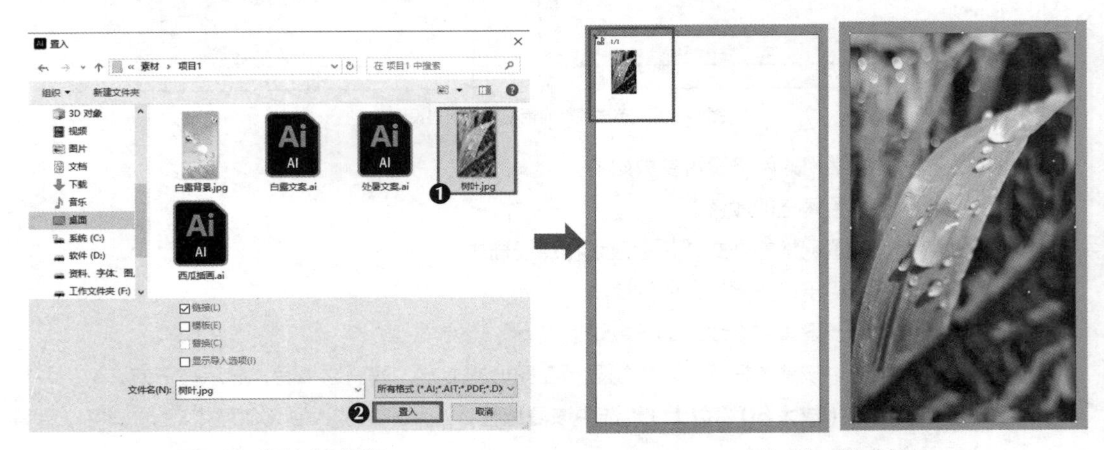

图1-32　“置入”对话框　　　　图1-33　置入素材

2. 使用智能参考线对齐

米拉考虑在海报中央绘制矩形来增强设计感，为了方便中心对齐矩形，米拉考虑使用智能参考线，具体操作如下。

（1）选择“矩形工具”，在画板中单击，打开“矩形”对话框，设置矩形的宽度为“1150px”，高度为“2115px”，单击确定按钮，得到处于选中状态的矩形。在控制栏中单击“描边色”按钮，在打开的面板中单击

"无"按钮取消描边色；在工具箱底部的"填充"按钮上双击，打开"拾色器"对话框，设置填充色为"#f9f8f7"，单击按钮。

（2）按【Ctrl+U】快捷键或选择【视图】/【智能参考线】命令，显示智能参考线。移动矩形到中心位置，直到出现"中心点"，释放鼠标，如图1-34所示。

（3）选择【窗口】/【透明度】命令，打开"透明度"面板，设置混合模式为"强光"，不透明度为"95%"，如图1-35所示。

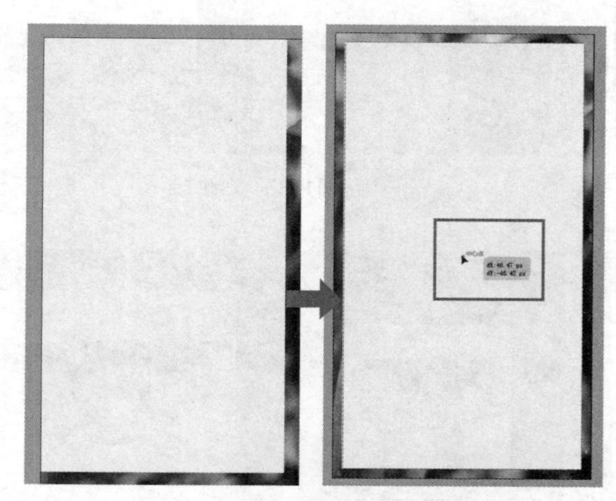

图1-34　使用智能参考线中心对齐矩形

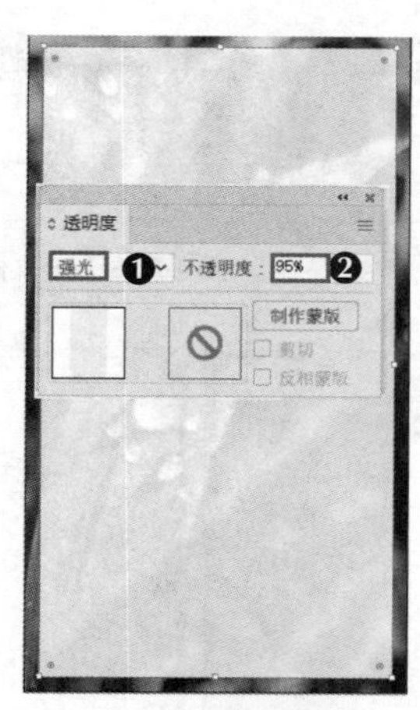

图1-35　在"透明度"面板中设置

3．打开、关闭与存储文件

节气海报还需要添加文案和插画，米拉准备打开相关素材文件，将其中的内容复制到海报中。为节约磁盘空间，之后还可以关闭使用过的素材文件。为了避免停电等意外情况造成文件丢失或损坏，从而无法再次打开，编辑文档后，可以通过"存储"命令存储文件，具体操作如下。

（1）选择【文件】/【打开】命令或按【Ctrl+O】快捷键，打开"打开"对话框，按住【Ctrl】键依次单击选择"处暑文案.ai"和"西瓜插画.ai"文件，单击按钮，如图1-36所示。

疑难解析

如何解决Illustrator文件无法打开的问题？

导致Illustrator文件打不开的原因有几种，如内存出错，文件在传输、复制时被损坏。此时需要关闭Illustrator，然后重新打开Illustrator和文件；也可重启计算机，释放系统占用的内存，然后重新打开Illustrator和文件。

（2）打开"处暑文案.ai"和"西瓜插画.ai"文件，单击标题栏中的"处暑文案"标签，切换到该文件，按【Ctrl+A】快捷键全选文件内容，按【Ctrl+C】快捷键复制文件内容。

（3）单击"处暑文案"标签右侧的×按钮，关闭该文件，如图1-37所示。

（4）单击"节气海报"标签，切换到该文件，按【Ctrl+V】快捷键粘贴文案，按住【Shift】键不放并拖曳四角的控制点以调整其大小，如图1-38所示。

（5）单击"西瓜插画"标签，切换到该文件，此时文件显示比例过小，选择工具箱中的"缩放工具"，并将鼠标指针移动到西瓜插画中心，单击以放大画面内容，如图1-39所示。

图1-36　打开文件

图1-37　关闭文件

图1-38　调整素材大小

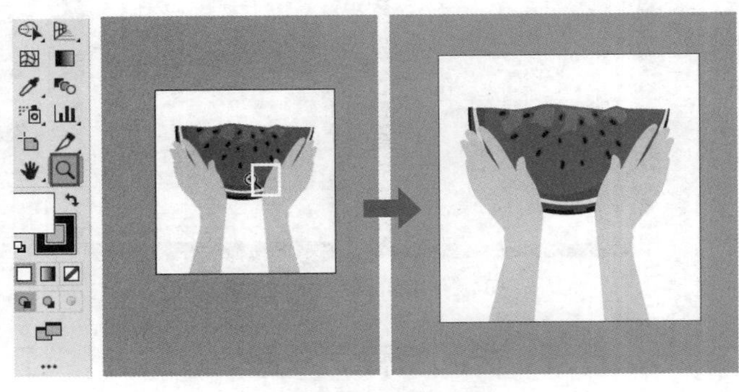

图1-39　调整素材缩放比例

（6）重复步骤（2）～（4），将西瓜插画添加到“节气海报.ai”文件中，如图1-40所示。

（7）选择【文件】/【存储】命令，首次执行“存储”命令，将打开“存储为”对话框，设置文件的存储位置、名称和存储类型，单击 保存(S) 按钮完成存储，如图1-41所示。

图1-40　添加素材到文件中

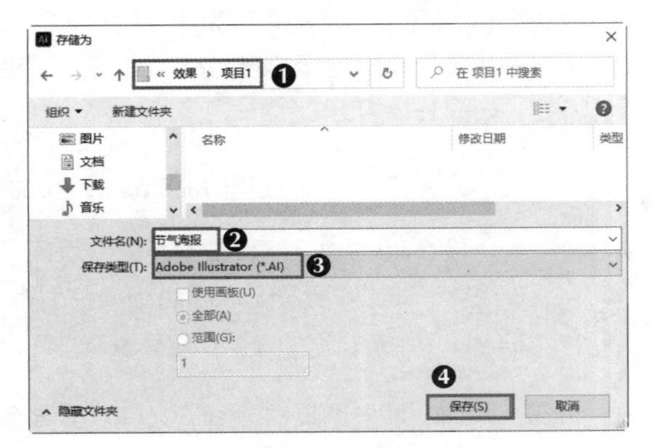

图1-41　“存储为”对话框

4. 新建画板

为方便同时展示多张节气海报，可以将多张节气海报放置在一个文件的不同画板中。米拉考虑在当前文件中新建一个画板，用于设计“白露”节气海报，具体操作如下。

（1）选择“画板工具”，在控制栏中单击“新建画板”按钮，新建一个相同大小的画板，如图1-42所示。

（2）选择【文件】/【置入】命令，打开“置入”对话框，选择“白露背景.jpg”素材，取消选中“链接”复选框，单击置入按钮；沿着画板2拖曳鼠标以绘制置入背景素材的区域，打开并复制“白露文案.ai”文件的内容到画板2，效果如图1-43所示。

图1-42　新建画板2

图1-43　为画板2添加素材

5. 导出、存储与关闭文件

微课视频

导出、存储与关闭文件

完成设计工作后，为了方便查看效果，米拉将海报导出为JPEG格式的文件，存储并关闭源文件，便于下次打开或修改，具体操作如下。

（1）选择【文件】/【导出】/【导出为】命令，打开“导出”对话框，选择导出路径，设置导出文件的保存类型为“JPEG（*.JPG）”，单击导出按钮，如图1-44所示。

（2）此时将自动打开“JPEG 选项”对话框，单击确定按钮，如图1-45所示。

（3）选择【文件】/【存储】命令或按【Ctrl+S】快捷键存储文件。选择【文件】/【关闭】命令或按【Ctrl+W】快捷键关闭文件。

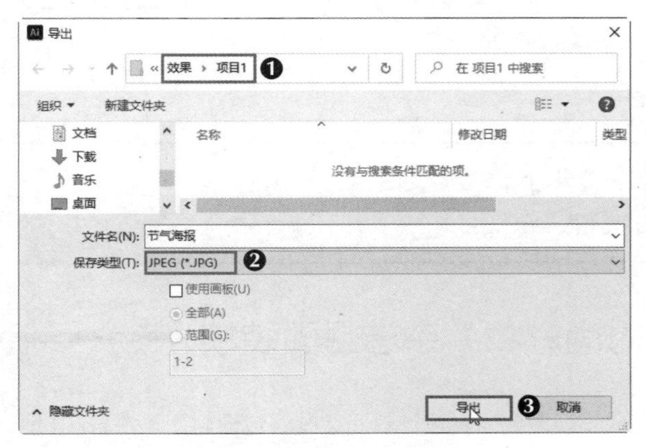

图1-44　“导出”对话框

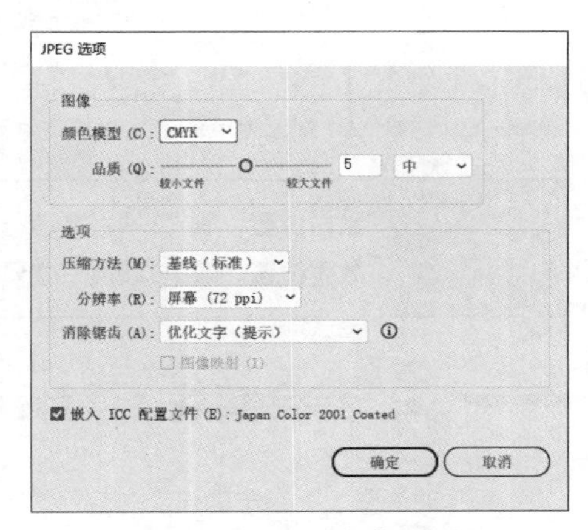

图1-45　“JPEG 选项”对话框

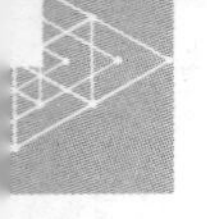

疑难解析

处理Illustrator无响应、闪退问题的方法

Illustrator无响应、闪退的原因有很多，最常遇到的是计算机内存过小或处理器满负荷运行。遇到此情况，可关闭其他软件，以节省运行内存空间。此外，首次保存文件后，可以频繁按【Ctrl+S】快捷键保存文件，减少意外退出软件的损失。

课堂练习

设计“立夏”节气海报

立夏，表示告别春天，迎来夏天。本练习要求读者利用文件的新建、置入、打开、关闭等操作来设计一张“立夏”节气海报，要求海报宽度为“1242px”、高度为“2208px”，参考效果如图1-46所示。在“立夏”节气海报设计中，采用了该节气特有的景色，包括荷叶、水池、荷花等元素，与文案“既然春风留不住　莫负夏花盛开时”呼应，清新的绿色和蓝色又暗示着夏季的到来。

图1-46 “立夏”节气海报

素材位置： 素材\项目1\荷花.ai、荷叶.jpg、立夏文案.ai

效果位置： 效果\项目1\立夏节气海报.ai

综合实战　设计《时尚彩妆》杂志封面装帧

某《时尚彩妆》杂志的正文内容已编辑完成，现需要为其设计封面装帧，包含封面、书脊和封底版式。老洪将该任务分配给米拉，要求她将客户提供的文案、条码图像素材运用到设计中。

实战描述

实战背景	杂志装帧是一个整体，不仅仅是封面设计，还包括勒口、书脊、封底、护封、扉页、环衬、目录、版式等的设计。一个好的杂志装帧设计作品能让读者轻松阅读、享受阅读。本实战《时尚彩妆》杂志封面装帧包含封面、书脊、封底3部分的设计，需要从《时尚彩妆》杂志的特点出发，运用恰当的排版方式使杂志封面装帧简洁、美观，勾起读者阅读杂志内容的兴趣
实战目标	① 分析杂志特点，前期与客户沟通，确定封面设计的风格定位
	② 分析封面图片，选择构图美观、细节精美、纹理清晰的图片为封面素材
	③ 制作分辨率为300像素/英寸，CMYK模式，尺寸为185mm×260mm的封面、封底，30mm×260mm的书脊
	④ 构图合理，色彩符合彩妆行业特点，版面简洁、美观，书名突出
知识要点	新建文件、打开文件、置入文件、新建画板、视图缩放设置、启用智能辅助线、存储文件、关闭文件等

本实战的参考效果如图1-47所示。

图1-47 《时尚彩妆》杂志封面装帧设计参考效果

素材位置：素材\项目1\时尚彩妆图片.jpg、时尚彩妆文案.ai、模特.jpg
效果位置：效果\项目1\《时尚彩妆》杂志封面装帧.ai

思路及步骤

为提升封面的吸引力，可将时尚模特头像放大并显示在封面。为方便统一设计元素，可分别创建画板，以便制作封面、书脊、封底，再对各种素材进行排版设计。本实战的设计思路如图1-48所示，参考步骤如下。

（1）启动Illustrator，选择【文件】/【新建】命令，打开“新建文档”对话框，在右侧设置预设详细信息为“《时尚彩妆》杂志封面装帧”，宽度为“185mm”，高度为“260mm”，单击创建按钮新建文件。

（2）选择“画板工具”，在控制栏中单击“新建画板”按钮，新建一个书脊画板。单击新建的画板，在控制栏中设置宽度为“30mm”，高度为“260mm”。继续新建封底画板，设置宽度为“185mm”，高度为“260mm”。

（3）选择“矩形工具”，绘制3个与画板大小相同的白色矩形，选择【效果】/【风格化】/【投影】命令分别为矩形添加投影。

（4）选择【文件】/【置入】命令，打开“置入”对话框，选择“模特.jpg”素材，取消选中“链接”复选框，单击按钮，在封面拖曳鼠标以置入素材。

（5）选择【文件】/【打开】命令，打开AI格式的素材文件，按【Ctrl+A】快捷键全选素材，按【Ctrl+C】快捷键复制素材到新建的文件中，然后关闭素材文件。排版文字和图片，设计封面、书脊和封底。

（6）选择【文件】/【存储】命令存储文件，选择【文件】/【关闭】命令关闭文件。

①新建画板　②置入并排版素材　③添加并排版文案

图1-48　设计《时尚彩妆》杂志封面的思路

课后练习　设计旅游画册封面装帧

某出版社策划了以“一起去旅行”为主题的旅游画册，内容为介绍国家重点风景名胜区“茶卡盐湖”，目前已经完成该画册正文内容的制作，现需要设计师对书籍封面、书脊、封底3部分进行装帧设计，要求封面、封底尺寸为185mm×260mm，书脊尺寸为30mm×260mm，书名突出、版式简洁美观。设计师可通过新建文件、打开文件、置入文件、新建画板、存储文件等基本操作，快速完成旅游画册封面的装帧设计，参考效果如图1-49所示。

图1-49　旅游画册封面装帧设计参考效果

素材位置：素材\项目1\茶卡盐湖.jpg、旅游画册封面文案.ai

效果位置：效果\项目1\旅游画册封面装帧.ai

项目2 绘制简单图形

情景描述

经过几天时间的接触，米拉已经了解到设计师助理的主要工作内容，于是老洪开始给米拉分配具体的设计任务，他从近期的设计任务清单中挑选了“绿色能源”图标、沃柑主图这两个较为简单的设计任务给米拉。老洪告诉米拉，平面设计工作中常用到图形绘制技能，但是仅能够绘制简单图形还远远不够，还需要将这些图形融入设计中，使其颜色、描边、外观更加符合设计作品的需要。此外，在设计中通过组合绘制的简单图形，还能得到图标、标签、提示框等外观更为复杂的图形。

听从老洪的建议后，米拉决定在保障工作效率的前提下，充分发挥创新思维，提升自己的图形绘制能力，以及设计作品的视觉效果。

学习目标

知识目标	● 掌握直线段工具、弧形工具、螺旋线工具、矩形网格工具、极坐标网格工具的使用方法 ● 掌握矩形工具、圆角矩形工具、椭圆工具、多边形工具、星形工具、光晕工具的使用方法 ● 能够合理设置线条的外观样式
素养目标	● 敢于打破传统的审美标准，敢于创新、善于创新 ● 树立一丝不苟、细心、细致的工作态度

任务2.1 设计“绿色能源”图标

某汽车品牌研发了一款以太阳能为动力的电动汽车，需要设计一个名为“绿色能源”的新能源图标。米拉与老洪一起分析了品牌资料，根据客户对新能源图标的要求收集了与新能源相关的素材，准备将新能源的概念和创意融入新能源图标设计中。

任务描述

任务背景	图标是一种图形标识，又称icon，具有简洁、易识别的特点，是VI设计、UI设计中常见且非常重要的元素。本任务客户要求设计的“绿色能源”图标需要结合绿色环保理念，以绿色为主题色，同时融入“太阳”特征。
任务目标	① 运用多种线性绘图工具进行图标的绘制，设置图标填充色和描边色，设置线条粗细变化样式，增强图标艺术性，使图标更具吸引力
	② 制作尺寸为500px×500px，分辨率为72像素/英寸（1英寸=2.54厘米）的新能源图标
	③ 图标设计简洁大气，便于应用和传播
知识要点	填充色与描边色、直线段工具、极坐标网格工具、螺旋线工具等

本任务的参考效果如图2-1所示。

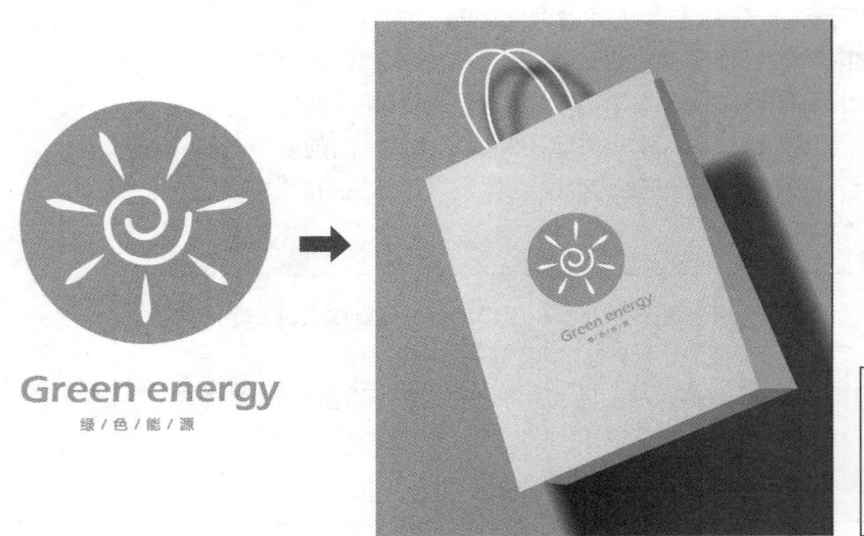

图2-1 “绿色能源”图标及应用参考效果

素材位置： 素材\项目2\手提袋.ai、绿色能源.ai

效果位置： 效果\项目2\“绿色能源”图标.ai

知识准备

米拉先手绘了一组“绿色能源”图标的草图，并和老洪商讨选定了其中一款图标样式，接下来将用Illustrator进行绘制。图标样式并不复杂，米拉只需用一些线性绘图工具就能快速完成绘制，通过设置控制栏中的相关参数还能够高效地美化图标。因此，米拉准备在设计前先认真熟悉简单图形的常用绘制方式、填充色与描边色的设置方法、绘图工具控制栏的参数功能、线性绘图工具的用法等。

1. 简单图形的绘制方式

在Illustrator中，可以将常见的线性图形和基本形状，如直线段、弧线、螺旋线、网格、圆形、正方形、三角形、五角形等归纳为简单图形。绘制这些图形的工具分布在直线段工具组和形状工具组中，使用这些工具绘制图形有以下两种方式。

- **拖曳鼠标绘制图形：**选择直线段工具组或形状工具组中的工具，在画板中图形起始位置按住鼠标左键不放，拖曳鼠标到需要结束的位置，释放鼠标，绘制出绘图工具对应的图形。手绘图形时，按住【Shift】键，可绘制长度和高度相等的图形（除直线段、螺旋线外）；按住【Alt】键，可绘制出以单击点为中心的图形；按住【～】键，Illustrator会自动绘制出多个图形。
- **通过对话框精确绘制图形：**选择直线段工具组或形状工具组中的工具，单击画板，在打开的对话框中可以对图形的详细参数进行设置。不同工具的具体参数设置有所不同。

2. 填充色与描边色

通常情况下，绘制的图形需要添加描边色（轮廓线颜色）或填充色才能被看见，如图2-2所示。工具箱底部的“填充”按钮与“描边”按钮可以用于快速设置图形的填充色和描边色。其方法为：在工具箱底部的“填充”按钮上双击，打开“拾色器”对话框设置填充色，单击按钮，如图2-3所示；在工具箱底部的“描边”按钮上双击，打开“拾色器”对话框后可以设置描边色。单击“描边”按钮或“填充”按钮可以更改按钮的叠放顺序，单击“默认填色和描边”按钮可恢复默认的黑色描边、白色填充。单击“互换填充和描边”按钮可以互换填充和描边的颜色。单击“颜色”按钮可以设置纯色填充，单击“渐变”按钮可以设置渐变填充色，单击“无”按钮可以取消填充色。

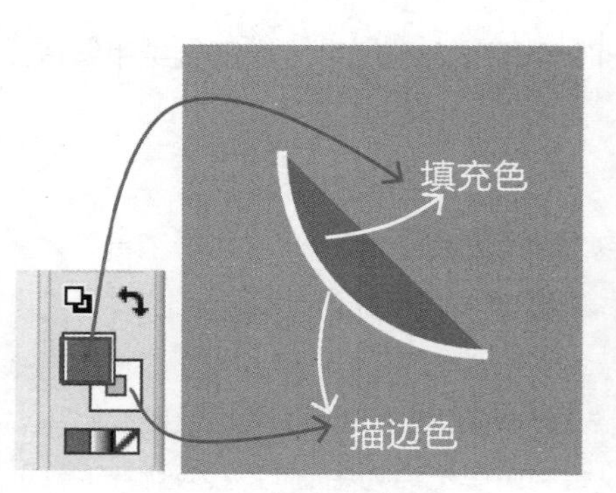

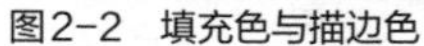
图2-2 填充色与描边色

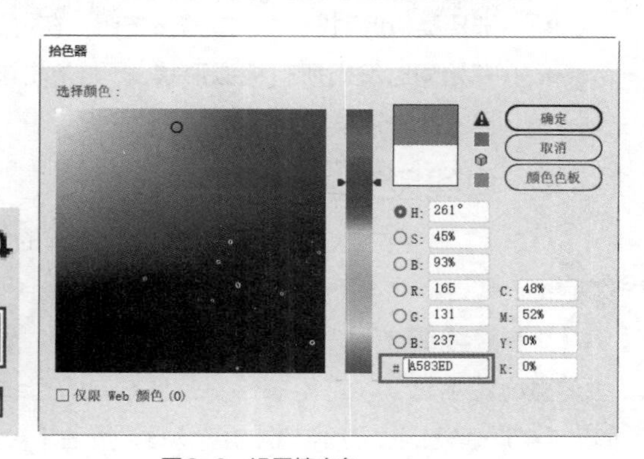

图2-3 设置填充色

3. 绘图工具控制栏

除了可以通过工具箱设置绘制图形的填充色和描边色，在绘图工具控制栏中还可以设置绘制图形的属性。绘图工具控制栏中的设置是相似的，这里以“直线段工具”为例，如图2-4所示，具体参数介绍如下。

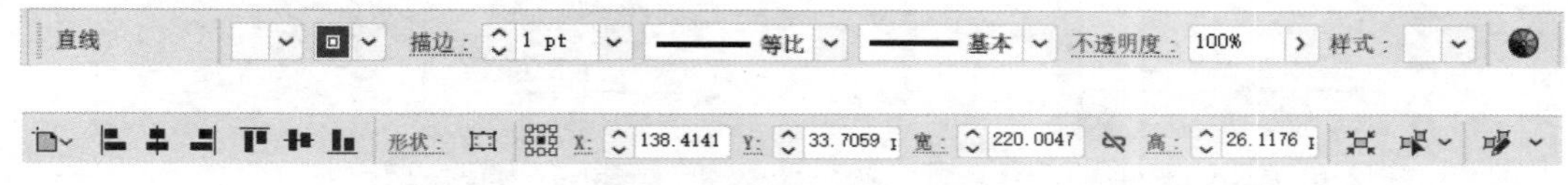

图2-4 “直线段工具”的控制栏

- **填充色**：单击该按钮，在打开的面板中可以设置填充色。
- **描边色**：单击该按钮，在打开的面板中可设置描边色。
- **描边**：用于设置描边线条的粗细。
- **变量宽度配置文件**：在其下拉列表中可设置线条粗细变化的样式，如图2-5所示。

图2-5　为绘制的线条添加不同变量宽度配置文件的效果

- **画笔定义**：用于设置画笔的笔刷样式。
- **不透明度**：用于设置对象的不透明度。
- **样式**：在其下拉列表中可设置图形样式。
- **图稿重新着色**：单击该按钮，在打开的面板中可以重新设置对象的颜色。
- **对齐画板**：单击该按钮，将以画板为参考对齐画板中的对象。
- **对齐按钮组**：选择多个对象，单击相应按钮可进行对象的对齐操作。
- **形状**：单击该选项，在弹出的面板中可以设置形状大小、角度等属性；单击选项右侧的“隐藏形状构件”按钮可以隐藏形状构件。
- **隔离选中的对象**：单击该按钮，只编辑选中的对象。
- **选择类似的对象**：单击该按钮，在打开的面板中可选择类似的对象选项。
- **开始同时编辑所有相似形状**：单击该按钮可以同时编辑所有相似形状，若需要结束编辑，再次单击该按钮即可。

4. 直线段工具组

直线段工具组中的工具用于绘制各种常见的线性图形，包含“直线段工具”、“弧形工具”、“螺旋线工具”、“矩形网格工具”、“极坐标网格工具”，如图2-6所示。

（1）直线段工具

“直线段工具”可用来绘制各种方向的直线段。绘制直线段时，按住【Shift】键可绘制出水平、垂直或45°角及45°角倍数的直线段；按住【A1t】键，可以绘制由单击点为中心向两边延伸的直线段。选择“直线段工具”，单击画板，打开“直线段工具选项”对话框，设置“角度”或“长度”值，单击按钮绘制精确直线段，如图2-7所示。

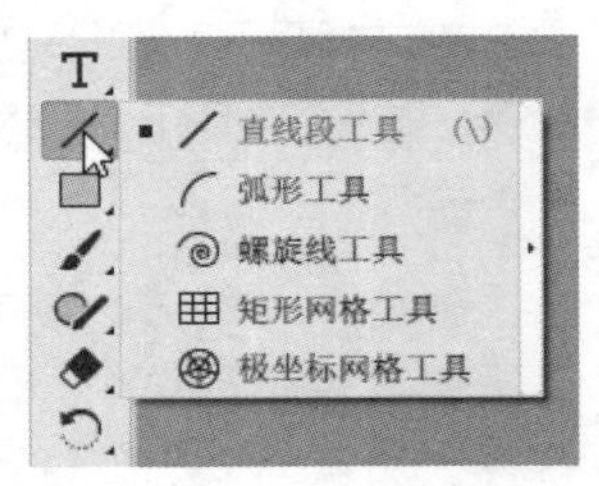

图2-6　直线段工具组

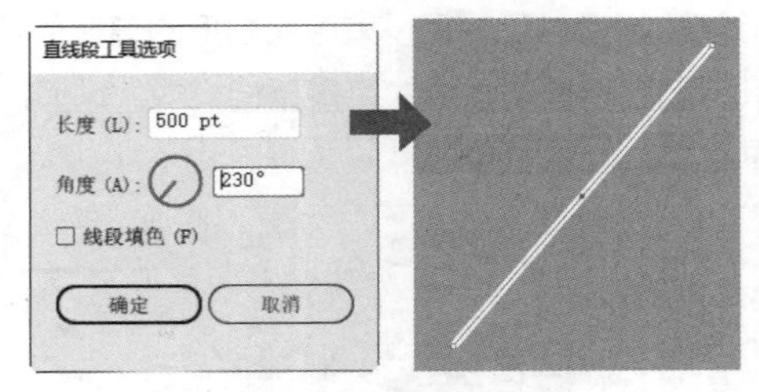

图2-7　“直线段工具选项”对话框

“直线段工具选项”对话框中各参数的介绍如下。

- **长度：**用于设置直线段的长度。
- **角度：**用于设置直线段的角度。
- **线段填色：**默认直线段仅有描边色，选中该复选框，可为直线段设置填充色。

（2）弧形工具

“弧形工具”可用来绘制不同弧度的弧线。绘制弧线时，按【C】键，可以在开放的弧线与闭合的弧线之间切换；按住【Shift】键，可以锁定弧线对角线方向；按【↑】【↓】【←】【→】键，可以调整弧线的斜率。选择“弧形工具”，单击画板，打开“弧线段工具选项”对话框，设置相关参数，单击确定按钮，可以绘制精确弧线，如图2-8所示。

“弧线段工具选项”对话框中各参数的介绍如下。

- **X轴长度：**用于设置弧线另一端点在x轴的距离。
- **Y轴长度：**用于设置弧线另一端点在y轴的距离。
- **参考点定位器：**用于设置弧线端点的位置。
- **类型：**用于设置弧线类型，如开放弧线或闭合弧线。
- **基线轴：**用于设置弧线的基线轴为x轴（水平方向）或y轴（垂直方向）。
- **斜率：**用于设置弧线的弧度。为正值弧线凸起，为负值弧线凹陷。绝对值越大，弧度越大。

（3）螺旋线工具

“螺旋线工具”可用来绘制螺旋线。绘制螺旋线时，按【R】键，可以调整螺旋的方向；按住【Ctrl】键，可以调整螺旋的疏密度，使螺旋密度由密变疏；按【↑】键，可以增加螺旋线的圈数；按【↓】键，可以减少螺旋线的圈数。选择“螺旋线工具”，单击画板，打开“螺旋线”对话框，设置相关参数，单击确定按钮，可以精确绘制螺旋线，如图2-9所示。

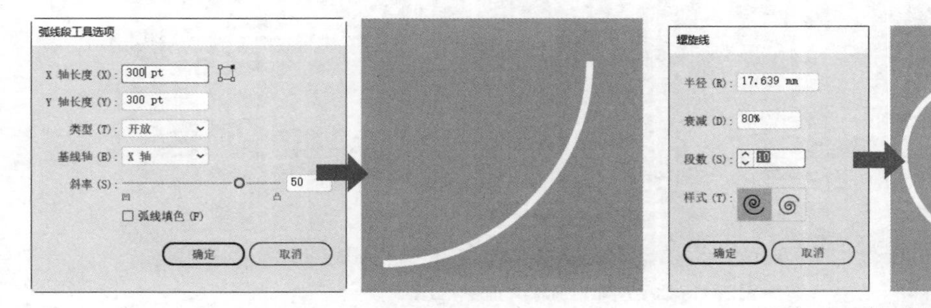

图2-8 “弧线段工具选项”对话框　　图2-9 “螺旋线”对话框

“螺旋线”对话框中主要参数的介绍如下。

- **半径：**用于设置螺旋线的半径尺寸。
- **衰减：**用于设置螺旋线之间相差的比例。百分比越小，螺旋线之间的差距越小。
- **段数：**用于设置螺旋线的段数。数值越大，螺旋线越长；数值越小，螺旋线越短。
- **样式：**用于设置螺旋线旋转的方向为逆时针还是顺时针。

（4）矩形网格工具

“矩形网格工具”可轻松地创建矩形网格，以便制作表格，如员工信息表、作息时间表等。选择“矩形网格工具”，单击画板，打开“矩形网格工具选项”对话框，设置相关参数，单击确定按钮，可以得到精确的表格，如图2-10所示。

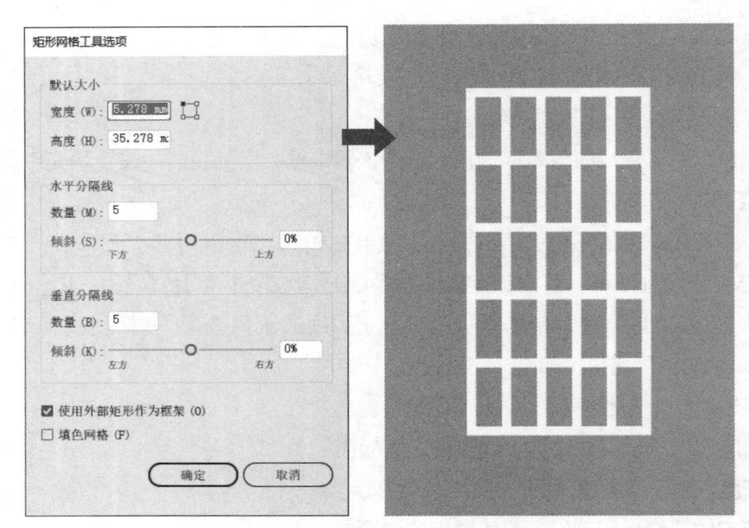

图2-10 “矩形网格工具选项”对话框

“矩形网格工具选项”对话框中各参数的介绍如下。

- **默认大小：**用于设置图形的宽度、高度。单击“参考点定位器”按钮上的定位点，可以确定绘制网格时起始点的位置。
- **水平分隔线：**“数量”数值框用于设置水平分隔线的数量。“倾斜”数值框用于设置水平分隔线的间距变化。“倾斜”值为0%时，水平分隔线的间距相同；该值大于0%时，水平分隔线间距由上到下逐渐变小；该值小于0%时，水平分隔线间距由下到上逐渐变小。图2-11所示为水平分隔线“倾斜”值分别为0、50、-50的效果。

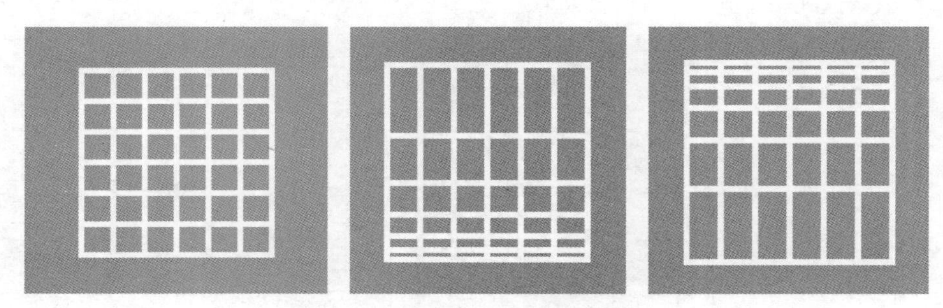

图2-11 水平分隔线“倾斜”值变化效果

- **垂直分隔线：**“数量”数值框用于设置垂直分隔线的数量，“倾斜”数值框用于设置垂直分隔线的间距变化。
- **使用外部矩形作为框架：**选中该复选框，将采用矩形作为外框架。
- **填色网格：**选中该复选框，可使用当前颜色填充网格。

(5) 极坐标网格工具

“极坐标网格工具”用于绘制具有同心圆的放射线网格。选择“极坐标网格工具”，单击画板，打开“极坐标网格工具选项”对话框，设置相关参数，单击按钮，可以得到精确的极坐标网格，如图2-12所示。

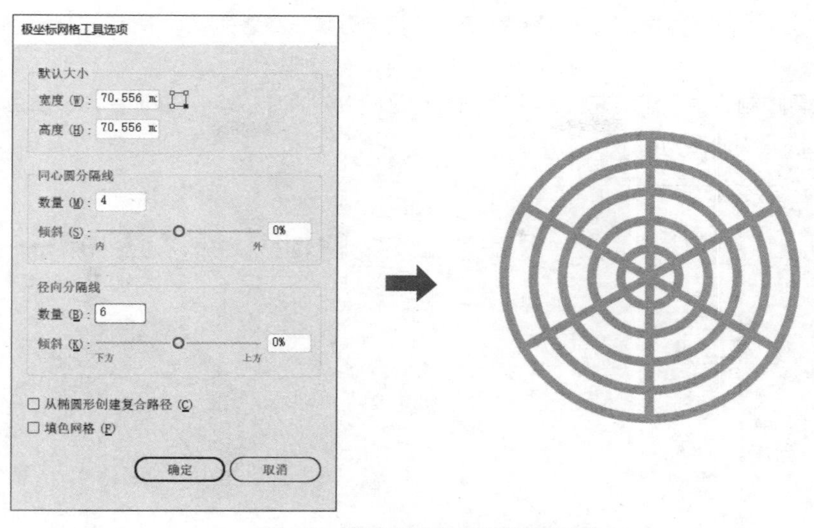

图2-12 “极坐标网格工具选项”对话框

“极坐标网格工具选项”对话框中主要参数的介绍如下。

- **同心圆分隔线：**“数量”数值框用于设置极坐标网格同心圆的数量。“倾斜”值决定了同心圆是倾向于网格内侧还是外侧。该值为0%时，同心圆的间距相等；该值大于0%时，同心圆向边缘聚拢；该值小于0%时，同心圆向中心聚拢。图2-13所示为同心圆分隔线“倾斜”值分别为0、50、-50的效果。
- **径向分隔线：**“数量”数值框用于设置极坐标网格放射线的数量，图2-14所示为径向分隔线数量为“12”的效果。“倾斜”值决定了径向分隔线是倾向于网格逆时针方向还是顺时针方向。该值为0%时，分隔线的间距相等；该值大于0%时，分隔线会逐渐向逆时针方向聚拢；该值小于0%时，分隔线会逐渐向顺时针方向聚拢。

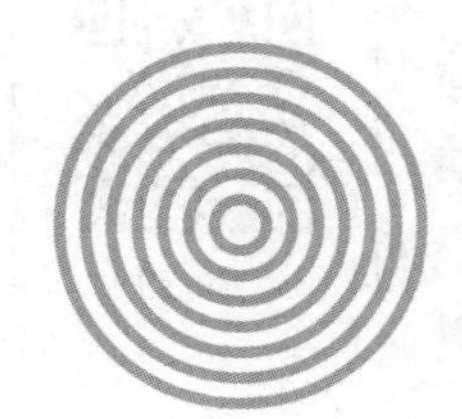
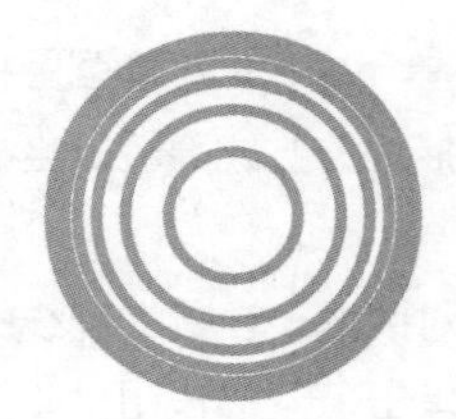
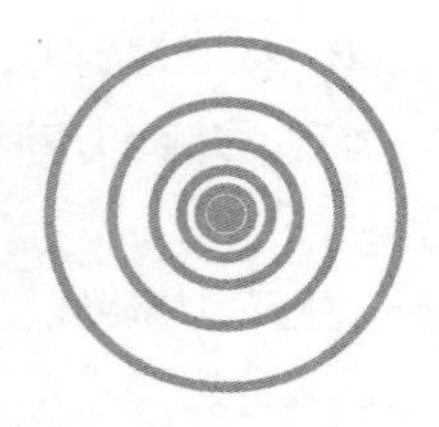

图2-13 同心圆分隔线“倾斜”值变化效果

图2-14 径向分隔线数量为“12”的效果

- **从椭圆形创建复合路径：**选中该复选框，会将同心圆创建为独立的复合路径。

任务实施

1. 绘制图标底图

米拉绘制的“绿色能源”图标草图的底图由圆和射线组成，而利用“极坐标网格工具”绘制的图形由规则射线和圆形组合而成，恰好能满足设计需求。于是她决定使用该工具绘制图标的底图，具体操作如下。

（1）新建名称为“‘绿色能源’图标.ai”的文件，选择“极坐标网格工具”，单击画板，打开“极坐标网格工具选项”对话框，设置“宽度”和“高度”

均为“300px”，同心圆分隔线数量为“5”，径向分隔线数量为“7”，单击 确定 按钮，如图2-15所示。

（2）在绘图工具控制栏中设置填充色为“CMYK：50、0、100、0”，描边色为“白色”，描边粗细为“1pt”，如图2-16所示。

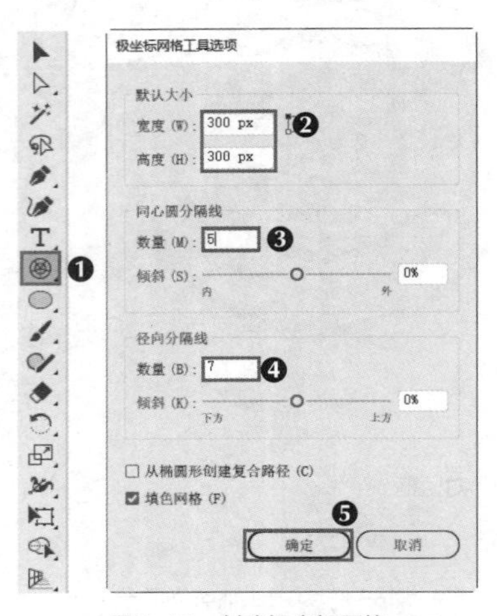

图2-15　创建极坐标网格

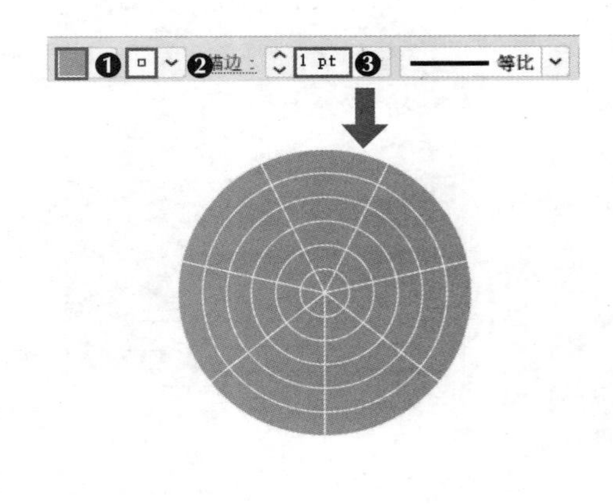

图2-16　设置网格样式

知识补充

单独编辑网格中的线条或形状

矩形网格或极坐标网格是将线条和形状按一定规律排列组合在一起所形成的图形，多次按【Ctrl+Shift+U】快捷键可取消多个图形的组合，便于单独编辑网格中的线条或形状。

2. 绘制图标主体

图标主体的绘制需要用到“直线段工具”、“螺旋线工具”。为了增强图标的吸引力，米拉准备设置螺旋线、直线段外观，并通过取消描边的方式隐藏极坐标网格线，然后添加文本等，具体操作如下。

（1）选择“螺旋线工具”，单击画板，打开“螺旋线”对话框，设置螺旋线的半径为“60px”，衰减为“80%”，段数为“6”，单击 确定 按钮，如图2-17所示。

（2）在控制栏中设置描边色为“白色”，设置描边粗细为“8 pt”；选择【窗口】/【描边】命令，打开“描边”面板，单击“圆头端点”按钮，如图2-18所示。

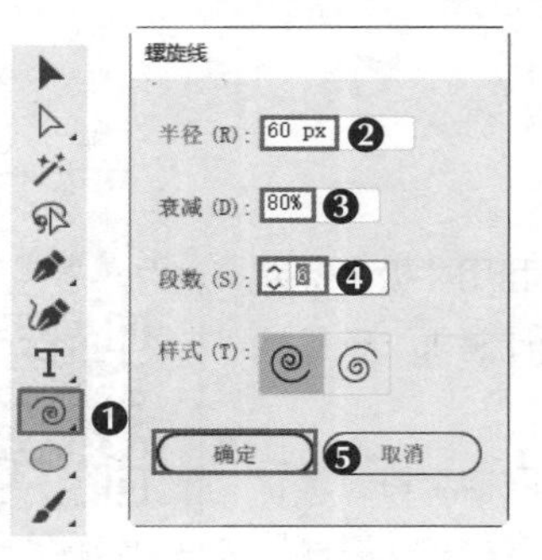

图2-17　精确绘制螺旋线

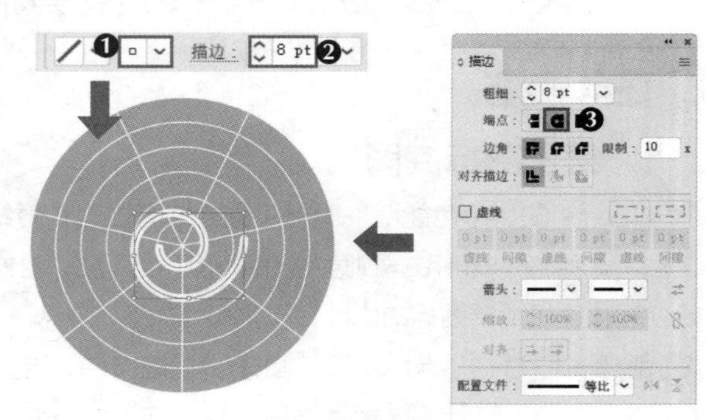

图2-18　设置螺旋线

（3）选择“直接选择工具”▷，选中螺旋线尾部端点，将其向内拖动，以调整螺旋线外观，如图2-19所示。

（4）选择“直线段工具”╱，将极坐标网格作为参考，按住鼠标左键不放，拖曳鼠标到需要结束的位置，释放鼠标，绘制射线。注意通过极坐标网格规范射线的长度和位置，连续绘制7条射线，在控制栏中单击“选择类似的对象”按钮，选中7条射线，设置描边色为“#FFFFFF”，描边粗细为“12pt”，“变量宽度配置文件”的样式为“”，效果如图2-20所示。

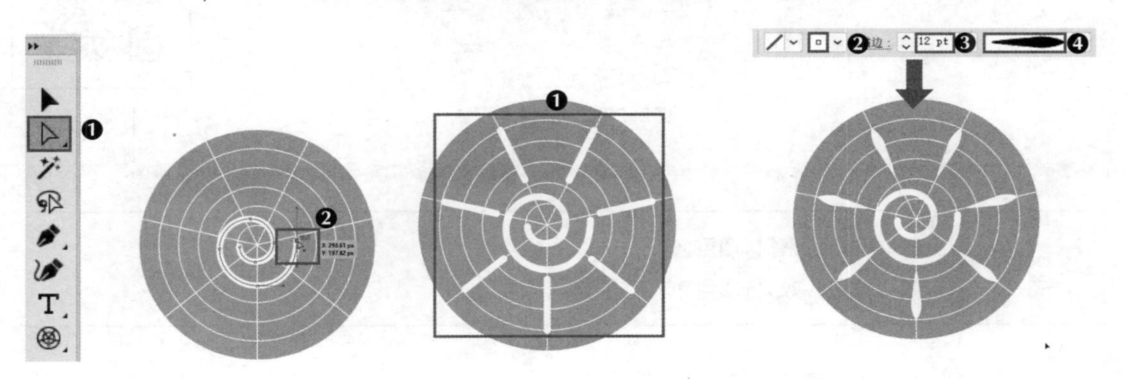

图2-19 调整螺旋线

图2-20 绘制与编辑射线

（5）选择极坐标网格，在控制栏中将描边色设置为“无”，取消描边色，只显示填充色，如图2-21所示。

（6）打开“绿色能源.ai”文件，选择“选择工具”▶，按住鼠标左键不放，拖曳鼠标框选文字，按【Ctrl+C】快捷键复制文字，切换到““绿色能源”图标.ai”文件，按【Ctrl+V】快捷键粘贴文字，再将文字拖曳到合适的位置，如图2-22所示，保存文件。

图2-21 取消极坐标网格的描边色

图2-22 添加文字

课堂练习

设计“花卉园艺”图标

根据店铺名称“花卉园艺”，提取与“花卉”相关的图形，综合运用“直线段工具”╱、“弧形工具”⌒、“极坐标网格工具”⊛绘制与“花卉”相关的图标，在绘制时通过设置线条属性、描边色、填充色，让图标更具吸引力，最后添加文字素材。本练习的参考效果如图2-23所示。

图2-23 “花卉园艺”图标

素材位置： 素材\项目2\花卉园艺图标.ai
效果位置： 效果\项目2\花卉园艺图标效果.ai

任务2.2 设计沃柑主图

老洪对米拉设计的“绿色能源”图标的效果很满意，便放心地将沃柑主图的任务资料交给米拉。米拉拿出提供的沃柑图片，开始仔细浏览、分析图片，从中挑选高清、视觉独特、细节精美、纹理清晰的沃柑图片作为主图，然后根据客户提供的信息，构思主图需要展示的文案，并收集所需素材。

任务描述

任务背景	在各类购物平台搜索商品时常常会看到对应商品的主图，主图往往影响着消费者对商品的第一印象，其设计效果直接影响点击率，点击率又影响了商品销量。入驻淘宝平台的“甜果之家”店铺预计下月上新沃柑，需要设计沃柑主图。目前已完成商品拍摄，拟定好商品促销信息，需要设计师运用提供的素材设计沃柑主图
任务目标	① 制作尺寸为800px×800px，分辨率为72像素/英寸的主图
	② 运用形状工具绘制主图边框、主图标签、文案装饰底纹，丰富画面
	③ 突出商品特性、商品卖点，简洁美观，能够有效提高点击率
知识要点	矩形工具、圆角矩形工具、椭圆工具、星形工具、虚线设置等

本任务的参考效果如图2-24所示。

图2-24 沃柑素材与设计的沃柑主图参考效果

素材位置：素材\项目2\沃柑.png、“甜果之家”Logo.ai
效果位置：效果\项目2\沃柑主图.ai、沃柑主图.jpg

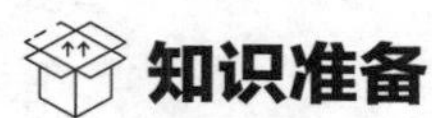

知识准备

米拉知道Illustrator中很多工具都能绘制常见的形状，还能调整所绘制形状的外观，从而得到更多的形状。但她还不太清楚这些工具的具体使用方法，于是她准备咨询其他设计师，深入了解这些工具。

1. 形状工具组

形状工具组中的工具用于绘制各种常见的基本形状，如“矩形工具”、“圆角矩形工具”、“椭圆工具”、“多边形工具”、“星形工具”、“光晕工具”，如图2-25所示。与直线段工具组的用法类似，除了可以拖曳鼠标进行绘制，还能通过对应的工具对话框得到精确的形状。

（1）矩形工具

“矩形工具”可以用于绘制长方形或正方形。选择“矩形工具”，单击画板，打开“矩形”对话框，设置不同的宽度和高度，单击按钮可得到尺寸精确的长方形，如图2-26所示。若高度和宽度参数相同，则可得到正方形。

图2-25　形状工具组

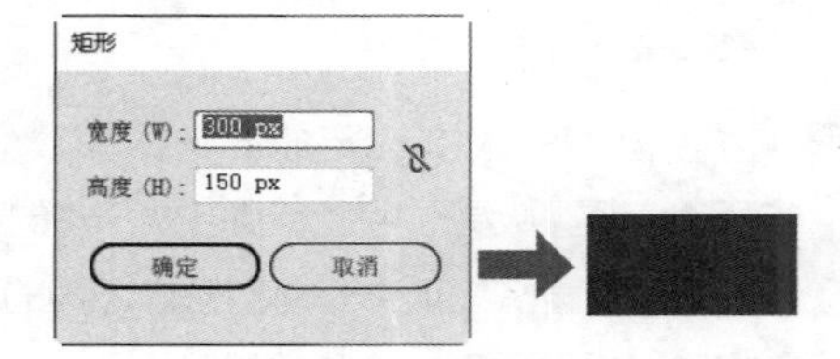

图2-26　绘制长方形

（2）圆角矩形工具

“圆角矩形工具”可以用于绘制圆角矩形。选择“圆角矩形工具”，单击画板，打开“圆角矩形”对话框，设置圆角矩形的宽度、高度、圆角半径（“圆角半径”值越大，得到的圆角弧度越大；“圆角半径”值越小，得到的圆角弧度越小；“圆角半径”值为0时，得到矩形），单击按钮可得到尺寸精确的圆角矩形，如图2-27所示。

（3）椭圆工具

“椭圆工具”可用于绘制椭圆形、圆形或饼图。选择“椭圆工具”，单击画板，打开“椭圆”对话框，设置宽度、高度，单击按钮，可得到尺寸精确的椭圆形，如图2-28所示。若宽度和高度参数相同，则可得到圆形。

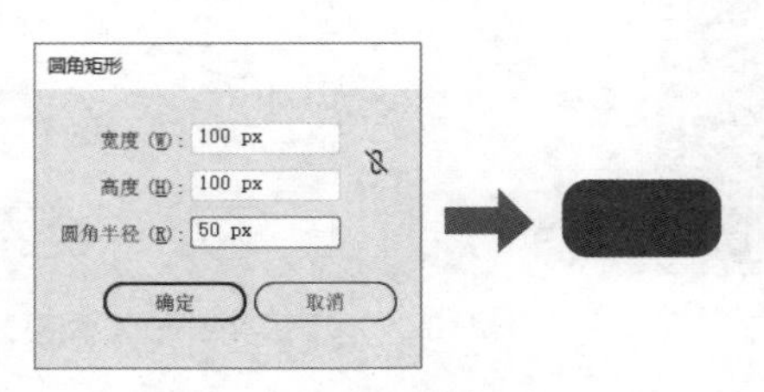

图2-27　绘制圆角矩形

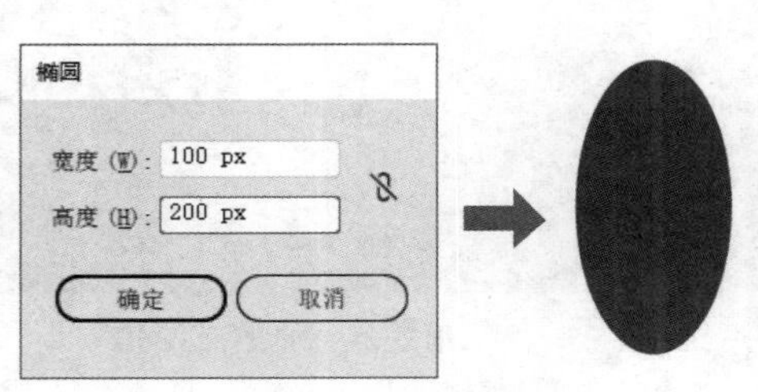

图2-28　绘制椭圆形

（4）多边形工具

“多边形工具”可以用于绘制三角形、四边形、五边形等3边以上的形状。如果在绘制时按【↑】键，可增加多边形边数；按【↓】键，可减少多边形边数。选择“多边形工具”，单击画板，打开“多边形”对话框，设置多边形的半径、边数（边数最少为3，边数越多绘制的形状越接近圆形），单击 确定 按钮，得到边数、尺寸精确的多边形，如图2-29所示。

（5）星形工具

“星形工具”可以用于绘制三角形和各类星形。选择“星形工具”，单击画板，打开“星形”对话框，设置相关参数，单击 确定 按钮，如图2-30所示。

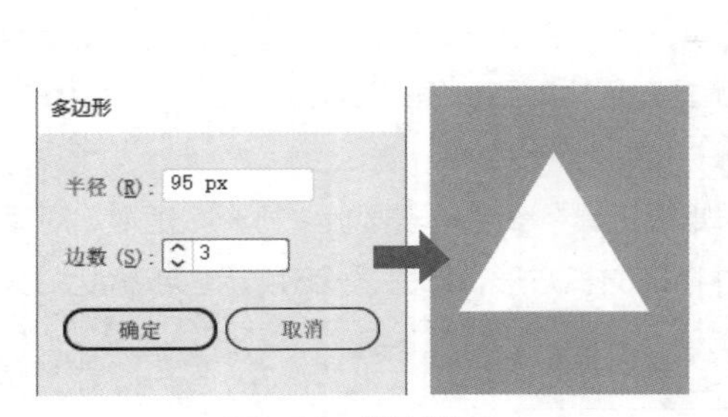

图2-29 绘制多边形

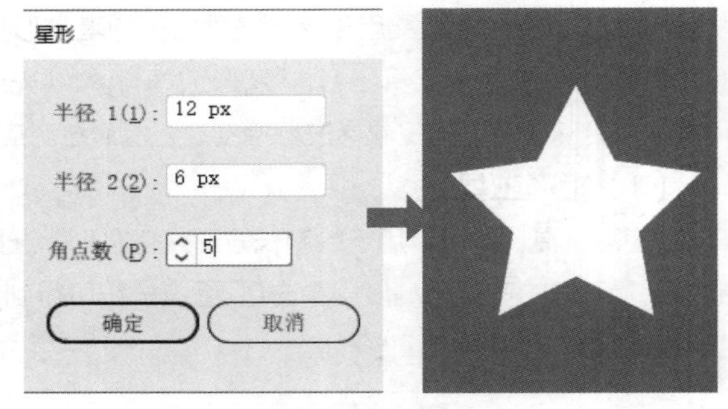

图2-30 绘制星形

“星形”对话框中各参数的介绍如下。

- **半径1：** 设置从星形中心点到各外部角的顶点的距离。
- **半径2：** 设置从星形中心点到各内部角的顶点的距离。
- **角点数：** 设置星形的边角数量。

（6）光晕工具

“光晕工具”虽然位于形状工具组中，但它与其他形状工具有所不同，主要用于绘制日光和镜头光晕等效果。打开一幅图像，选择“光晕工具”，在图像上拖动鼠标以绘制光晕，如图2-31所示，或在图像上需要添加光晕的位置单击，添加默认光晕，并打开“光晕工具选项”对话框，如图2-32所示，可进一步设置光晕效果。

图2-31 为图像添加光晕

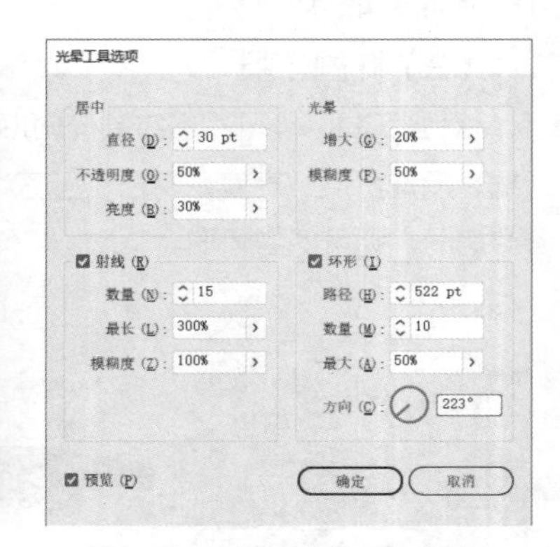

图2-32 “光晕工具选项”对话框

“光晕工具选项”对话框中各参数的介绍如下。

- **居中：**“直径”数值框用于控制光晕的大小。“不透明度”和“亮度”下拉列表用于设置光晕中心的不透明度和亮度的百分比。

- **光晕：** 用于设置光晕向外增大和模糊度的百分比，低模糊度可得到干净、明快的光晕效果。
- **射线：** 用于设置射线的数量、最长的射线长度和射线的模糊度。若需要取消射线，可将“数量”值设置0。
- **环形：** 用于设置光晕中心距离最远光环中心的路径值，以及环的数量、最大环的大小和环的方向。
- **预览：** 选中该复选框，可以在不关闭“光晕工具选项”对话框的情况下，查看当前参数设置的效果。

2. 调整形状边角

选择“直接选择工具”▷，选择绘制好的形状，若形状上出现边角构件图标◉，则表示可以编辑形状边角，从而更改形状外观。

- **调整全部边角：** 向内拖曳其中任意一个边角构件，可变形全部的边角，释放鼠标完成变形，如图2-33所示。
- **单独调整边角：** 将鼠标指针移动到任意一个边角构件上，单击边角构件，鼠标指针变为▸形状，拖曳选中的边角构件可以使其单独变形，如图2-34所示。

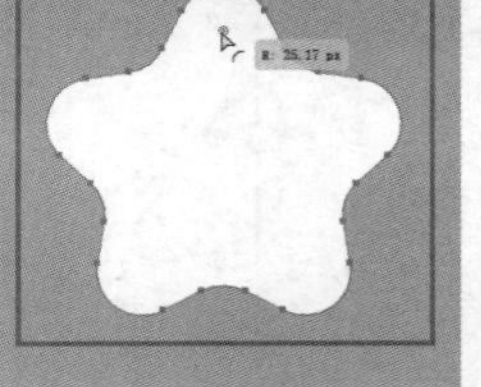
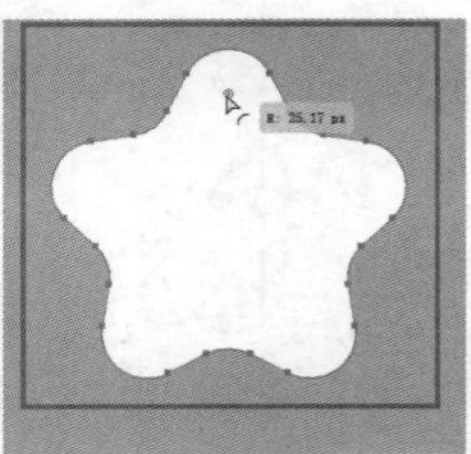

图2-33 调整全部边角

图2-34 单独调整边角

知识补充

如何同时调整几个边角构件?

选择“直接选择工具”▷，按住【Shift】键依次单击需要的边角构件，拖曳任意一个选中的边角构件可以同时调整选中的多个边角构件。

- **交替切换边角样式：** 按住【Alt】键，单击任意一个边角构件，可在“圆角”“反向圆角”“倒角”3 种边角样式之间切换，如图2-35所示。

图2-35 交替切换边角样式

- **“边角”对话框：** 按住【Ctrl】键，同时双击其中一个边角构件，可打开“边角”对话框，在其中可以设置边角样式、边角半径和圆角类型，设置完成后单击 确定 按钮，完成调整，如图2-36所示。

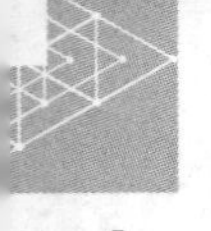

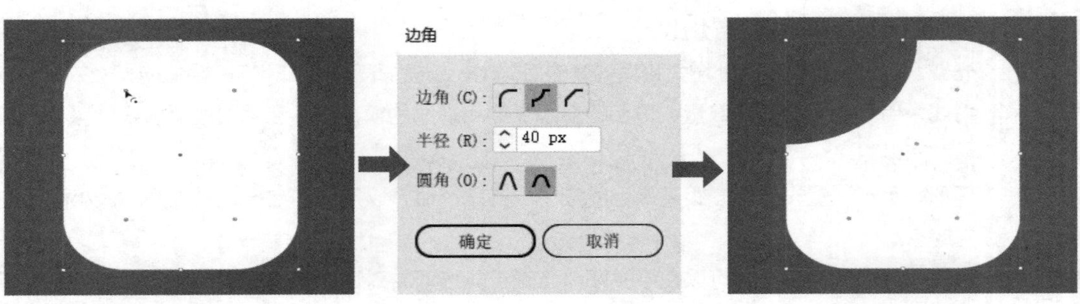

图2-36 “边角”对话框

- **“变换”面板中的形状属性设置：**选择“选择工具”，选择绘制的形状，选择【窗口】/【变换】命令，或按【Shift+F8】快捷键打开“变换”面板。单击“更多选项”按钮展开属性设置，图2-37所示为椭圆的属性设置。设置饼图起点角度、饼图终点角度，单击“约束饼图角度”按钮可以同时设置饼图起点角度和饼图终点角度，使角度保持一致；单击“反转饼图”按钮，可以互换饼图起点角度和饼图终点角度。

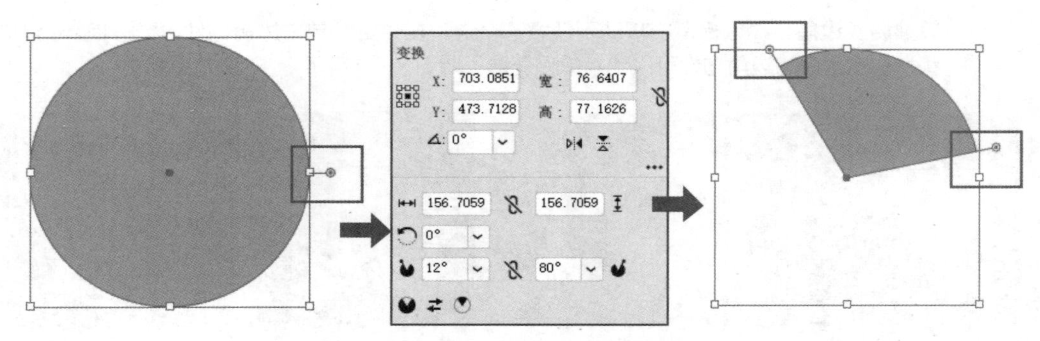

图2-37 “变换”面板中的形状属性设置

3. “描边”面板

选择【窗口】/【描边】命令，或按【Ctrl+F10】快捷键，可打开“描边”面板，以设置描边属性。图2-38所示为运用“描边”面板设置描边属性前后的对比效果。

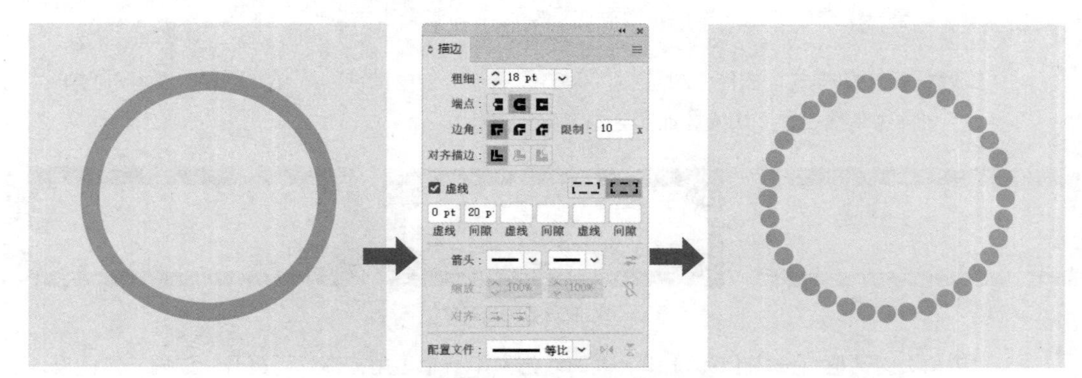

图2-38 运用“描边”面板设置描边属性

“描边”面板中各参数的介绍如下。

- **粗细：**用于设置描边的粗细，与控制栏中“描边”数值框的作用一致。

- **端点：**设置各描边线段的首端和尾端的形状样式，包括平头端点、圆头端点和方头端点3种不同的端点样式，如图2-39所示。设置较粗的描边时可清晰地查看线条端点效果。

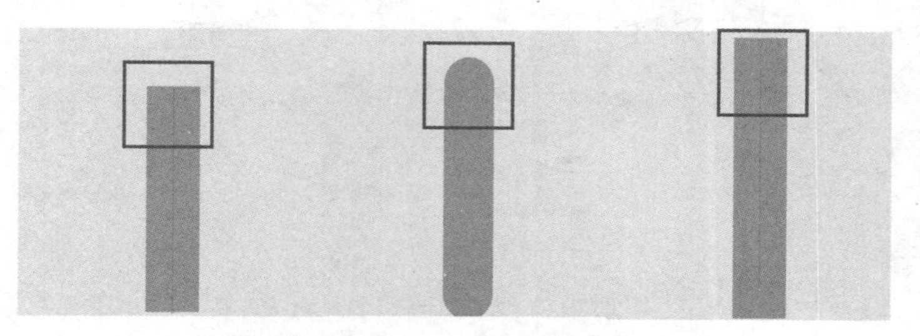

图2-39 平头端点 、圆头端点和方头端点

- **边角：**设置描边的拐角接合形式，包括斜接连接、圆角连接和斜角连接，如图2-40所示。设置为斜接连接后，将激活“限制”数值框，该数值框用于设置斜角的长度，即描边线段沿路径改变方向时伸展的长度。

图2-40 斜接连接 、圆角连接和斜角连接

- **对齐描边：**设置描边与路径的对齐方式，包括使描边居中对齐、使描边内侧对齐和使描边外侧对齐。
- **虚线：**选中“虚线”复选框，将默认选中“保留虚线和间隙的精确长度”按钮，以在不对齐的情况下保留虚线外观。若单击“使虚线与边角和路径终端对齐，并调整到适合长度”按钮，可使各角的虚线和路径的尾端保持一致。此时下方的6个数值框被激活，其中，“虚线”数值框用于设置每一段虚线的长度，为0时，圆角虚线段表现为圆点。图2-41所示为“虚线”值为“10pt”与“40pt”的对比效果。“间隙”数值框用来设定虚线段之间的距离。图2-42所示为“间隙”值为“30pt”与“60pt”的对比效果。

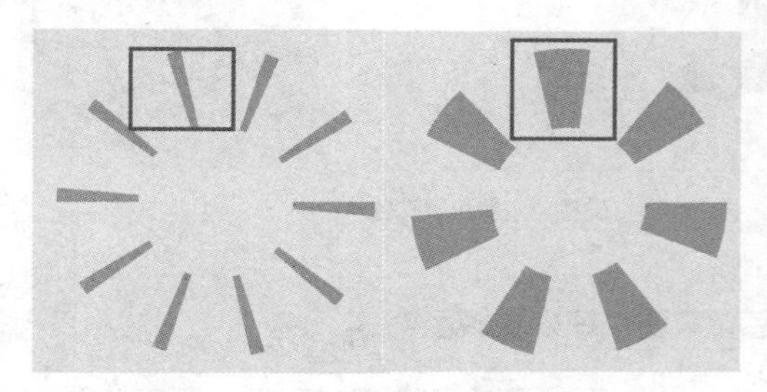

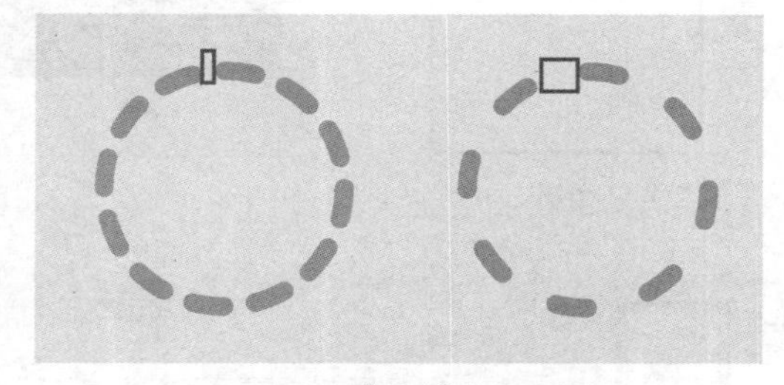

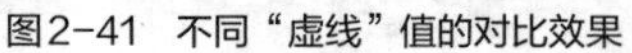

图2-41 不同“虚线”值的对比效果

图2-42 不同“间隙”值的对比效果

- **箭头：**选中要添加箭头的线条，在“起点的箭头”“终点的箭头”下拉列表中可选择线条起点、终点处的箭头样式。图2-43所示为在曲线一端设置箭头的效果。

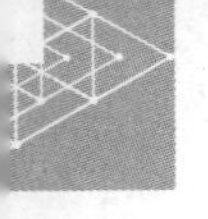

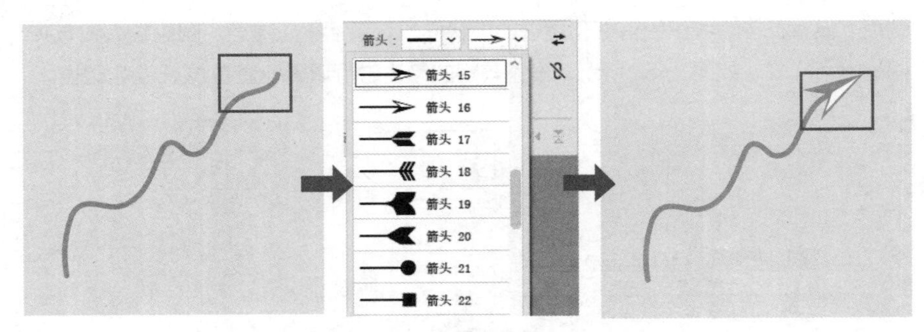

图2-43　为曲线一端设置箭头

任务实施

1. 设计主图边框

米拉觉得直接将沃柑图片制作为白底主图太过单调，为丰富和美化主图版面，米拉准备绘制矩形、圆角矩形来作为主图的边框，并添加店铺Logo到左上角，具体操作如下。

（1）新建名称为“沃柑主图.ai”的文件，选择“矩形工具”，单击画板，打开“矩形”对话框，设置矩形的宽度、高度均为“800px”，单击 确定 按钮，得到处于选中状态的正方形，如图2-44所示。

（2）在控制栏中单击“描边色”按钮，在打开的面板中单击“无”按钮，取消描边色。在工具箱底部的“填充”按钮上双击，打开“拾色器”对话框，设置填充色为“#D55D21”，单击 确定 按钮，返回工作界面查看正方形的填充效果，将正方形移动到画板中心位置，如图2-45所示。

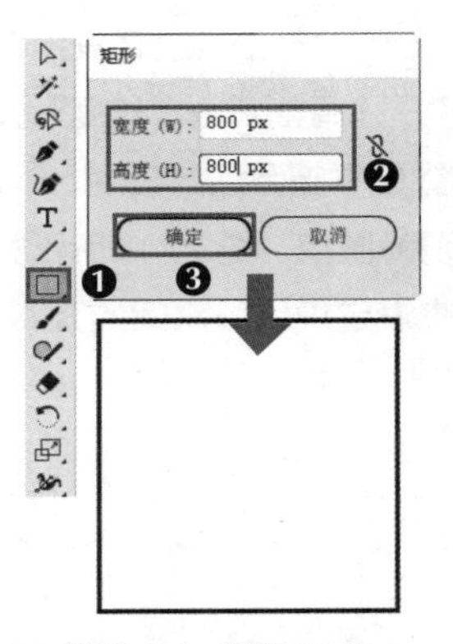

图2-44　绘制正方形

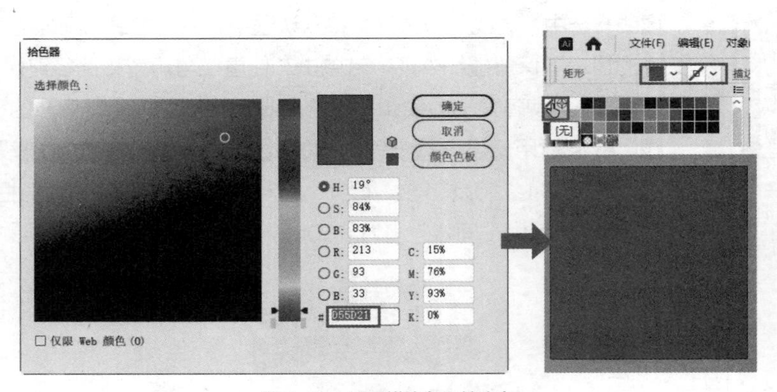

图2-45　设置描边色和填充色

疑难解析

如何利用颜色参考值快速设置颜色？

设计师在设置颜色时，若已有颜色参考值，可以复制该参考值，直接粘贴在“拾色器”对话框的“#”数值框中，以快速设置颜色。

（3）选择“圆角矩形工具”，在画板中需要的位置单击，打开“圆角矩形”对话框，设置圆角矩形的宽度、高度均为“750px”，圆角半径为“58px”，单击 确定 按钮得到圆角矩形。在控制栏中设置描边色为“无”，填充色为“#FFFFFF”，将圆角矩形移动到画板中心位置，如图2-46所示。

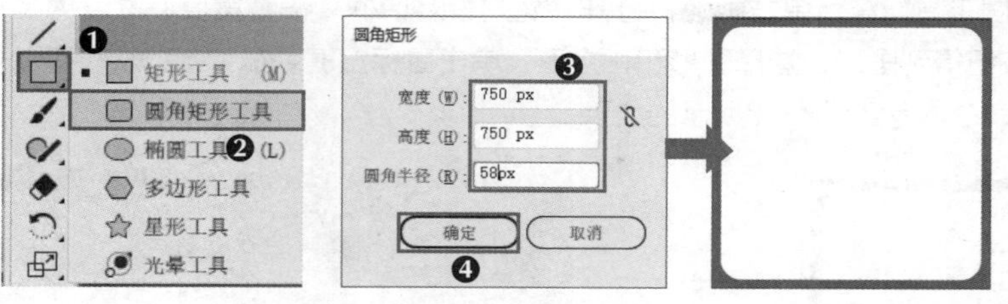

图2-46 绘制圆角矩形

（4）选择“矩形工具”，在左上角绘制宽度为“280px”、高度为“68px”的矩形，填充色为“#D55D21”。选择“直接选择工具”，单击绘制的矩形，矩形四角出现边角构件图标，将鼠标指针移动到右下角的边角构件上，单击边角构件，鼠标指针变为形状，向内拖曳选中的边角构件，使直角变为圆角，效果如图2-47所示。

（5）双击打开“‘甜果之家’Logo.ai”文件，选择“选择工具”，单击Logo，按【Ctrl+C】快捷键复制Logo，切换到“沃柑主图.ai”窗口，按【Ctrl+V】快捷键粘贴Logo，将Logo移动到主图左上角，如图2-48所示，完成主图框架的设计。

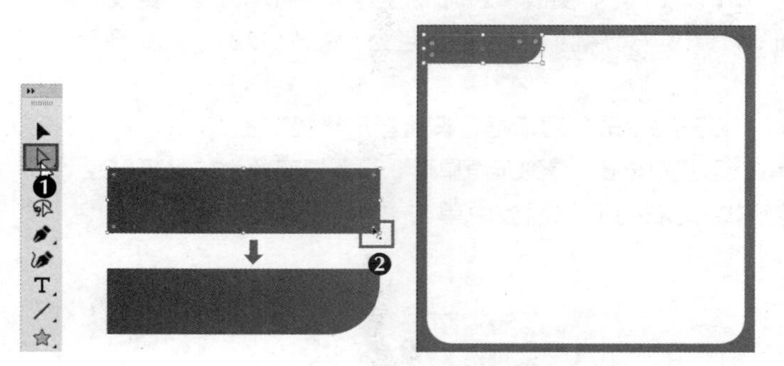

图2-47 绘制与编辑矩形

图2-48 添加Logo

2. 排版主图文案和商品图片

合理排版主图的文案和图片，可以有效吸引消费者点击浏览，进而提升商品的转化率。米拉浏览了大量主图模板，分析其排版方式，考虑综合采用左文右图、文案沉底式排版，在主图左侧添加广告信息，在主图下方展示特惠价格、折扣等关键促销信息，这样文案不仅不会影响主图的展示效果，还符合消费者的浏览习惯，具体操作如下。

微课视频

排版主图文案和商品图片

（1）选择“文字工具”，在左侧单击以插入定位点，输入3排文字。在控制栏中设置第1排文字的字体、字号、颜色为“方正兰亭黑简体、36pt、#727171”，第2排文字的字体、字号、颜色为“方正粗圆_GBK、48pt、#FFFFFF”，第3排文字的字体、字号、颜色为“方正粗圆_GBK、90pt、#D55D21”。

（2）选择“圆角矩形工具”，绘制宽度为“390px”、高度为“80px”、圆角半径为“40px”的圆角矩形，设置填充色为“#D55D21”，将其移动到第2排文字上层，选择第2排文字，按【Ctrl+Shift+[】快捷键将其置于底层，效果如图2-49所示。

（3）选择“矩形工具”，在底部绘制宽度为“800px”、高度为“87px”的矩形，取消描边，设置填充色为“#D55D21”。

（4）使用“矩形工具”绘制宽度、高度为“800px”的正方形，设置填充色为“#F8B62D”。选择“椭圆工具”，单击画板，打开“椭圆”对话框，设置宽度、高度为“300px”，单击确定按钮得到圆形。选择圆形和正方形，单击鼠标右键，在弹出的快捷菜单中选择“建立剪切蒙版”命令，得到图2-50所示的效果。

图2-49 排版左边文案

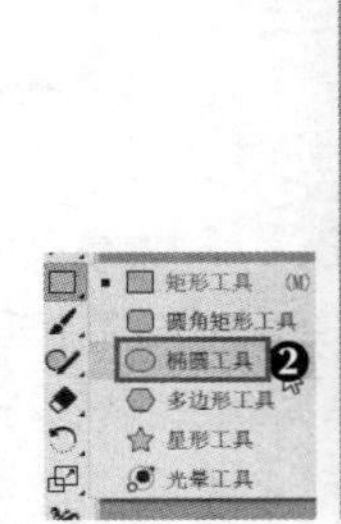

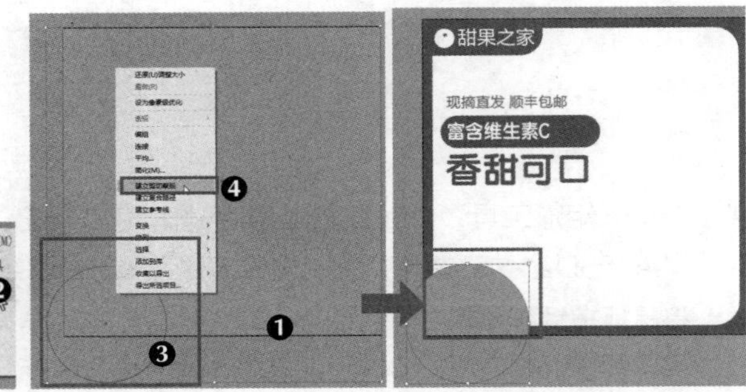

图2-50 绘制圆形、正方形并建立剪切蒙版

（5）选择“文字工具”T，在剪切蒙版上输入“特惠价”“¥29.9”等字符，在控制栏中设置文字属性为“方正粗圆_GBK、36pt、#FFFFFF”，更改“29”的字号为“115pt”，更改“¥”的字体为“思源黑体 CN Normal”，更改“特惠价”文字的颜色为“#D55D21”，如图2-51所示。

（6）选择“星形工具”，单击画板，打开“星形”对话框，设置星形半径1为“5px”，半径2为“10px”，角点数为“5”，单击确定按钮，得到五角星形。设置填充色为“#D55D21”，在控制栏中单击“描边色”按钮，在打开的面板中单击“无”按钮，取消描边色，如图2-52所示。

图2-51 输入价格文案

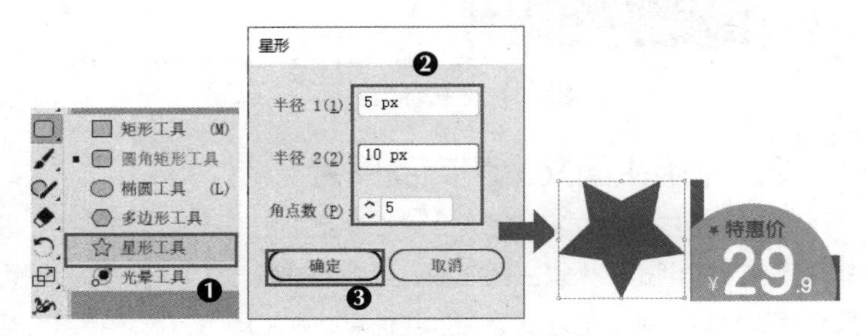

图2-52 绘制星形

（7）将绘制的星形移动到“特惠价”文字左侧，按【Ctrl+C】快捷键和【Ctrl+V】快捷键复制星形，再将复制得到的星形移动到文字右侧。选择“文字工具”T，在底部矩形上输入“2件8折 买5斤送5斤”文字，在控制栏中设置文字字体、字号、颜色为“方正兰亭黑简体、52pt、#FFFFFF”，效果如图2-53所示。

（8）选择【文件】/【置入】命令，打开“置入”对话框，选择“沃柑.png”素材，取消选中“链接”复选框，单击置入按钮。拖曳鼠标置入素材，调整素材大小，按住鼠标左键不放将素材移动到主图右侧，如图2-54所示，完成文案和图片的排版。

图2-53 在底部矩形上输入促销文案

图2-54 添加商品素材

设计素养

电商美工是网店美工美化设计工作者的统称，需要帮助网店设计图片，以便展示给消费者，具体工作内容包括网店装修、海报制作、商品图片处理、文案编辑等。电商美工应具备扎实的美术知识、摄影知识、软件技术等，并具有独立的思考能力和创造能力，坚持实践出真知，不断丰富实践经验，在实操的过程中逐步成长。

3. 设计主图标签

米拉观察当前的沃柑主图，发现主图右上角比较空，便又去浏览主图模板，发现一些主图模板采用了包含半价、折扣、包邮、新品、热销等内容的标签。米拉分析商品信息后，考虑在沃柑主图中加入“整箱发货 5斤装”标签，让消费者对包装信息、商品数量有所了解。为了使标签更加精美，她考虑采用“星形工具”进行设计，采用“描边”对话框设置虚线效果，具体操作如下。

微课视频

设计主图标签

（1）选择“星形工具”，单击画板，打开“星形”对话框，设置星形半径1为“110px”，半径2为“70px”，角点数为“12”，单击“确定”按钮，如图2-55所示。

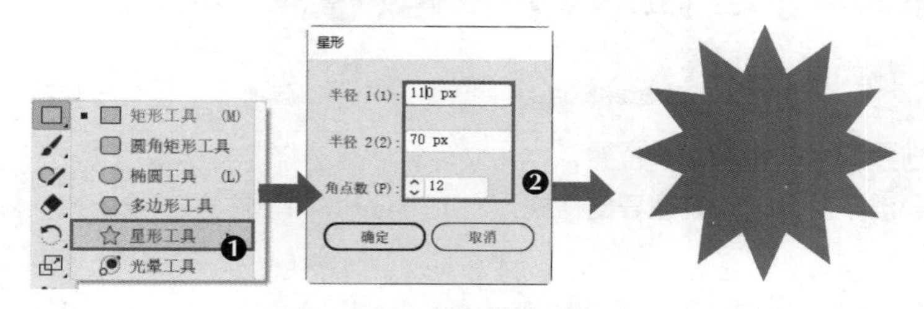

图2-55 绘制星形

（2）选择“直接选择工具”，单击绘制的星形，星形上出现边角构件图标，将鼠标指针移动到外侧尖角的实心边角构件上，单击边角构件，向内拖曳选中的边角构件进行变形，使尖角变为圆角。继续调整其他外侧尖角，得到花朵形状，如图2-56所示。

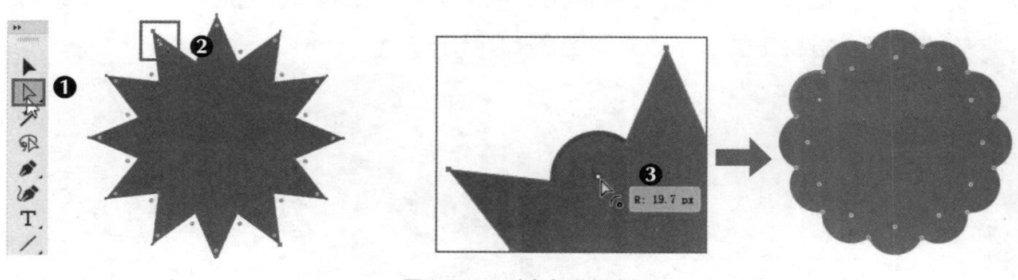

图2-56 对尖角进行变形

疑难解析

如何显示形状的全部边角构件？

一些形状在绘制完后，仍处于选中状态，有时只会显示部分边角构件，某些形状甚至不显示边角构件。此时就需要使用“直接选择工具”单击形状，将边角构件全部显示出来。另外，选择【视图】/【隐藏边角构件】命令，可隐藏显示的边角构件；选择【视图】/【显示边角构件】命令，可使隐藏的边角构件重新显示。

（3）选择“椭圆工具”，绘制宽度、高度为“130px”的圆形，在控制栏中设置描边色为“#FFFFFF”，在工具箱中单击“无”按钮，取消填充色。选择【窗口】/【描边】命令，打开“描边”面板，设置描边粗细为“3pt”，选中“虚线”复选框，设置虚线为“8pt”、间隙为“10pt”，得到虚线效果；单击“圆头端点”按钮，使虚线端点呈现圆头效果，如图2-57所示。

（4）选择“椭圆工具”，在标签上绘制宽度、高度为“10px”的圆形，在控制栏中设置填充色为“#FFFFFF”，单击“描边色”按钮，在打开的面板中单击“无”按钮，取消描边色。

（5）选择“文字工具”，在标签上输入两排文字，在控制栏中设置第1排文字的字体、字号、颜色为“方正兰亭黑简体、24pt、#FFFFFF”，设置第2排文字的字体、字号、颜色为“方正粗圆_GBK、36pt、#FFFFFF”。选择“选择工具”，选择所有标签元素，按【Ctrl+G】快捷键组合所有元素，效果如图2-58所示，完成标签的设计。

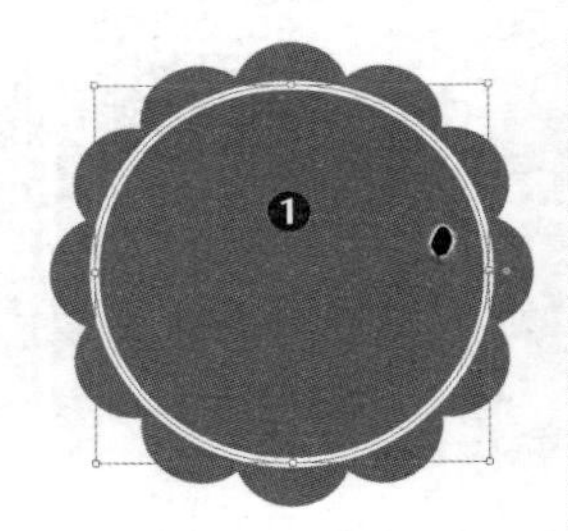

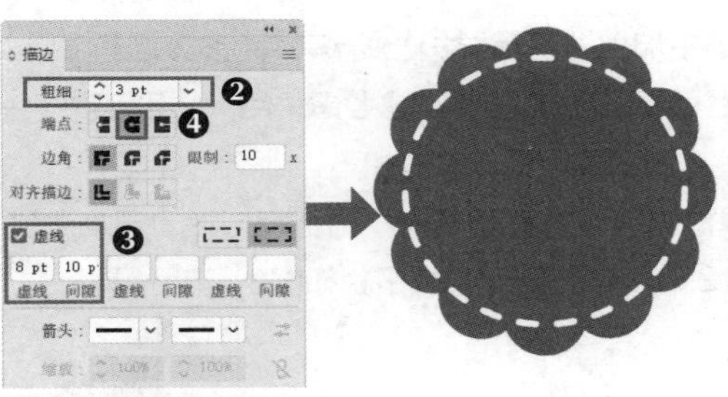

图2-57 设置虚线和端点

图2-58 标签效果

（6）将标签拖动到主图右上角的空白位置，存储文件，然后选择【文件】/【导出】/【导出为】命令，打开“导出”对话框，设置导出格式为“JPEG”，单击“导出”按钮将文件导出为JPEG图片。

课堂练习

设计猕猴桃主图

查看提供的图片素材，分析图片的外观特征、色彩特征，综合运用“矩形工具”、“圆角矩形工具”、“椭圆工具”、“多边形工具”等形状工具绘制形状，进行主图设计，添加Logo图形，输入文案，完成标签图形的设计。本练习的猕猴桃素材和猕猴桃主图参考效果如图2-59所示。

图2-59 猕猴桃素材和猕猴桃主图效果

素材位置： 素材\项目2\猕猴桃.png、"甜果之家"Logo.ai

效果位置： 效果\项目2\猕猴桃主图.ai、猕猴桃主图.jpg

综合实战 设计粽子主图

老洪将米拉完成的沃柑主图交给客户后，客户很满意，米拉知道这个消息后十分开心，自己的设计作品能得到客户的肯定。临近端午，"久粽食品"店铺即将出售粽子，需要设计师制作主图，老洪便将这个任务交给米拉完成。鉴于之前设计主图的经验，米拉信心十足，便斗志昂扬地开始研究粽子主图的任务资料。

实战描述

实战背景	端午食粽是节日习俗之一，粽子更是在端午节被各企业作为员工福利、客户福利发放。"久粽食品"店铺为各企业提供端午节粽子订购服务，在端午节前两个月开始接单，现需要设计师根据提供的相关素材，制作粽子主图，并突出订购价格、产品优势、优惠券等信息
实战目标	① 分析粽子图片，选择构图美观、细节精美、纹理清晰的粽子图片作为素材
	② 制作尺寸为800px×800px，分辨率为72像素/英寸（1英寸=2.54厘米）的主图
	③ 灵活运用形状工具绘制主图边框、主图标签、文案装饰底纹，添加树叶、山峰等装饰元素，渲染氛围
	④ 主图能突出粽子特性与卖点，简洁美观，提高点击率
知识要点	矩形工具、圆角矩形工具、椭圆工具、星形工具、直线段工具等

本实战的参考效果如图2-60所示。

图2-60　粽子素材与粽子主图参考效果

素材位置： 素材\项目2\粽子.png、山.png、“久粽食品”Logo.ai
效果位置： 效果\项目2\粽子主图.ai

思路及步骤

直接将拍摄好的白底粽子图片作为主图不能很好地突出粽子卖点，既单调，也不够美观。可为其添加文案、装饰元素，以表达关键信息，提高点击率和转化率。通过边框、树叶、标签、文案等元素设计一张优质的主图。本实战的设计思路如图2-61所示，参考步骤如下。

图2-61　设计粽子主图的思路

（1）新建名称为“粽子主图.ai”的文件，绘制与画板大小相同的矩形，在矩形内侧绘制圆角矩形，形成基本边框，再在边框内侧绘制线条进行装饰。

（2）在主图顶部中心位置绘制绿色三角形，使用“选择工具”▶选择该三角形，减小高度后将其翻转，然后将直角调整为圆角，放置到上边框线下方，再添加品牌Logo到该区域。

（3）绘制3个矩形，调整矩形的两个对角为圆角，得到叶片效果，再将其旋转到合适角度，用于装饰边框左上角；在边框下方绘制矩形，用于放置促销信息，添加“山.png”图形进行装饰。

（4）绘制与画板大小相同的矩形，在边框左下角绘制八角星形，拖动其边角构件，调整星形尖角为圆角，利用星形为矩形创建剪切蒙版，用于突出显示价格信息。

（5）输入主图文案，设置字体为“方正粗黑宋简体”“方正兰亭黑简体”“方正粗圆_GBK”“方正兰亭中粗黑简体”，添加“粽子.png”图像到中心位置，添加店铺Logo到相应位置。

（6）绘制圆角矩形和星形标签，添加标签文案，最后保存文件并导出为JPG格式。

课后练习 设计吹风机主图

某店铺需要设计师根据拍摄的吹风机图片和卖点、价格等信息为吹风机设计一款主图，要求尺寸为800px×800px，颜色以蓝色调为主，主图卖点突出、简洁美观，设计后的主图能够提高商品的点击率。经过之前的锤炼，老洪放心地将该任务交给了米拉，米拉根据客户提交的资料和要求，使用“矩形工具”和“圆角矩形工具”绘制主图背景，绘制圆角矩形时注意调整不同的圆角半径值；然后添加主图图片，再使用“圆角矩形工具”、“椭圆工具”、“多边形工具”绘制圆角矩形、圆形、三角形，制作放置文案的标签；最后添加文案，完成吹风机主图的设计，参考效果如图2-62所示。

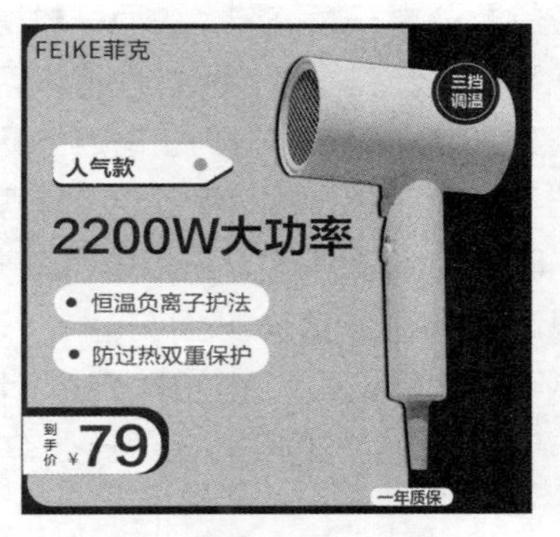

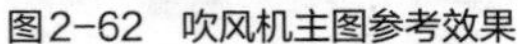

图2-62 吹风机主图参考效果

素材位置： 素材\项目2\吹风机.pngi

效果位置： 效果\项目2\吹风机主图.ai、吹风机主图.jpg

项目3
编辑与管理对象

情景描述

米拉的办公桌干净整洁，东西摆放得井然有序，周围的同事都十分赞赏。在平面设计工作中，米拉也将该习惯很好地发挥出来，将素材文件分类管理，清晰明了，得到了老洪的认可。老洪从近期的设计任务清单中挑选了直播活动方图、旅游App首页这两个设计任务给米拉，并告诉米拉，Illustrator平面设计工作中也有一套编辑与管理对象的方法，可以帮助设计师更高效地完成设计任务。

听从老洪的建议后，米拉开始在设计作品时探索如何编辑与管理对象，让作品井然有序的同时提高设计效率。

学习目标

知识目标	● 掌握变换对象的方法 ● 掌握剪切、复制与删除对象的方法 ● 掌握排列、对齐、分布、编组、锁定与隐藏对象的方法 ● 掌握“图层”面板、“透明度”面板、剪切蒙版的使用方法
素养目标	● 善于分类归纳，养成良好的整理习惯，使设计工作井然有序 ● 善于管理时间，在有限时间内提高工作效率

任务3.1 设计直播活动方图

年末将至，某品牌为清理库存，开展直播福利清货活动，委托公司设计一张直播活动方图，以展示在电商平台首页，通过强调清货的原因和目的，让消费者知道这是一次难得的机会，引导消费者观看直播，促进消费者下单购买。老洪将该任务交给米拉，米拉考虑到客户并未提供图片等资料，并且该方图作为直播活动入口，需要比较醒目。因此米拉准备将直播方图制作为大字海报，让关键信息占据整个页面，并利用挂历图形增强画面的创意性。

任务描述

任务背景	活动方图是淘宝店铺在参加活动时吸引消费者的店铺形象展示图片，也是商家在活动会场中的入口图。客户计划的直播时间为2023年12月30日上午10点，主题为“直播福利 年末清仓”，需要设计师设计富有创意，能快速抓住消费者眼球的直播活动方图
任务目标	① 制作尺寸为1242px×1242px，分辨率为72像素/英寸（1英寸=2.54厘米）的直播活动方图
	② 方图包含“直播福利 年末清仓”文案、活动时间信息，避免繁杂和凌乱，重点突出、层次分明，信息传达精准到位
	③方图要在视觉上给消费者美感，富有创造性，颜色、图形和文案等元素的搭配要协调、自然
知识要点	选择对象、移动对象、复制对象、缩放对象、倾斜对象、再次变换等

本任务的参考效果如图3-1所示。

图3-1 直播活动方图参考效果

效果位置： 效果\项目3\直播活动方图.ai

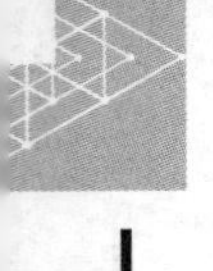

知识准备

米拉考虑绘制挂历图形作为背景，增强直播活动方图的创意性。通过观察挂历形象，米拉发现部分图形是相同的，可考虑采用复制、移动、缩放、旋转等操作进行制作，从而提高工作效率。老洪告诉米拉，移动、缩放、旋转等都属于变换操作，Illustrator中提供了多种变换方法，需要米拉自己去学习。另外，变换也属于编辑对象的常用方法，包含选择对象、剪切与复制对象、删除对象、还原和重做对象等。

1. 常用选择方式

编辑对象要先选择对象。在Illustrator中，选择对象的常用方式有以下两种。

- **通过选择工具选择对象：** Illustrator中提供了5种选择工具，如图3-2所示。"选择工具"用于选择整个路径；"直接选择工具"用于选择路径上的锚点或线段；"编组选择工具"用于选择组合对象中的单个对象；"魔棒工具"用于选择具有相同笔画或填充属性的所有对象，双击"魔棒工具"，打开"魔棒"对话框，选中相应的复选框，可以同时选中有对应属性的对象；使用"套索工具"绘制套索圈来选中其中的所有锚点或线段。
- **通过选择命令选择对象：** Illustrator提供了一个"选择"菜单，如图3-3所示，选择对应的命令或使用对应的快捷键可以实现相应的选择。

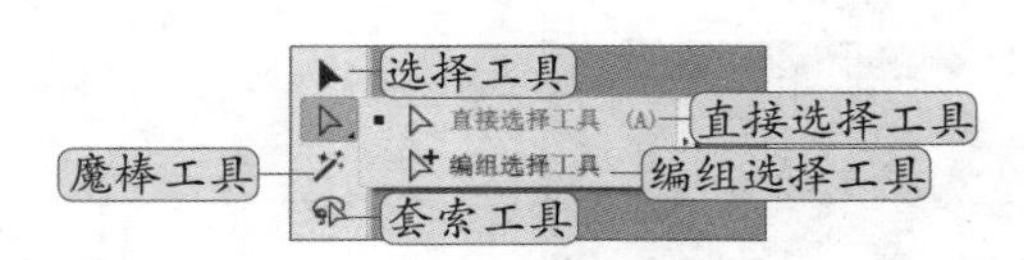

图3-2 选择工具

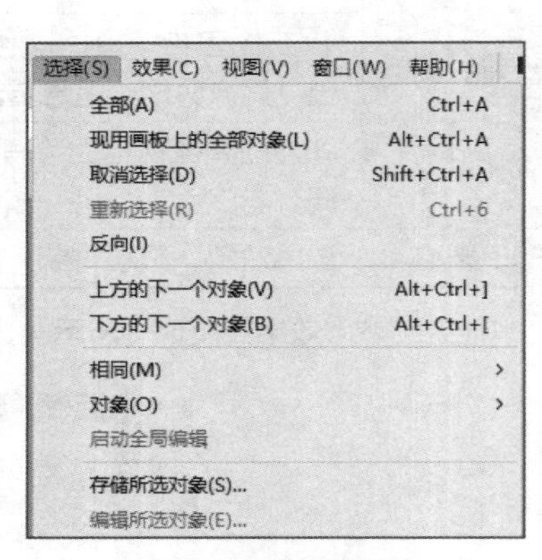

图3-3 "选择"菜单

2. 手动快速变换对象

当对象处于选中状态时，对象的周围会出现矩形圈选框。矩形圈选框上有8个空心正方形控制点，对象的中心有一个原点（作为中心标记），如图3-4所示。当选取多个对象时，多个对象可以共用一个矩形圈选框。要取消对象的选中状态，只要在画板上的其他位置单击即可。在对象处于选中状态的情况下，可手动快速执行以下变换操作。

- **移动对象：** 在对象上按住鼠标左键不放，拖曳鼠标到需要放置对象的位置，释放鼠标，完成对象的移动操作。
- **缩放对象：** 将鼠标指针移到矩形圈选框的8个空心正方形控制点上，鼠标指针变为形状，拖曳需要的控制点，可以缩放对象，如图3-5所示。在拖曳对角线上的控制点时，按住【Shift】键，对象会成等比例缩放；按住【Shift+Alt】快捷键，对象会从中心等比例缩放。

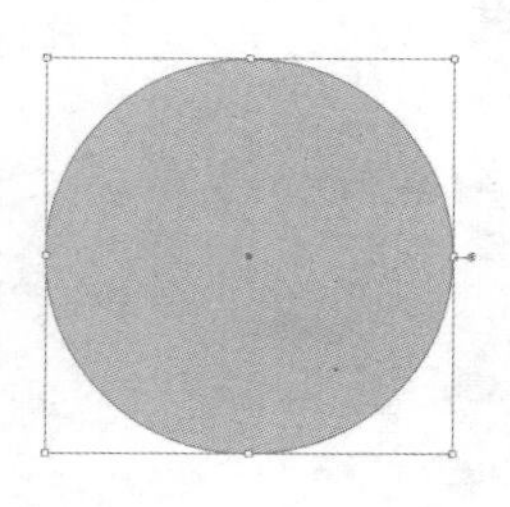

图3-4 选中状态的对象

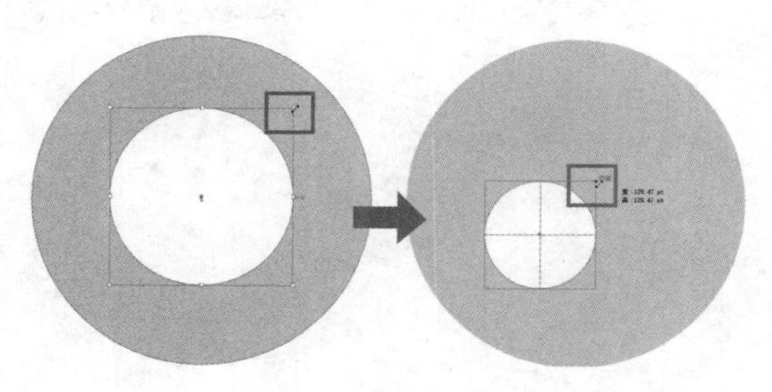

图3-5 缩放对象

- **旋转对象：**将鼠标指针移到矩形圈选框对角线的空心正方形控制点外侧，鼠标指针变为形状，拖曳鼠标可旋转对象。旋转时会出现蓝色预览线稿，可以预览对象旋转后的效果，旋转到需要的角度后，释放鼠标，如图3-6所示。
- **镜像对象：**按住鼠标左键不放并拖曳矩形圈选框一边上的控制点到相对边，直到出现蓝色预览线稿，释放鼠标就可以得到不规则的镜像对象，如图3-7所示。

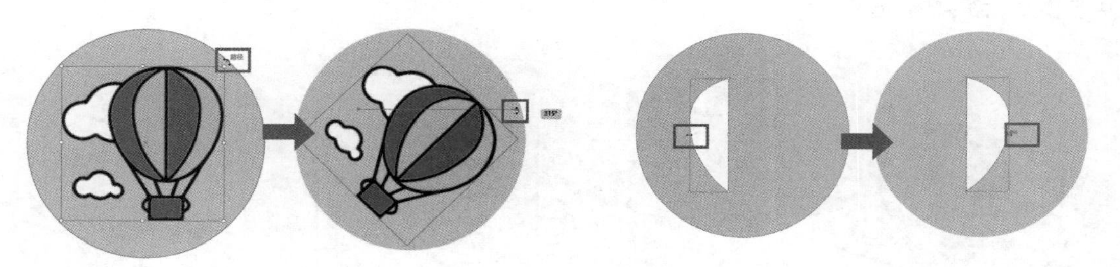

图3-6 旋转对象　　图3-7 镜像对象

3. 变换工具

Illustrator提供了多种变换工具，如图3-8所示，可以根据设置的控制点变换对象，变换工具的具体用法介绍如下。

- **"比例缩放工具"**：在对象上单击以重新确定控制点（该控制点默认在中心），按住鼠标左键不放向内或向外拖曳对象，可以围绕控制点缩小或放大对象。
- **"旋转工具"**：在对象上单击以重新确定控制点（该控制点默认在中心），拖曳对象，对象将围绕控制点进行旋转，释放鼠标即可完成对象的旋转，如图3-9所示。

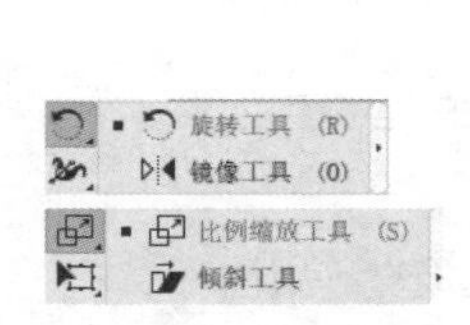

图3-8 变换工具

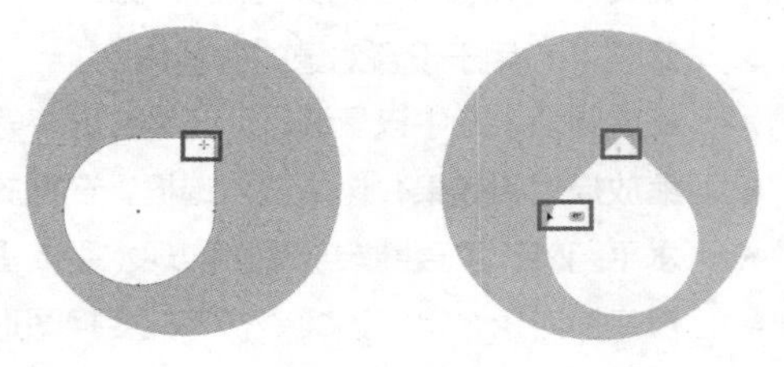

图3-9 旋转工具

- **"倾斜工具"**：在对象上单击以重新确定控制点（该控制点默认在中心），按住鼠标左键不放并拖曳对象，出现蓝色预览线稿，可预览对象倾斜效果，释放鼠标完成对象的倾斜，如图3-10所示。
- **"镜像工具"**：在对象上单击以重新确定控制点（该控制点默认在中心），拖曳对象，对

象将围绕控制点进行镜像，释放鼠标完成镜像，如图3-11所示。

图3-10 倾斜工具

图3-11 镜像工具

4. “变换”面板

“变换”面板汇集了多种变换参数，通过设置变换参数，可以精确地变换对象。选择【窗口】/【变换】命令或按【Shift+F8】快捷键，打开“变换”面板，在其中可以设置对象位置、大小、角度等参数；单击面板右上角的 按钮，在弹出的菜单中选择相应的命令可以进行更多的操作，如图3-12所示。面板中各参数和命令的介绍如下。

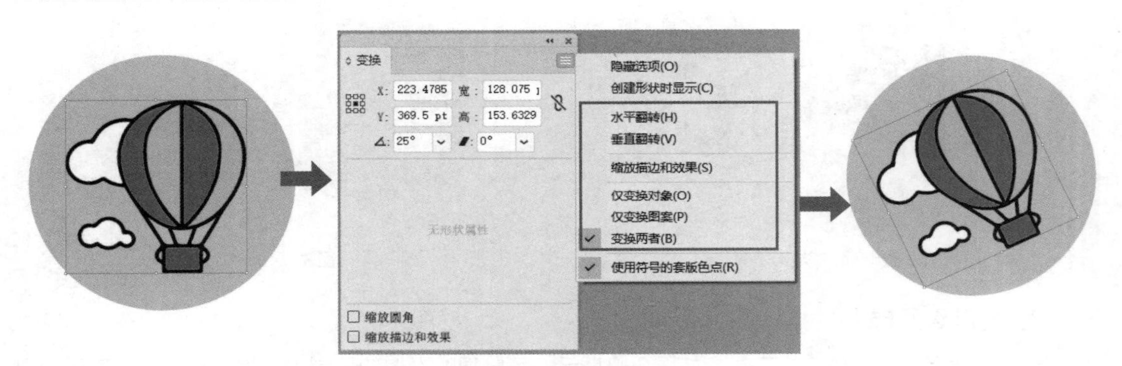

图3-12 “变换”面板

- **控制器：** 指定控制点在对象上的位置。
- **X、Y：** 用于设置对象在坐标轴上的位置。
- **高、宽：** 用于设置对象的大小。
- **锁定缩放比例：** 单击该按钮可以锁定缩放比例。
- **旋转：** 用于设置对象的旋转角度。
- **倾斜：** 用于设置对象的倾斜角度。
- **缩放圆角：** 选中该复选框，在缩放时将等比例缩放圆角。
- **缩放描边和效果：** 选中该复选框，在缩放时将等比例缩放添加的描边和效果。
- **水平翻转、垂直翻转：** 用于实现水平或垂直翻转对象。
- **仅变换对象：** 执行该命令，将只变换图形，不变换效果、图案填充等属性。
- **仅变换图案：** 执行该命令，将只变换图案填充，不变换图形。
- **变换两者：** 执行该命令，将同时变换图形和图案填充。

5. 对话框精确变换

与“变换”面板相比，变换对话框能够复制变换后的对象。选择【对象】/【变换】子菜单中的命令或按对应的快捷键可以打开对应的变换对话框，“变换”子菜单如图3-13所示。选择【对象】/【变换】/【缩放】命令，打开“比例缩放”对话框，如图3-14所示，变换对话框中的参数与“变换”面板中的参数相似。

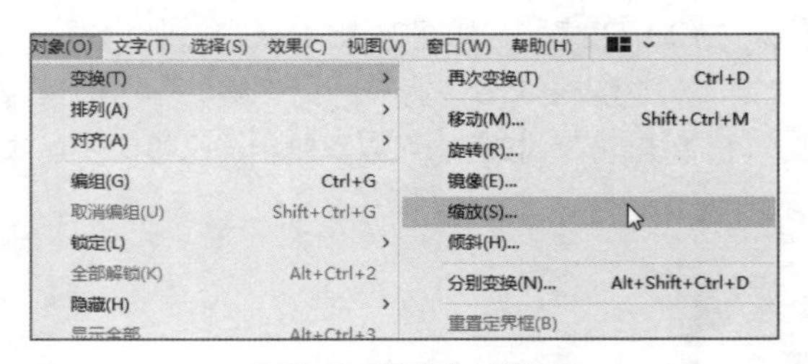

图3-13 “变换”子菜单

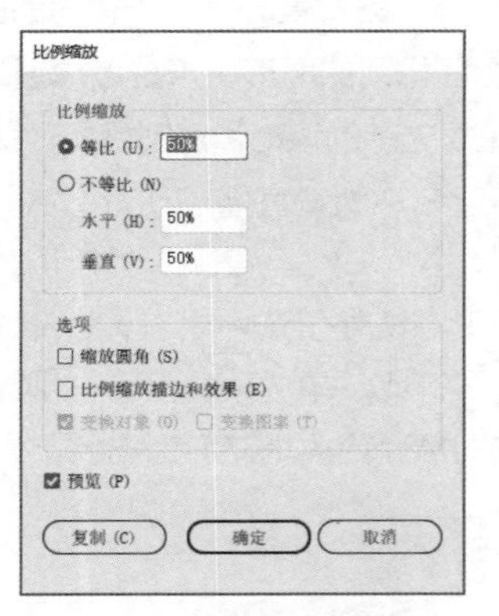

图3-14 “比例缩放”对话框

知识补充

再次变换对象

对对象执行变换操作后，Illustrator会自动记录最新一次的变换操作，选择【对象】/【变换】/【再次变换】命令或按【Ctrl+D】快捷键可以重复执行变换操作。

6. 对象的剪切、复制与删除

执行对象的剪切、复制与删除等操作前，需要选中对象，然后分别进行相应的操作。

- **剪切对象：**剪切对象，对象将消失，存在于剪切板中，执行粘贴操作，可以将对象从剪切板中移动到画板上。选取要剪切的对象，按【Ctrl+X】快捷键剪切对象，按【Ctrl+V】快捷键粘贴对象；或选择【编辑】/【剪切】命令剪切对象，选择【编辑】/【粘贴】命令粘贴对象。
- **复制对象：**复制对象，原对象不会发生变化，执行粘贴操作，得到相同的新对象。按【Ctrl+C】快捷键复制对象，按【Ctrl+V】快捷键粘贴对象，对象的副本将被粘贴到原对象的旁边；按【Ctrl+C】快捷键复制对象，按【Ctrl+F】快捷键，对象的副本将被粘贴到原对象的位置，并覆盖原对象；也可选择【编辑】/【复制】命令复制对象，选择【编辑】/【粘贴】命令粘贴对象。

知识补充

在移动过程中复制对象

在移动过程中复制对象是十分便捷的、实用的复制对象的方法。选中要复制的对象，按住【Alt】键，拖曳对象到目标位置，释放鼠标可得到对象的副本。

- **删除对象：**选中要删除的对象，按【Delete】键，或选择【编辑】/【清除】命令。

7. 对象的还原与重做

对象被执行操作后，通过“还原”操作可以撤销操作，通过“重做”操作可以再次恢复操作。例如移动对象后，选择【编辑】/【还原移动】命令可以撤销移动操作，再选择【编辑】/【重做移动】命令可以恢复移动操作。

任务实施

1. 通过缩放、复制对象制作背景

在设计方图背景时，对于相同的图形，米拉考虑通过复制和缩放操作得到；对于挂历上面排列的图形，米拉考虑通过移动和复制操作得到；通过“再次变换”操作可以重复之前的移动和复制操作，快速得到均匀排列的图形，具体操作如下。

（1）新建名称为“直播活动方图.ai”的文件，选择“矩形工具”，绘制尺寸为“1242px×1242px”的矩形，设置填充色为“#007BC7”，如图3-15所示。

（2）矩形默认处于选中状态，选择【对象】/【变换】/【缩放】命令，打开“比例缩放”对话框，选中“等比”单选项，设置右侧数值为“90%”，单击复制按钮，可以复制出一个等比例缩放后的对象，更改填充色为白色，如图3-16所示。

图3-15 绘制矩形

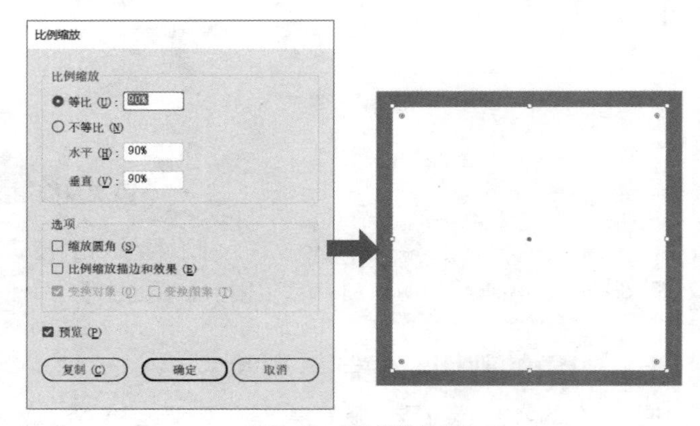

图3-16 等比例缩放对象

（3）选择【对象】/【变换】/【再次变换】命令重复等比例缩放操作，更改填充色为“#E9DB42”，如图3-17所示。

（4）选择【窗口】/【变换】命令或按【Shift+F8】快捷键，打开“变换”面板，设置圆角半径为“80 px”，如图3-18所示。

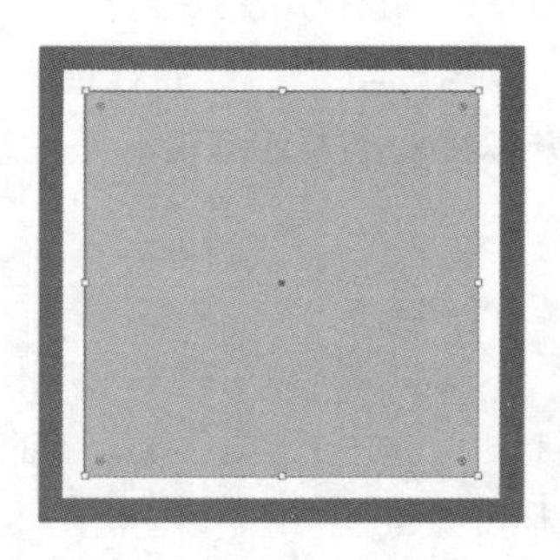

图3-17 再次等比例缩放对象

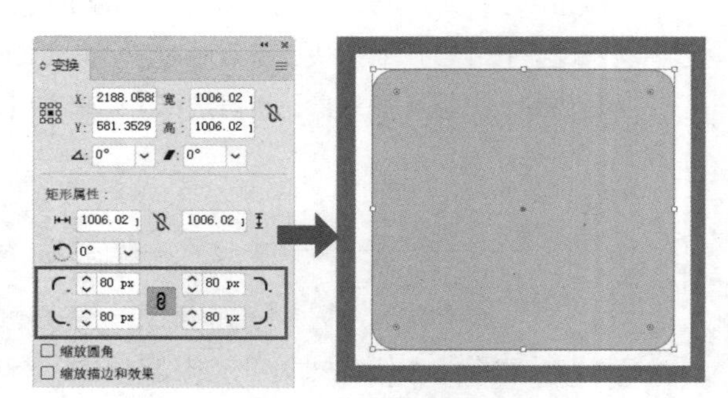

图3-18 设置圆角半径

（5）选择“椭圆工具”，按住【Shift】键在黄色圆角矩形的左上角绘制圆形，设置填充色为“#007BC7”。选择“圆角矩形工具”，在圆形上绘制圆角矩形，设置填充色为“#FFFFFF”。按住【Shift】键依次单击圆形和其上的圆角矩形，按住【Alt】键，水平向右拖曳鼠标到一定距离，释放鼠标得到对象的副本，如图3-19所示。

（6）按4次【Ctrl+D】快捷键重复移动与复制操作，得到一组排列均匀的图形。按住【Shift】键依次单击圆形和其上的圆角矩形，然后将它们放在水平居中的位置，使画面效果更加美观，如图3-20所示。

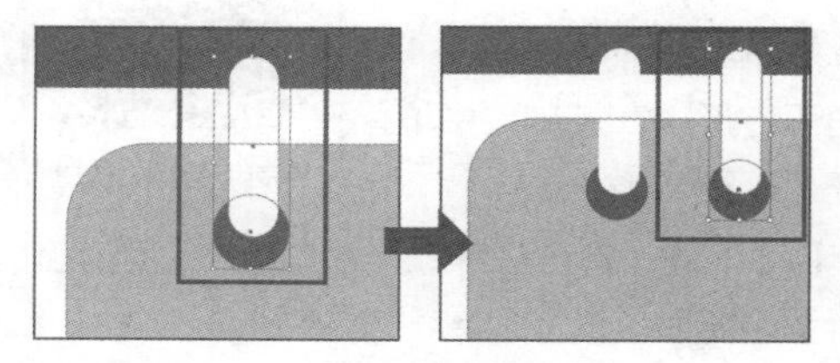

图3-19 移动并复制对象

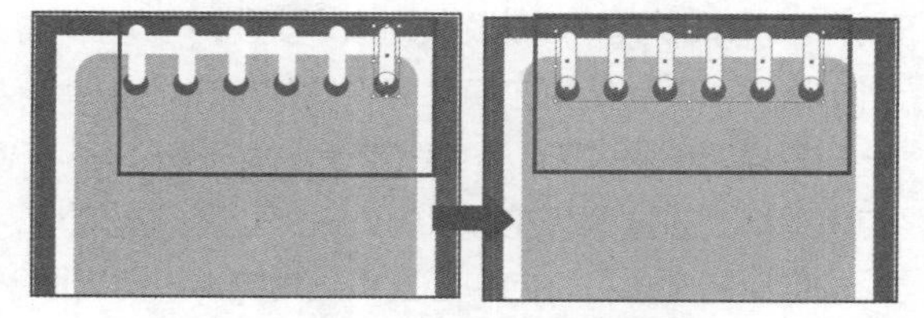

图3-20 移动对象到水平居中位置

2. 添加与倾斜文案

制作好背景后，米拉考虑采用较粗的字体，以及放大文案等方式来突出文案的主体地位，使文案的表达更加直观。将直播时间信息文字以较小的字号显示在下方的矩形上，起到装饰与说明的作用。此外，还可以通过复制、移动、倾斜等操作来增加文案的美观性和创意性，具体操作如下。

（1）选择“文字工具” T，输入“直播福利 年末清仓”文字，在控制栏中设置文字属性为“联盟起艺卢帅正锐黑体 Regular、200pt、#FFFFFF”，更改“福利”文字的颜色为“#E06F1E”，如图3-21所示。

（2）选择“直播福利”文字，在“变换”面板中设置倾斜为“25”，如图3-22所示。

图3-21 添加文字

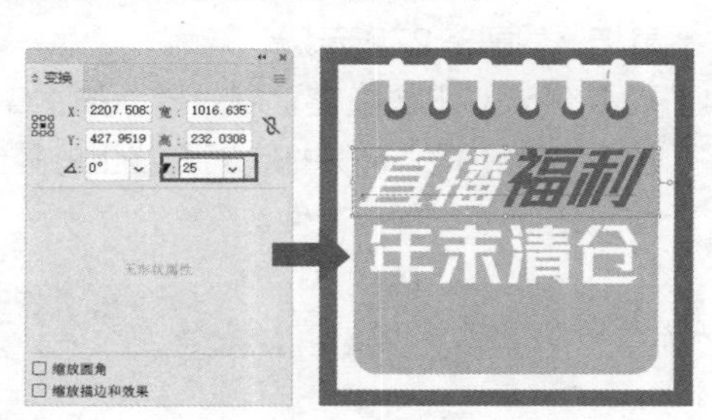

图3-22 倾斜对象

（3）在控制栏中将“年末清仓”文字的描边色设置为“#FFFFFF”，描边粗细设置为“2pt”，按【Ctrl+C】快捷键复制文字，按【Ctrl+V】快捷键粘贴文字，将填充色和描边色更改为“#000000”，并将其向右拖曳一定距离，形成重叠效果，如图3-23所示。

（4）选择“矩形工具”，绘制尺寸为“925px×100px”，填充色为“#007BC7”的矩形，按【Ctrl+C】快捷键复制矩形，按【Ctrl+V】快捷键粘贴矩形，将其拖曳到合适的位置，设置填充色为“#FFFFFF”，描边色为“#000000”，描边粗细为“6pt”。输入直播时间信息文字，设置字体、字号为“方正兰亭黑简体、50pt”，文字颜色为“#000000”，效果如图3-24所示。

图3-23 复制与移动对象

图3-24 绘制矩形并添加文字

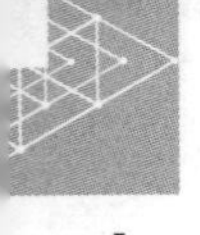

3. 绘制与变换小星星

小星星可以模拟闪光效果，是设计中常用的装饰图形。米拉考虑绘制小星星图形来装饰海报，其中涉及旋转对象、复制对象等操作，具体操作如下。

（1）选择“圆角矩形工具”，按住【Shift】键绘制圆角正方形，在控制栏中设置描边色为“无”，填充色为“#FFFFFF”，如图3-25所示。

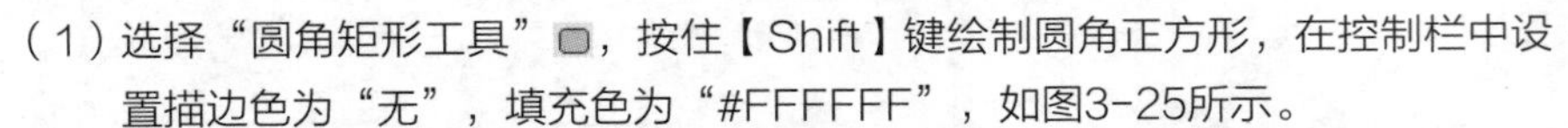

（2）选择“直接选择工具”，选择绘制好的形状，按住【Alt】键，单击任意一个边角构件，切换到“反向圆角”，向中心拖曳边角构件，得到图3-26所示的图形。

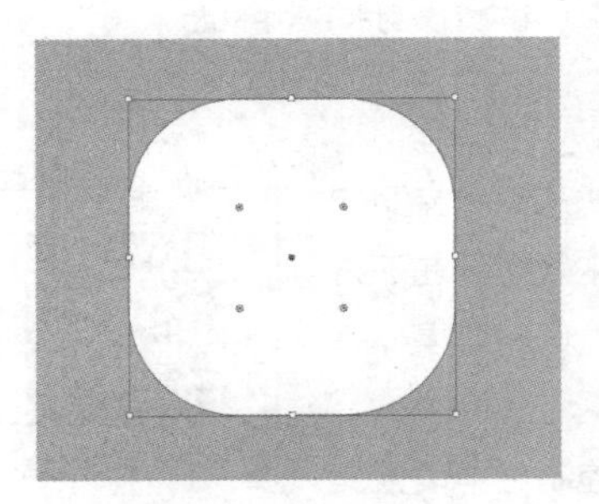

图3-25　绘制圆角正方形

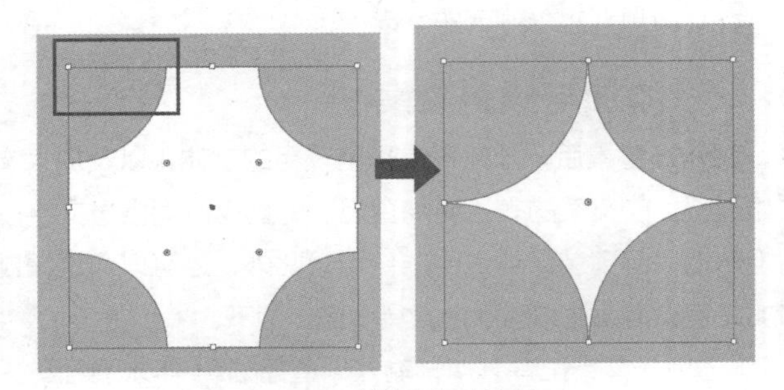

图3-26　转换角为反向圆角

（3）将鼠标指针移到矩形圈选框对角线的空心正方形控制点外侧，鼠标指针变为形状，拖曳鼠标旋转对象，旋转时会出现蓝色预览线稿，可预览对象旋转后的效果，旋转到需要的角度后，释放鼠标，如图3-27所示。

（4）按【Ctrl+C】快捷键复制对象，按【Ctrl+V】快捷键粘贴对象，将其拖曳到合适的位置，按住【Shift】键，向外拖曳对角线上的控制点，从中心等比例缩放星星，重复操作一次，效果如图3-28所示，保存文件。

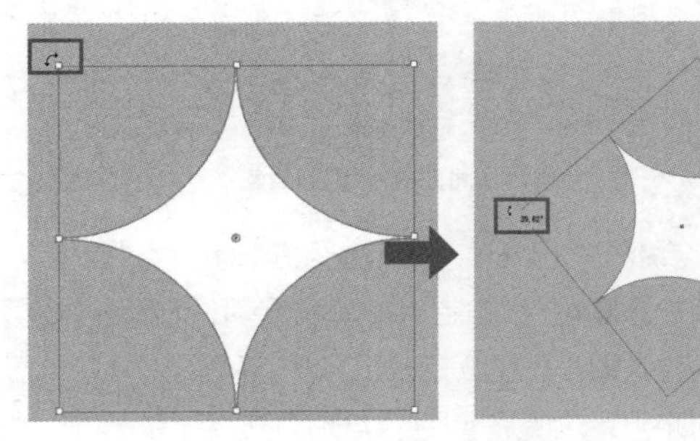

图3-27　旋转星星

图3-28　星星装饰效果

课堂练习

设计食品特卖活动方图

某品牌开展食品特卖活动，要求使用提供的坚果图像素材设计食品特卖活动方图，尺寸为800px×800px，主题为“食品特卖”，促销文案为“美味·新体验”，活动优惠为“全场满99元减20元”，活动时间为“2023年12月1日至8日”。在设计时可以应用旋转对象、倾斜对象、复制对象等操作。本练习的参考效果如图3-29所示。

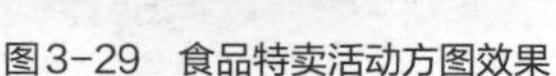
图3-29　食品特卖活动方图效果

素材位置：素材\项目3\坚果.png
效果位置：效果\项目3\食品特卖活动方图.ai

任务3.2　设计旅游App首页

某旅游App准备根据夏季旅游特色设计首页，老洪已经根据客户资料整理了首页中需要使用的元素，如旅游图标、艺术字、风景图片等。老洪临时出差，于是便将后续的设计工作移交给米拉。米拉接过任务资料，向老洪保证能很好地完成任务。米拉浏览并分析了同行App首页设计效果，研究了该App目标用户的特征、行为习惯，开始着手布局页面，并考虑以蓝色为主色调，最后综合运用新建图层、排列对象、对齐对象、分布对象、创建剪切蒙版等知识对图标、图片、文本等内容进行排版，完成旅游App首页的设计。

任务描述

任务背景	夏天将至，某旅游App需要根据夏季旅游特色重新设计首页，目前已经拟定好了首页内容，需要设计师运用提供的图片和内容设计、布局首页
任务目标	① 制作尺寸为750px×1624px，分辨率为72像素/英寸（1英寸=2.54厘米）的旅游App首页
	② 分析首页内容，搭建结构框架，布局页面内容
	③ 运用排列、对齐、分布等操作规范图标、图片
	④ 要求界面清晰、简洁、颜色和谐、风格一致
知识要点	编组对象、排列对象、对齐对象、分布对象、新建图层、编辑图层、创建剪切蒙版、设置不透明度等

本任务的参考效果如图3-30所示。

图3-30　旅游App首页参考效果

素材位置：素材\项目3\旅游App首页\

效果位置：效果\项目3\旅游App首页.ai

知识准备

老洪告诉米拉，在布局画面时，为了操作方便，需要合理地管理对象，如排列对象、对齐对象、隐藏某些暂时不需要的对象，或者将部分元素锁定，使其无法移动；也可以将构成某个局部的多个元素进行编组，以便同时进行缩放、移动等操作；还可以通过"图层"面板、剪切蒙版和"透明度"面板来辅助管理对象。米拉听后恍然大悟，决定系统地学习管理对象的相关知识。

1. 排列与对齐命令

多个对象之间往往存在堆叠关系，后绘制的对象一般显示在先绘制的对象之上，在实际操作中，可以根据需要改变对象之间的堆叠顺序。选择【对象】/【排列】命令，弹出的子菜单中包括5个排列命令，如图3-31所示。使用这些命令或按对应的快捷键可以改变对象间的堆叠效果。图3-32所示为将树干置于顶层的效果。

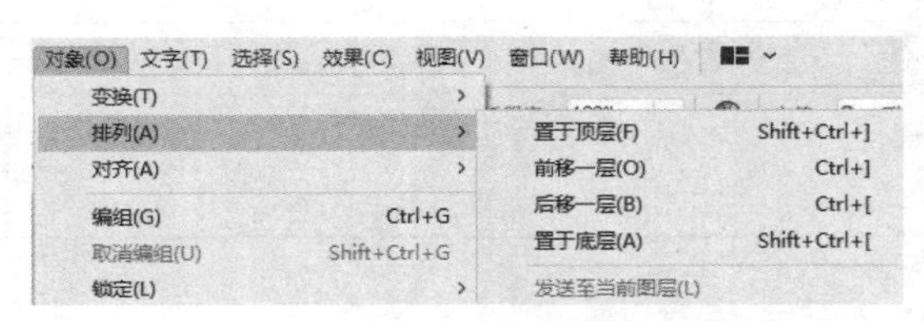

图3-31　排列命令

图3-32　将树干置于顶层的效果

选择【对象】/【对齐】命令，弹出的子菜单中包括6个对齐命令，如图3-33所示，使用这些命令或按对应的快捷键可设置多个对象的对齐效果。图3-34所示为多个对象的水平居中对齐效果。

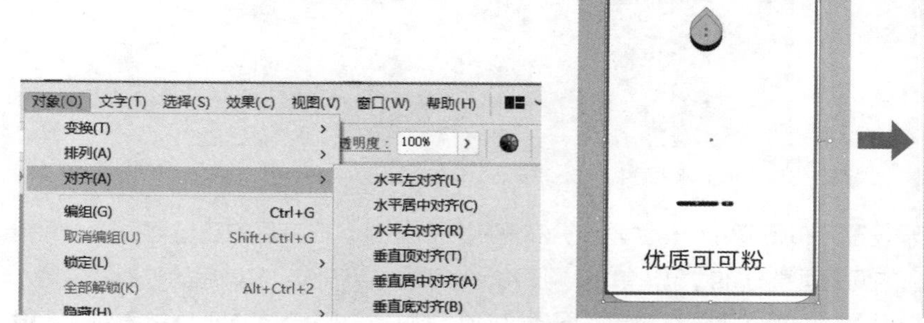

图3-33 对齐命令

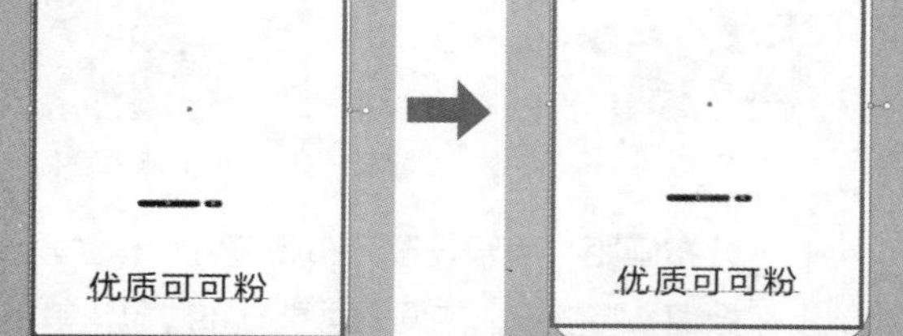

图3-34 水平居中对齐对象的前后对比效果

使用右键快捷菜单快速排列或对齐对象

知识补充

选择需要排列或对齐的对象后，在对象上单击鼠标右键，在弹出的快捷菜单中也可使用排列或对齐命令来排列或对齐对象。

2. “对齐”面板

使用“对齐”面板可以快速、有效地对齐与分布多个对象。选择【窗口】/【对齐】命令，打开“对齐”面板，如图3-35所示。“对齐”面板中各参数的介绍如下。

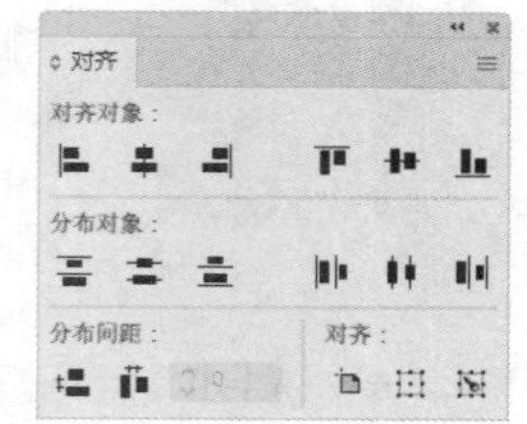

图3-35 “对齐”面板

- **对齐对象：**用于对齐多个对象，包括“水平左对齐”按钮、“水平居中对齐”按钮、“水平右对齐”按钮、“垂直顶对齐”按钮、“垂直居中对齐”按钮、“垂直底对齐”按钮。选择需要对齐的多个对象，单击相应按钮可实现相应的对齐操作。图3-36所示为原图、水平左对齐、垂直居中对齐的对比效果。

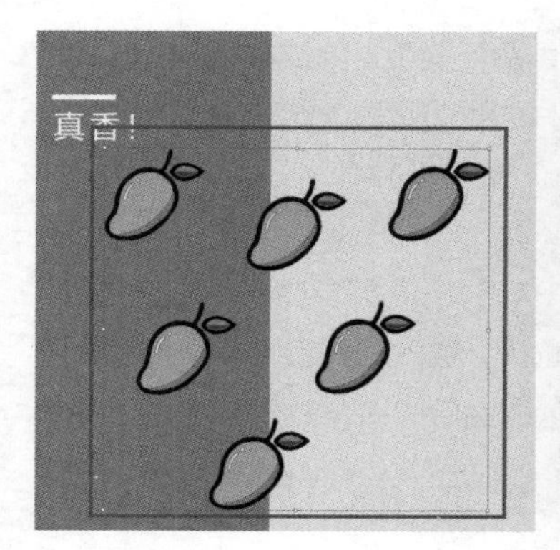

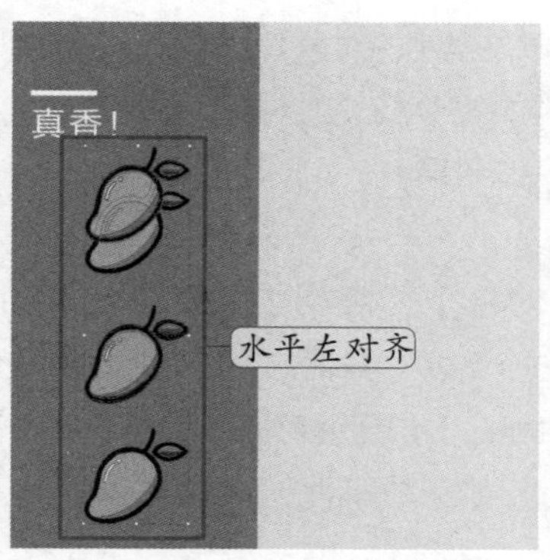

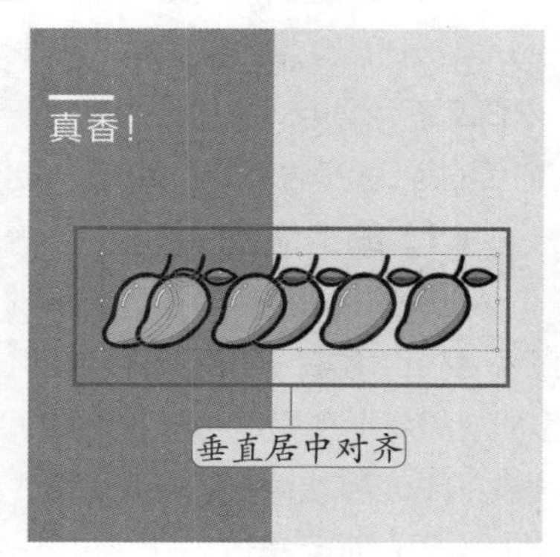

图3-36 原图、水平左对齐、垂直居中对齐的对比效果

- **分布对象：**用于分布多个对象，包括“垂直顶分布”按钮、“垂直居中分布”按钮、“垂直底分布”按钮、“水平左分布”按钮、“水平居中分布”按钮、“水平右分布”按钮。选择需要分布的多个对象，单击对应按钮可实现相应的分布操作。图3-37所示为原图、水平居中分布、垂直居中分布的对比效果。

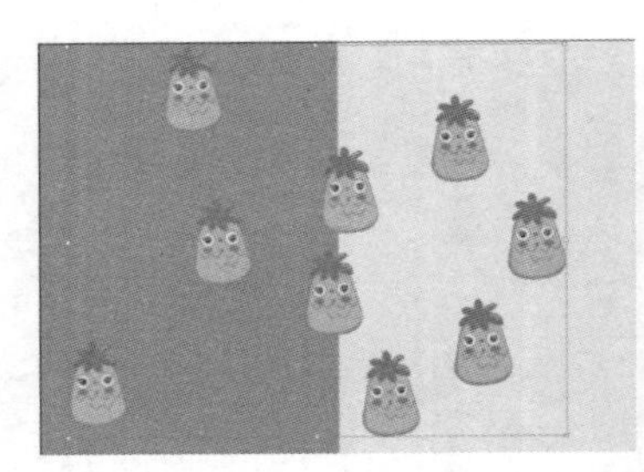

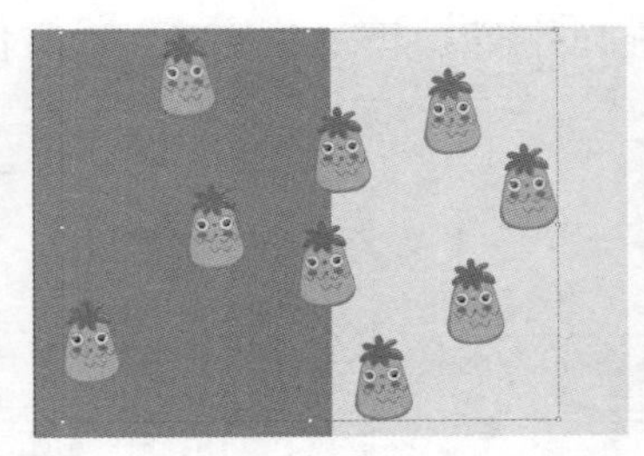

图3-37　原图、水平居中分布、垂直居中分布的效果

- **分布间距：** 用于设置分布距离。单击“垂直分布间距”按钮，在其后的数值框中输入间距数值，将按设置的间距垂直分布对象；单击“水平分布间距”按钮，在其后的数值框中输入间距数值，将按设置的间距水平分布对象。图3-38所示为以第1个芒果图形为参考对象，设置垂直分布间距数值分别为“-35”“-10”“10”的对比效果。

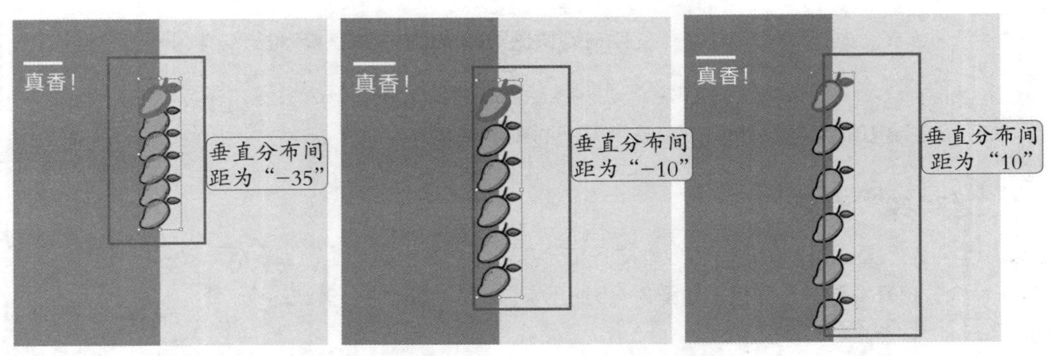

图3-38　垂直分布间距为“-35”“-10”“10”的对比效果

- **对齐：** 用于设置对齐的参考对象，默认选中“对齐所选对象”按钮。单击“对齐所选对象”按钮，将以所选的对象为参考进行对齐；单击“对齐关键对象”按钮，将按设置的关键对象为参考进行对齐；单击“对齐画板”按钮，将以画板为参考进行对齐。

3. 编组、锁定、隐藏命令

编组对象、锁定对象、隐藏对象是常用的对象管理方式，可使用编组、锁定、隐藏命令来实现。通常情况下，编组对象的目的是方便选择多个相关的对象，锁定对象的目的是防止误操作对象，隐藏对象的目的是保持画板整洁，以及方便预览效果。

（1）编组命令

选择要编组的对象，选择【对象】/【编组】命令或按【Ctrl+G】快捷键，将选择的对象组合。编组对象后，选择其中的任何一个对象，其他的对象也会同时被选择。选择对象后，选择【对象】/【取消编组】命令，或按【Shift+Ctrl+G】快捷键可取消编组。当设计作品中的对象数量较多时，可分类、分级地多次编组。取消编组时，一次只能取消一次编组。

（2）锁定命令

选择要锁定的对象，选择【对象】/【锁定】/【所选对象】命令或按【Ctrl+2】快捷键，可以锁定所选对象。锁定对象后，无法对对象进行选择、移动等操作，需要选择【对象】/【全部解锁对象】命令或按【Alt+Ctrl+2】快捷键解锁对象。选择【对象】/【锁定】/【上方所有图稿】命令可以锁定对象上层的所有图稿，选择【对象】/【锁定】/【其他图层】命令可以锁定除所选对象所在图层以外的其他图层。

（3）隐藏命令

选择要隐藏的对象，选择【对象】/【隐藏】/【所选对象】命令或按【Ctrl+3】快捷键，可以隐藏所选对象。隐藏对象后，对象无法显示，需要选择【对象】/【显示全部】命令或按【Alt+Ctrl+3】快捷键显示隐藏的对象。选择【对象】/【隐藏】/【上方所有图稿】命令可以隐藏对象上层的所有图稿，选择【对象】/【锁定】/【其他图层】命令可以隐藏其他图层。

4.“图层”面板

当设计作品中的元素较多时，将不同类型的元素放置在不同的图层上，可以对作品进行有序的管理，改变图层的排列顺序也可以改变对象的排列顺序。其具体操作方法为：选择【窗口】/【图层】命令，打开“图层”面板，按住鼠标左键不放拖曳所选图层到其他位置，可以改变该图层的排列顺序，并且该图层上的对象的排列顺序也会发生改变，如图3-39所示。

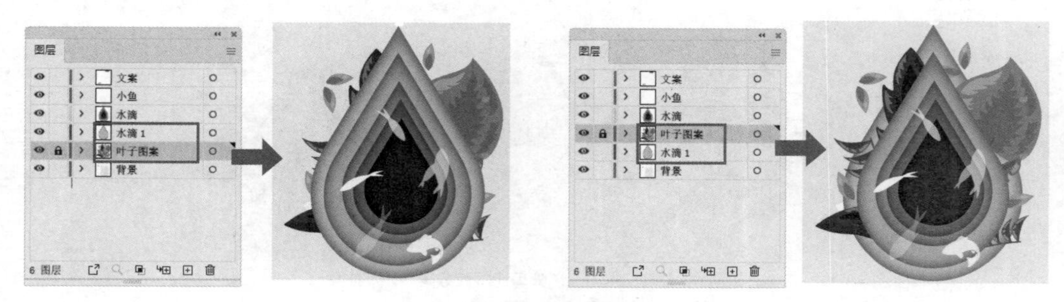

图3-39 更改图层顺序

“图层”面板中各参数的介绍如下。

- **彩色小方块：**选择对象后，“图层”面板中对应图层右侧会出现彩色小方块，拖曳彩色小方块到目标图层上，可将该对象移动到目标图层中。
- **隐藏、显示图层：**当显示图层时，图层左侧有一个眼睛图标，在该图标上单击，该图标消失，此时图层被隐藏；再次在原位置单击，眼睛图标出现，图层又被显示出来。
- **锁定、解锁图层：**每一个图层的眼睛图标右侧都有一个空白区域，在此区域单击会出现锁形图标，表示该图层被锁定；再次单击，锁形图标消失，表示该图层已解锁，该图层可被编辑。
- **收集以导出：**单击该按钮将打开“资源导出”面板，设置导出格式，单击导出...按钮，将选择的图层导出为图片。
- **定位对象：**单击该按钮，可以定位所选对象所在的图层并选中对象。
- **建立/释放剪切蒙版：**单击该按钮，可以为选择的对象创建剪切蒙版，或释放已创建的剪切蒙版。
- **新建子图层：**单击该按钮，将在选择的图层下方新建子图层。子图层是图层下一级的图层，一个图层可包含多个子图层。
- **新建图层：**单击该按钮，将在选中图层的上方新建一个图层，双击图层名称区域可修改图层名称。
- **删除图层：**单击该按钮，将删除所选图层。

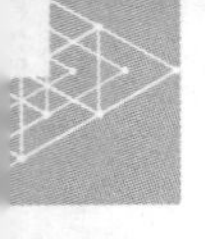

如何将多个图层合并为一个图层?

疑难解析

选择要合并的多个图层，然后在“图层”面板右上角单击 ≡ 按钮，在弹出的菜单中选择“合并多选图层”命令，可将所选的图层合并为一个图层。

5. 剪切蒙版

将一个对象作为蒙版后，对象的内部将变得完全透明，只能显示堆叠在其下方的内容，同时也可以遮挡住下面内容中不需要显示的部分。创建剪切蒙版的方法为：同时选中内容和蒙版图形，选择【对象】/【剪切蒙版】/【建立】命令，或按【Ctrl+7】快捷键。若需要释放剪切蒙版，则需要选中蒙版，在其上单击鼠标右键，在弹出的快捷菜单中选择“释放剪切蒙版”命令。图3-40所示为为植物创建水滴形状的剪切蒙版效果。

图3-40　创建剪切蒙版效果

创建剪切蒙版后，可通过控制栏中的按钮来编辑蒙版或蒙版中的内容。

- **“编辑剪切路径”按钮：** 选中剪切蒙版，单击该按钮，可编辑蒙版外观。
- **“编辑内容”按钮：** 选中剪切蒙版，单击该按钮，选择蒙版中的内容，可调整其在蒙版中的位置、大小和角度等。
- **释放剪切蒙版的对象：** 选中剪切蒙版，在其上单击鼠标右键，在弹出的快捷菜单中选择“释放剪切蒙版”命令。

为蒙版添加内容

知识补充

选中要添加到蒙版中的对象，选择【编辑】/【剪切】命令，剪切该对象，然后使用“直接选择工具” 选中蒙版中已有的内容，选择【编辑】/【贴在前面】或【贴在后面】命令，可将要添加的对象粘贴到已有内容的前面或后面，使其成为蒙版内容的一部分。

6. “透明度”面板

在“透明度”面板中，可以设置对象的不透明度，还可以改变对象的混合模式，从而制作出新的效果，如图3-41所示。选择【窗口】/【透明度】命令，或按【Shift+Ctrl+F10】快捷键，打开“透明度”面板。“透明度”面板中主要参数的介绍如下。

- **不透明度：** 默认状态下，对象是完全不透明的，设置不同的“不透明度”数值，可以得到不同的显示效果，如图3-42所示。

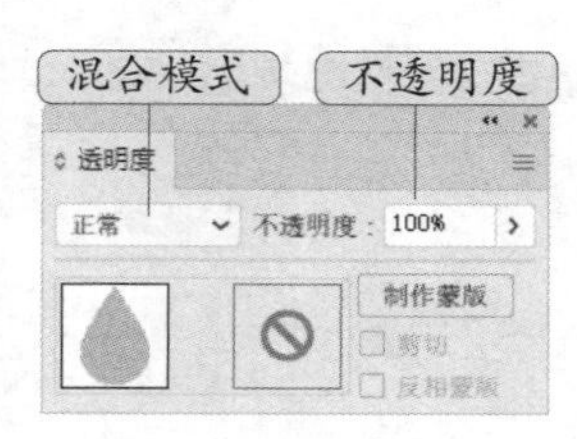

图3-41 “透明度”面板

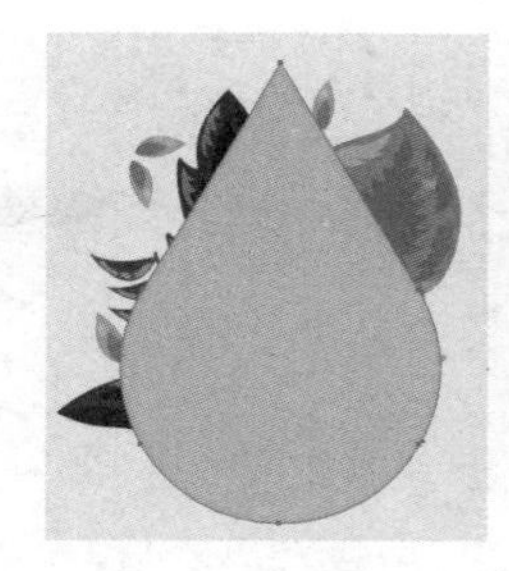

图3-42 “不透明度”数值为100、50、10时的效果

- **混合模式：**“透明度”面板中提供了多种混合模式，选择不同的混合模式，可以观察对象的不同变化。图3-43所示为混合模式分别为“正常”“正片叠底”“叠加”时的效果。

图3-43 混合模式为“正常”“正片叠底”“叠加”时的效果

- 制作蒙版 **按钮：**选择蒙版和内容，单击该按钮，可创建不透明度蒙版，此时“透明度”面板中左侧为内容缩略图，右侧为蒙版缩略图。按住【Shift】键单击蒙版缩略图，可以停用或启用蒙版。若蒙版为黑色，表示其中的内容将被隐藏；若蒙版为白色，表示其中的内容将被显示出来；若蒙版为灰色，表示其中的内容呈半透明显示。图3-44所示为蒙版分别为白色、灰色的显示效果。也可以在选择蒙版缩略图后，设置不透明度，实现内容的半透明度显示效果。

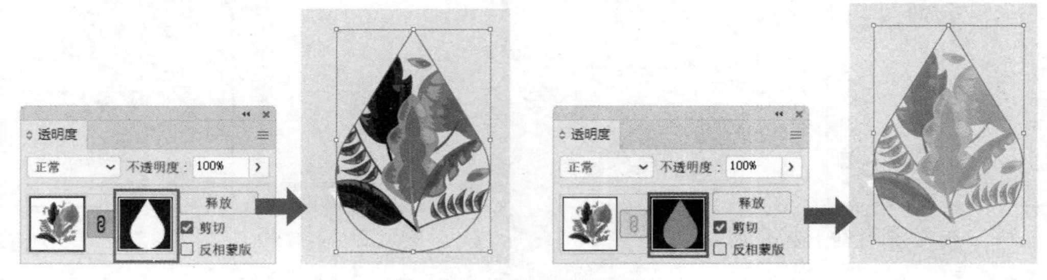

图3-44 创建不透明度蒙版

- **剪切：**选择蒙版和内容，单击 制作蒙版 按钮，将自动选中该复选框，并创建剪切蒙版，隐藏蒙版外的内容；取消选中该复选框，将显示蒙版外的内容。
- **反相蒙版：**选中该复选框，可以显示隐藏的部分，隐藏显示的部分。
- 释放 **按钮：**创建剪切蒙版后，单击该按钮可以释放剪切蒙版。

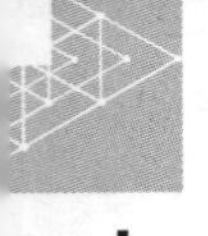

知识补充

应用“透明度”面板菜单命令管理蒙版

单击“透明度”面板右上方的图标 ≡，在弹出的菜单中可以选择建立、释放、停用蒙版等命令，以更好地管理蒙版。

任务实施

1. 布局首页页面

在首页中，清晰、合理的层级结构方便用户理解信息。米拉通过客户提供的资料，将页面的层级结构整理为搜索框、海报、图标分类、胶囊Bnaner、周边推荐推荐5个板块，通过圆角矩形布局各板块的位置，具体操作如下。

（1）新建名称为“旅游App首页.ai”的文件，打开“手机界面.ai”文件，按【Ctrl+A】快捷键全选文件内容，按【Ctrl+G】快捷键组合文件内容，按【Ctrl+C】快捷键复制文件内容；切换到“旅游App首页.ai”文件，按【Ctrl+V】快捷键粘贴文件内容。使用“圆角矩形工具”绘制灰色圆角矩形来划分板块，尺寸如图3-45所示。

（2）选择“选择工具”，选择并拖曳圆角矩形，调整各个圆角矩形的间距，拖曳时会出现对齐参考线，保持两边间隙、圆角矩形之间的距离一致，如图3-46所示。

图3-45　页面布局

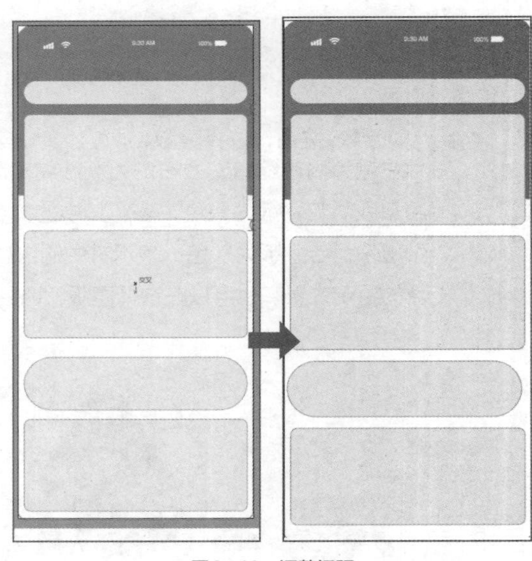

图3-46　调整间距

设计素养

UI设计大致可划分为两个岗位：UI设计师和交互设计师。UI设计师作为互联网行业的一个核心岗位，主要负责网页、App、小程序、公众号等各个平台产品的视觉设计工作，具体包括产品的视觉风格定位、页面设计、桌面和页面图标设计等，工作过程中要与交互设计师、产品经理、前端工程师紧密配合。一名优秀的UI设计师除了要熟练使用相关软件外，还需要注重培养设计思维、设计方法以及统筹能力。

2. 新建图层管理对象

由于旅游App首页涉及的元素较多，为了方便管理与编辑各个元素，米拉考虑使用“图层”面板进行新建图层、图层重命名、在图层间移动对象等操作，将不同板块的元素放置在一个图层上，以“搜索框”板块为例，具体操作如下。

（1）设置搜索框填充色为“#FFFFFF”，打开并复制“旅游图标.ai”文件中的“搜索”图标到搜索框的左侧，如图3-47所示。按住【Shift】键不放依次单击“搜索”图标和搜索框，按【Ctrl+G】快捷键组合所选对象。

（2）选择【窗口】/【图层】命令，打开“图层”面板，单击“新建图层”按钮⊞，在当前图层的上方新建一个名称为“图层 2”的图层，双击图层名称区域，修改图层名称为“搜索”，如图3-48所示。

（3）选择“图层 1”，选择“搜索”图标和搜索框的组合对象，“图层”面板中对应图层右侧会出现彩色小方块，拖曳彩色小方块到“搜索”图层上，将该组合对象移动到“搜索”图层中，如图3-49所示。

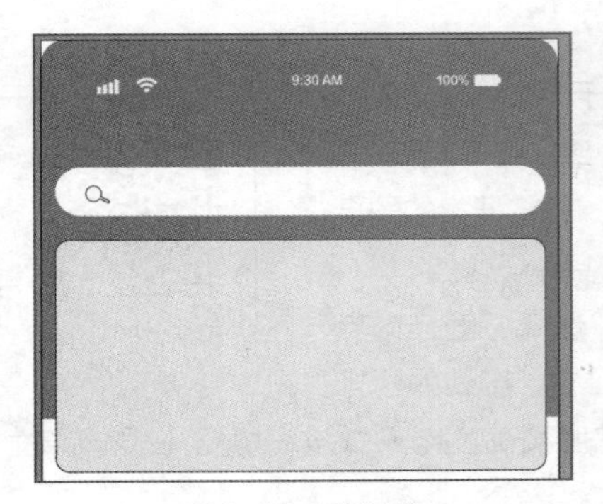

图3-47 复制图形

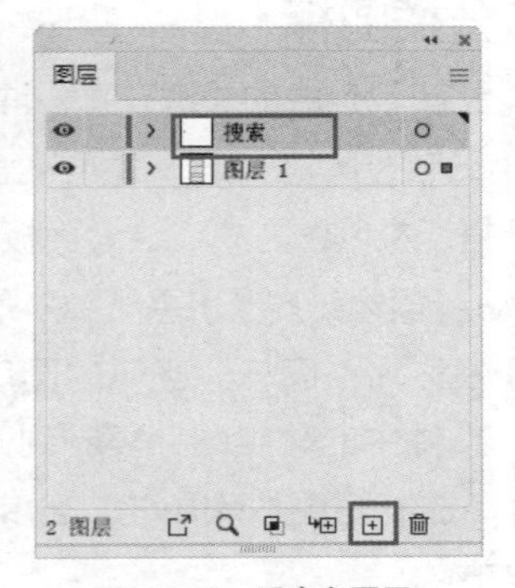

图3-48 重命名图层

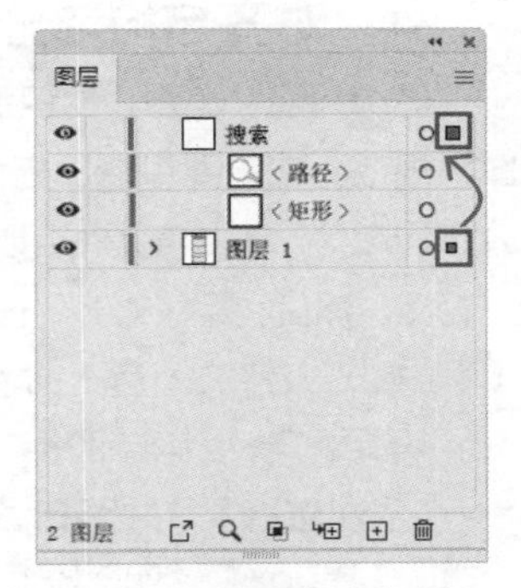

图3-49 在图层间移动对象

3. 为海报图片创建剪切蒙版

为了使海报图片大小、边框更加规范、整齐，米拉考虑为海报图片创建剪切蒙版，具体操作如下。

（1）在“搜索”图层上方新建名称为“海报”的图层，选择“海报”图层，选择【文件】/【置入】命令，打开“置入”对话框，选择“风景1.png”素材，取消选中“链接”复选框，单击置入按钮；拖曳鼠标以置入素材，调整素材大小，按住鼠标左键不放将其移动到海报区域，如图3-50所示。

（2）选择“图层1”中海报区域的圆角矩形，按【Ctrl+C】快捷键复制，选择“海报”图层，按【Ctrl+F】快捷键粘贴。按住【Shift】键不放依次单击圆角矩形和图片，选择【对象】/【剪切蒙版】/【建立】命令，或按【Ctrl+7】快捷键，为图片创建圆角矩形剪切蒙版，如图3-51所示。

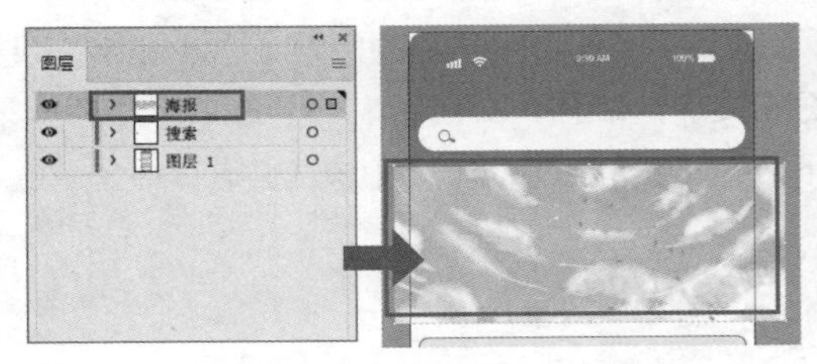

图3-50 新建图层并置入素材

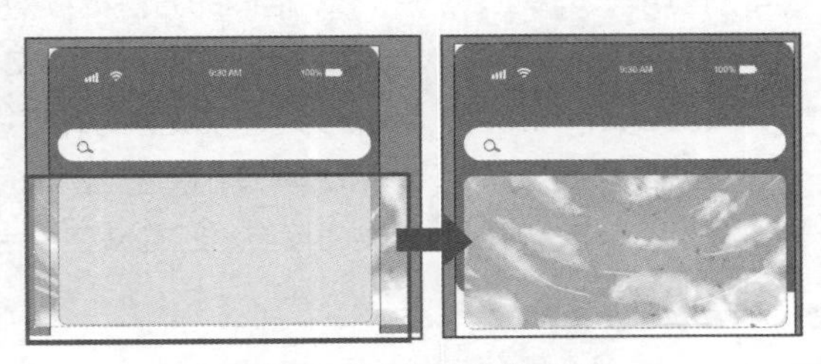

图3-51 为图片创建剪切蒙版

（3）选择“图层1”的圆角矩形边框，设置填充色为“#3C91D0”，向右下方轻微距离移动，形成边框效果，如图3-52所示。

（4）选择“海报”图层，复制“夏季旅游艺术字.ai”文件中的文案到图层上，并将其移动到海报中心位置，效果如图3-53所示。

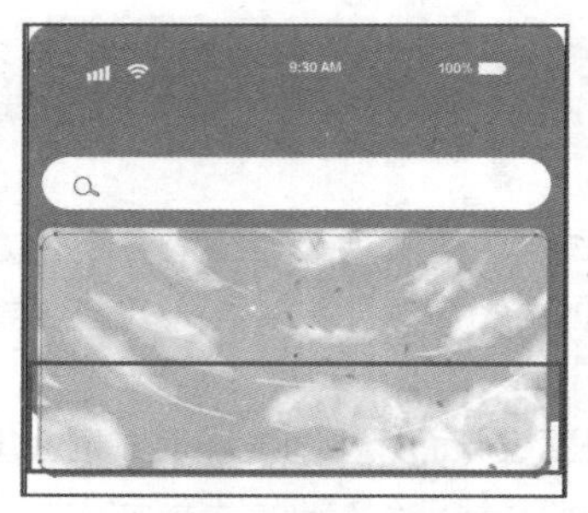

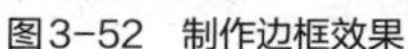

图3-52 制作边框效果

图3-53 添加海报文案

4. 对齐与均匀分布分类图标

图标简洁、美观、易识别，是UI设计中的关键元素，常用于分类信息。要做到图标规范，就需要保持图标大小一致、风格一致、透视效果一致、线条粗细一致、分布均匀等。米拉考虑采用图标搭配文案的方式设计分类板块，先将搜集的图标统一高度，然后利用“对齐”面板进行顶端对齐、水平居中分布，具体操作如下。

微课视频

对齐与均匀分布分类图标

（1）在“海报”图层上方新建名称为“图标分类”的图层，选择“图标分类”图层，将“旅游图标.ai”文件中的分类图标复制到该图层，排列为两排。依次选择第1排图标，再在控制栏中依次单击“约束宽度和高度比例”按钮，设置高度为“130px”，如图3-54所示。

（2）将第1排第1个图标移动到圆角矩形左上角，紧贴上边、左边，将第1排第4个图形紧贴圆角矩形右边，按住【Shift】键不放依次单击第1排的4个图标，选择【窗口】/【对齐】命令，打开“对齐”面板，在“对齐对象”栏中单击“垂直顶对齐”按钮进行对齐，如图3-55所示。

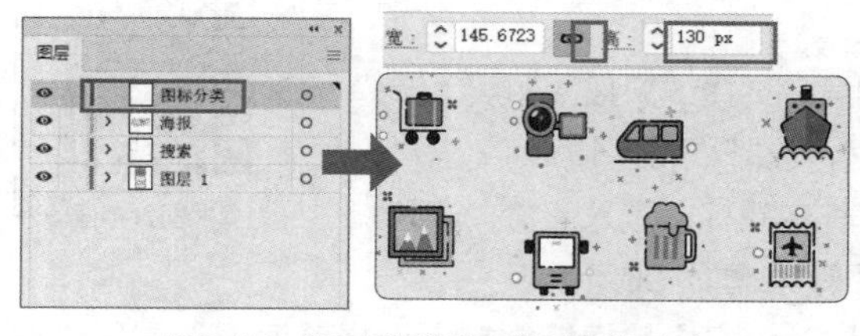

图3-54 添加图标并统一第1排图标高度

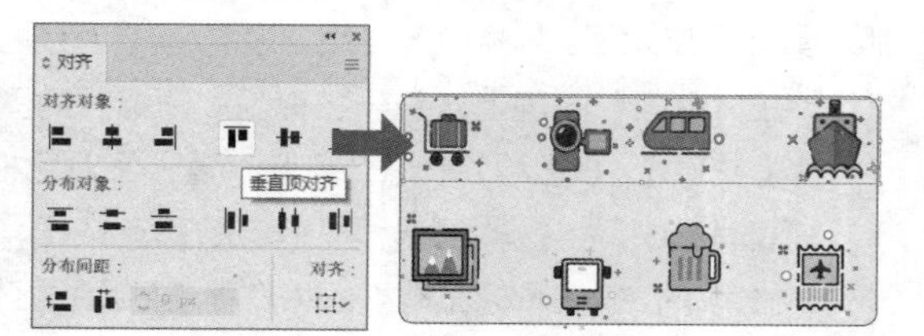

图3-55 顶端对齐第1排图标

（3）单击“分布对象”栏中的“水平居中分布”按钮进行分布，如图3-56所示。

（4）使用与步骤（2）～（3）相同的方法继续对齐和分布第2排的4个图标。选择“文字工具”T，在图标正下方输入与图标代表信息对应的文字，设置文字字体、字号、颜色为“思源黑体 CN Medium、28pt、#595857”，注意对齐与均匀分布文字，如图3-57所示。

（5）按住【Shift】键不放依次单击“接送”图标及其下方的文字，按【Ctrl+G】快捷键进行组合，重复该操作，将所有分类图标与对应的文字组合。

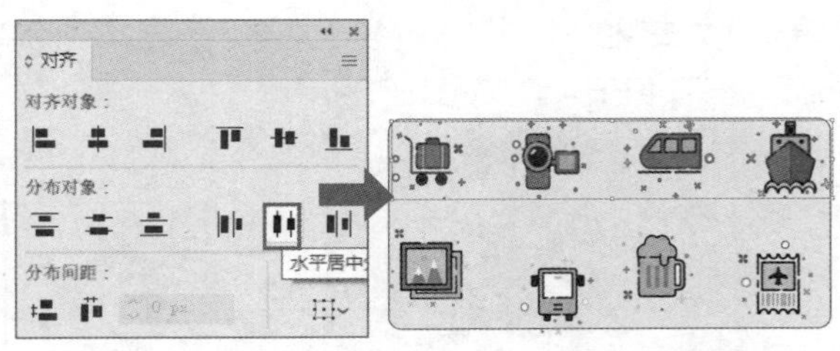

图3-56 水平居中分布

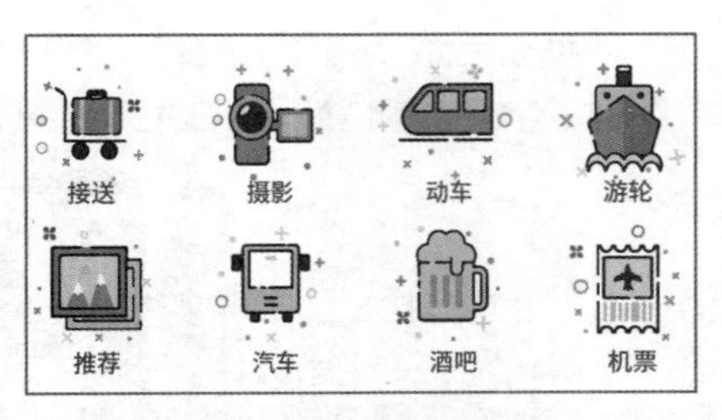

图3-57 对齐与均匀分布分类图标和文字

5. 设计胶囊Banner

胶囊Banner因形似胶囊而得名，常用在UI页面中部。胶囊Banner中的文案要尽量简洁、清晰，可适当突出关键信息。米拉考虑放置“特价 · 暑期海边游”广告文案以及预约文案，增加预约按钮，引导用户点击，再添加植物图案来丰富画面，具体操作如下。

（1）在“图标分类”图层上方新建名称为“胶囊Banner”的图层，选择“图层1”中“胶囊Banner”板块的圆角矩形，“图层”面板中“图层1”右侧会出现彩色小方块，拖曳彩 色小方块到“胶囊Banner”图层上，可将其中的图形移动到“胶囊Banner”图层中，再设置填充色为“#87D0F1”，如图3-58所示。

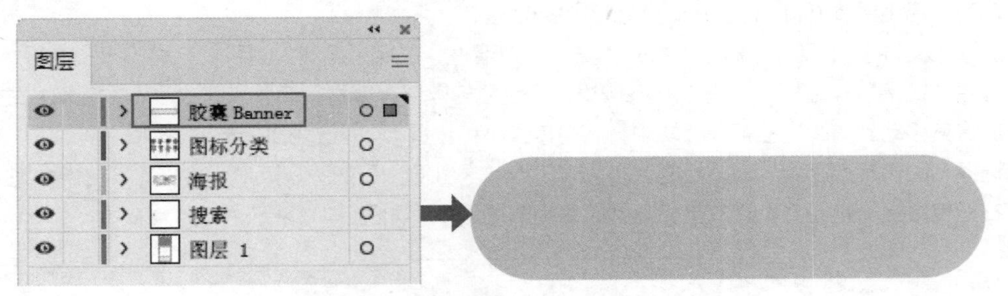

图3-58 新建“胶囊Banner”图层并移动图形

（2）选择“胶囊Banner”图层，打开并复制“植物.ai”文件中的植物到“胶囊Banner”图层中，调整其大小和位置，装饰效果如图3-59所示。

（3）选择“文字工具” T，输入两排文案，设置第1排文案的字体、字号、颜色为“方正兰亭粗黑简体、56pt、#FFFFFF”，设置第2排文案的字体、字号、颜色为“方正兰亭黑简体、26pt、#FFFFFF”，如图3-60所示。

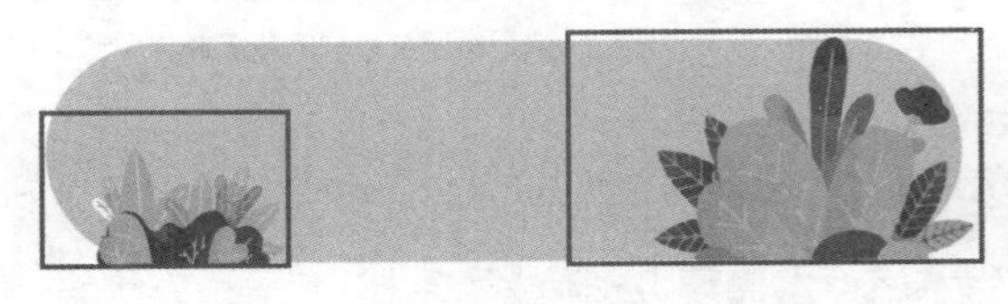

图3-59 添加植物装饰

图3-60 添加两排文案

（4）选择“椭圆工具”，在胶囊Banner右侧按住【Shift】键绘制圆形，设置填充色为“#FFFFFF”；选择【窗口】/【透明度】命令或按【Shift+Ctrl+F10】快捷键，打开“透明度”面板，设置不透明度为“50%”，如图3-61所示。

（5）按【Ctrl+C】快捷键复制圆形，按【Ctrl+F】快捷键原位粘贴圆形，更改不透明度为“100%”，按住【Shift+Alt】快捷键不放，拖曳四角的控制点，从中心等比例缩放圆形，更改填充色为“#3C5FAB”。选择“文字工具” T，在圆形中心输入“领”文字，设置文字的字体、字号、颜色为“方正兰亭粗黑简体、56pt、#FFFFFF”，如图3-62所示。

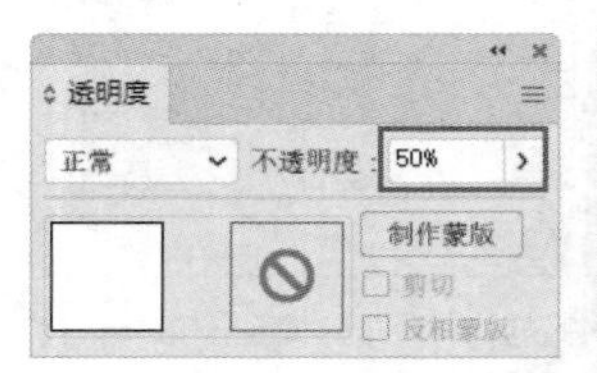

图3-61 设置圆形的不透明度

图3-62 在圆形上添加文字

6. 规范图片

在制作“周边推荐”板块时，米拉发现客户提供的风景图片的高度和宽度比例不尽相同，为提升UI设计的整洁度、美观度，米拉考虑为图片创建相同的剪切蒙版，以统一图片大小和边框。完成UI设计后，添加背景来美化首页，具体操作如下。

微课视频

规范图片

（1）在“胶囊Banner”图层上方新建名称为“周边推荐”的图层，选择该图层，选择“文字工具” T，输入“周边推荐”文字，设置文字的字体、字号、颜色为“思源黑体 CN Medium、36pt、#333333”，再输入“更多”文字，设置字体、字号、颜色为“思源黑体 CN Medium、24pt、#B4B3B3”。

（2）选择【文件】/【置入】命令，打开“置入”对话框，选择“风景2.tiff”“风景3.tiff”素材，取消选中“链接”复选框，单击 置入 按钮，拖曳鼠标以置入素材，调整素材大小，按住鼠标左键不放将其移动到“周边推荐”板块中，调整其大小和位置，如图3-63所示。

（3）选择“圆角矩形工具”，绘制大小为“350px×200px”的圆角矩形，按住【Alt】键，水平向右拖曳鼠标一定距离，释放鼠标得到圆角矩形的副本，如图3-64所示。

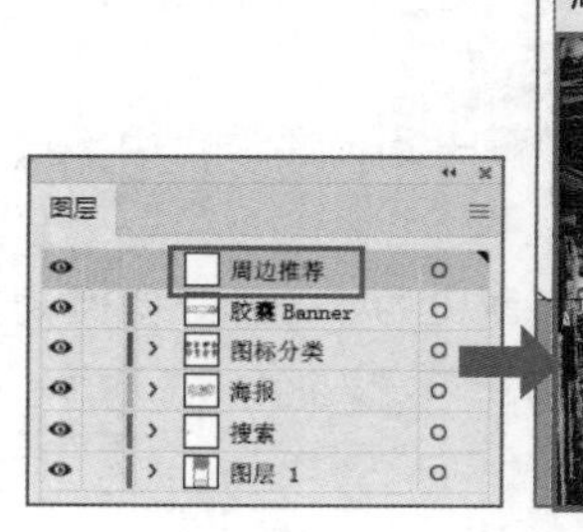

图3-63 添加“周边推荐”板块中的文案与图片

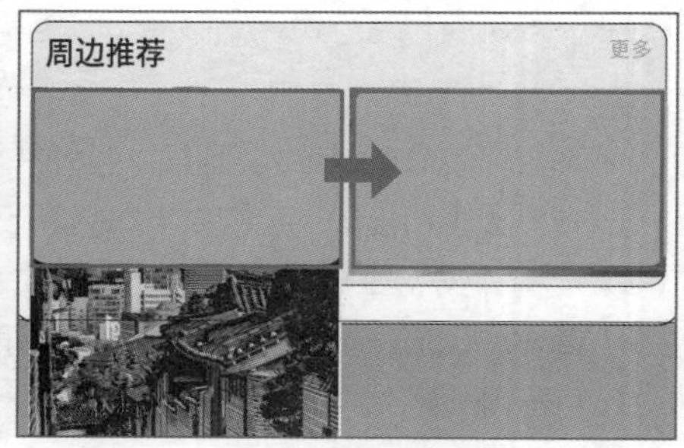

图3-64 绘制并复制圆角矩形

疑难解析

如何处理剪切蒙版中出现的空隙？

为图片创建剪切蒙版时，若图片未完全覆盖剪切蒙版，将会出现空隙，影响美观，此时，应调整图片的位置与缩放比例使其完全覆盖剪切蒙版。

（4）按住【Shift】键不放依次单击“风景2”图片和其上方的圆角矩形，按【Ctrl+7】快捷键，为图片创建圆角矩形剪切蒙版。重复操作，为“风景3”图片创建圆角矩形剪切蒙版，如图3-65所示。

（5）打开“旅游App首页背景.ai”文件，按【Ctrl+A】快捷键选择背景，按【Ctrl+C】快捷键复制背景；切换到“旅游App首页.ai”文件，按【Ctrl+V】快捷键粘贴背景，将其移动到中心位置，按【Ctrl+Shift+[】快捷键将其置于底层，如图3-66所示。存储并关闭文件。

图3-65　创建圆角矩形剪切蒙版

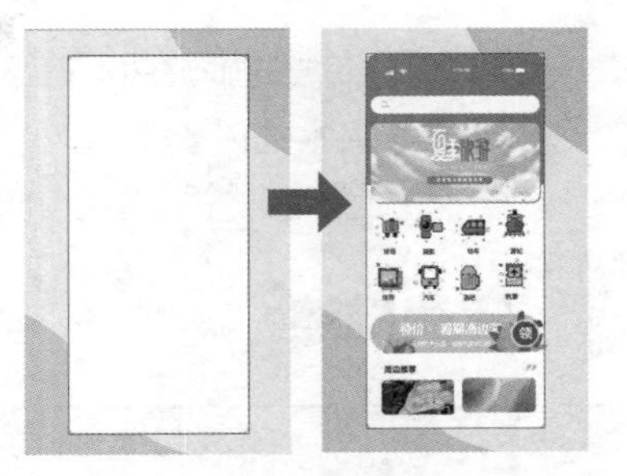

图3-66　添加背景并置于底层

课堂练习

设计生鲜外卖App首页

设计生鲜外卖App首页的布局板块，新建图层来管理内容，对齐与均匀分布分类图标，创建剪切蒙版来规范图片，添加背景美化设计效果。本练习的生鲜外卖App首页效果以及手机展示效果如图3-67所示。

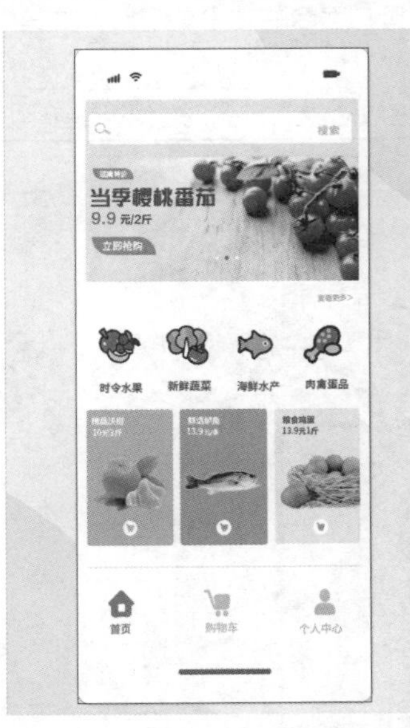

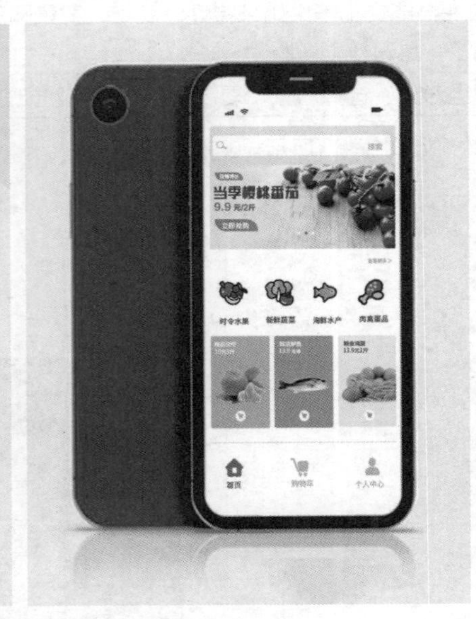

高清彩图

图3-67　生鲜外卖App首页效果以及手机展示效果

素材位置： 素材\项目3\生鲜外卖App首页\

效果位置： 效果\项目3\生鲜外卖App首页.ai

综合实战　设计剪纸风芒果奶茶海报

米拉将完成的旅游App首页交给老洪，老洪很满意，决定将手中的芒果奶茶海报任务交给米拉。为增加海报的创意性，米拉考虑设计一张剪纸风格的海报，通过多层图形的叠加、颜色的深浅来塑造层次感，再将芒果图形和叶子图形穿插在多层图形之间，使海报拥有丰富的细节。

实战描述

实战背景	本实战制作的海报可以被归类于招贴，招贴常指在商业建筑或店铺外张贴的用于宣传的大幅海报，可吸引往来人群关注或进入相关商店购买特定产品。“蜜蜜冰域”饮品店需要制作海报张贴在店铺门口，用于吸引路人驻足欣赏，增加芒果奶茶的销售额。目前已完成芒果奶茶图片拍摄、图片抠图处理、文案拟定、素材搜集，需要设计师运用提供的素材和文案设计海报
实战目标	① 制作尺寸为60cm×90cm，颜色模式为CMYK，分辨率为300像素/英寸（1英寸=2.54厘米）的海报
	② 颜色、字体搭配和谐，主色调不超过3种
	③ 海报能突出芒果奶茶特性、卖点，背景图形具有强烈的艺术美观性，文案内容简洁明了，具有较强说服力
知识要点	编组对象、选择对象、复制对象、旋转对象、缩放对象、排列对象、创建剪切蒙版等

本实战的参考效果如图3-68所示。

图3-68　剪纸风格的芒果奶茶海报参考效果

素材位置： 素材\项目3\芒果.ai、树叶.ai、芒果奶茶.png、芒果奶茶海报文案.ai、剪纸风图形.ai

效果位置： 效果\项目3\剪纸风芒果奶茶海报.ai

思路及步骤

设计海报时，米拉考虑利用剪纸风图形作为海报背景的装饰图形，然后调整剪纸风图形、芒果图形的排列顺序，将芒果图形穿插到剪纸风图形中，最后排版芒果奶茶图片和文案。本实战的设计思路如图3-69所示，参考步骤如下。

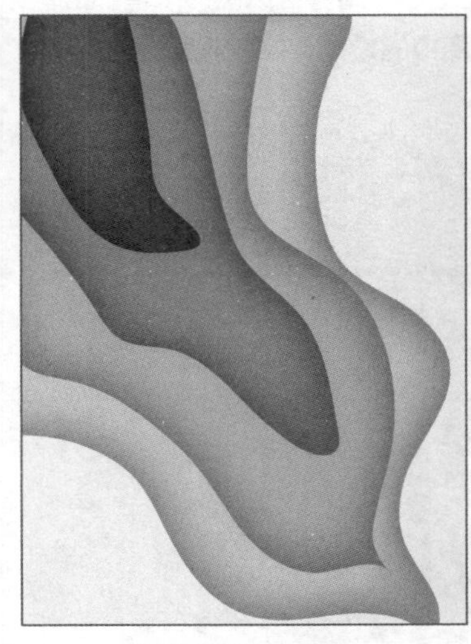

①设计剪纸风格背景

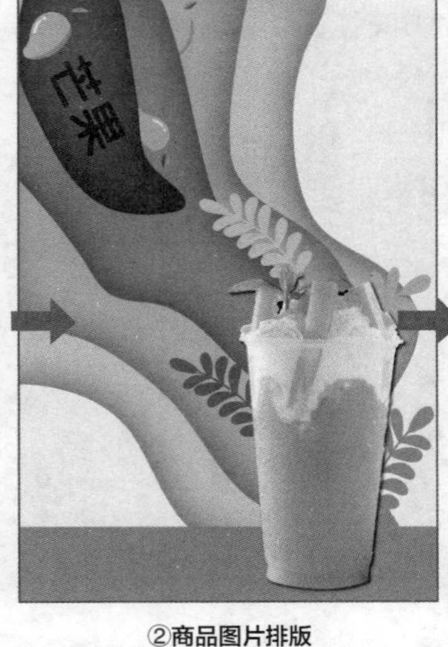

②商品图片排版

③ 文案排版

图3-69　制作剪纸风芒果奶茶海报的思路

（1）新建文件，绘制与页面大小相同的矩形，填充为浅绿色“#F4F9EB”。

（2）打开“剪纸风图形.ai”文件，按【Ctrl+A】快捷键全选内容，按【Ctrl+C】快捷键复制内容；切换到“剪纸风芒果奶茶海报.ai”文件，按【Ctrl+V】快捷键粘贴内容。复制矩形，按【Ctrl+Shift+]】快捷键将其置于顶层。

（3）打开“芒果.ai”文件，复制芒果图形到“剪纸风芒果奶茶海报内容.ai”文件中，通过复制、缩放、旋转等操作得到多个芒果图形，通过排列命令调整芒果图形和剪纸风图形的上下堆叠顺序。

（4）选择剪纸风图形和芒果图形，按【Ctrl+G】快捷键组合图形，选择组合图形和顶层的矩形，按【Ctrl+7】快捷键，为图形创建矩形剪切蒙版。按【Ctrl+G】快捷键组合背景矩形和创建剪切蒙版后的剪纸风图形。

（5）选择【文件】/【置入】命令，打开“置入”对话框，选择“芒果奶茶.png”素材，取消选中“链接”复选框，单击 置入 按钮，拖曳鼠标以置入素材。

（6）打开“树叶.ai”文件，复制素材到海报中，通过复制、缩放、旋转等操作得到多个叶子图形，装饰芒果奶茶图形。选择芒果奶茶图形，按【Ctrl+Shift+]】快捷键将其置于顶层。

（7）打开“芒果奶茶海报文案.ai”文件，复制文案到文件中，更改文案的颜色。

（8）打开“芒果.ai”文件，复制芒果图形和叶子图形到文件中，调整大小和位置、颜色，绘制矩形，用于装饰文案，最后保存文件。

课后练习 设计剪纸风环保海报

为倡导人们关注环境问题，提高环保意识，某企业要求以“节约用水”为主题设计一张环保海报，尺寸要求为60cm×90cm，将张贴在站台展板上。米拉接过任务，分析主题后，搜集与水资源相关的素材，准备将水滴、水龙头、鱼儿等元素结合起来设计主体图形，用剪纸风图形来增加层次感，配合对象的排列、缩放、不透明度设置等操作，快速完成环保海报的设计，参考效果如图3-70所示。

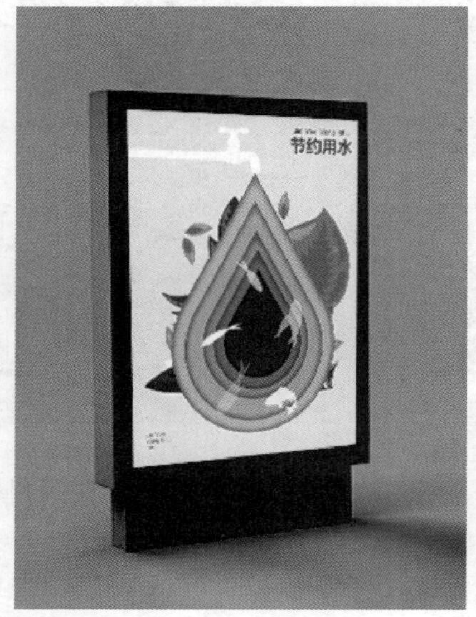

图3-70　剪纸风环保海报参考效果

素材位置：素材\项目3\水滴.ai、植物.ai、鱼儿.ai、水龙头.ai

效果位置：效果\项目3\剪纸风环保海报.ai

项目4 绘制复杂图形

情景描述

经过一段时间的工作，米拉能较好地完成各类简单的设计任务。老洪最近接到很多涉及插画绘制的任务，便将部分任务分配给米拉。其中包括草莓果汁易拉罐插画贴纸、“萌宠之家”宣传海报。

老洪告诉米拉，绘制插画不仅需要保持耐心，处理各个细节，还需要一定的创意思维和色彩搭配能力，才能制作好的作品，此外，过硬的绘图技能也必不可少。设计师可以根据实际需要，搭配使用Illustrator中适合当前绘图需要的工具，如铅笔工具、钢笔工具、画笔工具等。绘制常用图形时，还可以研究符号库，观察是否可以直接调用相关符号，从而提高设计效率。

学习目标

知识目标	● 掌握手绘常用工具的使用方法 ● 掌握钢笔工具的使用方法 ● 掌握画笔工具、符号工具组中工具的使用方法
素养目标	● 对工作充满热情，提升积极性和主动性 ● 主动承担发扬传统文化的重担，将传统元素与现代设计相结合

任务4.1　设计草莓果汁易拉罐插画贴纸

某品牌准备上市易拉罐草莓果汁，已提供草莓图片素材与贴纸文案，委托公司设计易拉罐上的“草莓果汁”插画贴纸，要求能够充分迎合消费者的消费心理，刺激消费者消费。老洪将该任务交给米拉。米拉分析该任务，考虑使用“钢笔工具”和“铅笔工具”，参考草莓图片绘制草莓图形，准备对草莓的色彩大胆采用鲜艳、饱和度高的红色与绿色；并利用“路径运算工具”制作气泡底纹，以装饰草莓图形，搭配提供的文案完成草莓果汁易拉罐插画贴纸的设计。

任务描述

任务背景	商业插画是包装设计的重要图形设计语言，它与产品包装之间有着紧密而重要的关系，优秀的插画可以提升产品包装价值。插画有很多风格，如单色线条、有线平涂、无线平涂、涂鸦插画、传统手绘、矢量几何、写实厚涂、IP人物等。不同的产品定位可以选择不一样的插画风格。本任务中，客户要求写实绘制草莓插画，可采用无线平涂插画风格
任务目标	① 根据提供的素材，以写实的效果将产品更直观地展现在包装上
	② 制作尺寸为600pt×600pt，颜色模式为CMYK，分辨率为300像素/英寸（1英寸=2.54厘米）的易拉罐插画
	③ 插画美观生动，贴近生活，符合大众审美
知识要点	钢笔工具、铅笔工具、平滑工具、橡皮擦工具、路径编辑、路径运算器等

本任务的参考效果如图4-1所示。

图4-1　草莓果汁易拉罐插画贴纸参考效果

素材位置： 素材\项目4\草莓.tiff、“草莓”插画文案.ai

效果位置： 效果\项目4\矢量草莓.ai、“草莓”插画贴纸.ai

知识准备

绘制草莓插画时，米拉考虑使用铅笔工具组中的工具来绘制插画。与传统手绘不同，使用Illustrator中的“铅笔工具”很难进行精确控制，需要设计师具备高超的绘图能力。老洪告诉米拉，可使用“钢笔工具”实现精确绘图；但使用“钢笔工具”前，需要对路径和锚点进行学习；绘制路径后，可通过路径命令、路径运算工具或橡皮擦工具组来擦除、分割、断开路径。

1. 铅笔工具组

铅笔工具组中的工具主要用于绘制、擦除、连接、平滑路径，包括“Shaper工具”、“铅笔工具”、“平滑工具”、“路径橡皮擦工具”、“连接工具”5种工具，具体介绍如下。

- **“Shaper工具”：** 使用“Shaper工具”可以将绘制的几何图形自动转换为规则的矢量图形。其具体操作方法为：选择“Shaper工具”，在画板上单击，按住鼠标左键不放并拖曳鼠标，绘制一个粗略的几何图形，释放鼠标，图形自动转换为规则的几何图形。图4-2所示为使用“Shaper工具”绘制的椭圆形。
- **“铅笔工具”：** 该工具的使用方式与现实生活中铅笔的使用方式大致相同。双击“铅笔工具”，将打开“铅笔工具选项”对话框，如图4-3所示，可设置用“铅笔工具”绘图时的参数，如精确度、平滑度、填充新铅笔描边、保持选定、起点与终点自动闭合的范围、编辑所选路径等。单击 重置(R) 按钮，将清除当前设置，恢复默认设置，设置完成后单击 确定 按钮将应用设置。另外，选中“编辑所选路径”复选框，将鼠标指针定位到需要重新绘制的路径上，当鼠标指针呈形状时可以修改原来的路径。

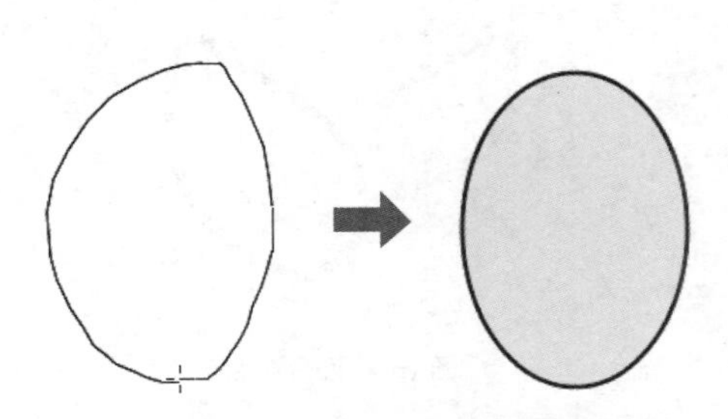

图4-2 使用“Shaper工具”绘制椭圆形

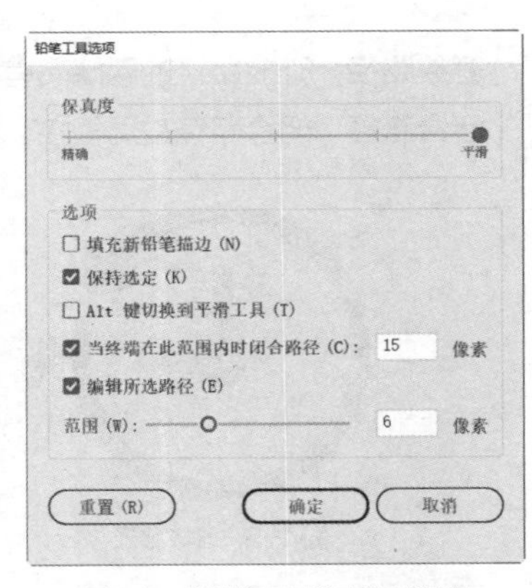

图4-3 “铅笔工具选项”对话框

为什么用“铅笔工具”绘制的线条崎岖不平？

疑难解析

默认情况下，用“铅笔工具”绘制的线条不够平滑，绘制前需要双击“铅笔工具”，打开“铅笔工具选项”对话框，在“保真度”栏中设置线条的精确度或平滑度，线条越平滑，精确度越低。

- **“平滑工具”：** 使用“平滑工具”可以将尖锐的路径变得较为平滑。其具体操作方法为：双击“平滑工具”，打开“平滑工具选项”对话框，设置精确、平滑参数后，单击 确定 按钮，选择并涂抹尖锐的路径，可使其变得较为平滑，如图4-4所示。

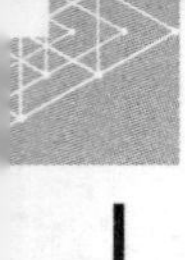

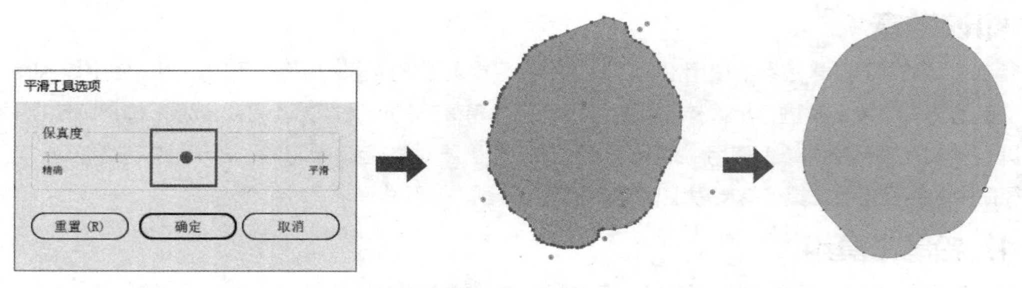

图4-4　平滑路径

- **“路径橡皮擦工具”** ：使用“路径橡皮擦工具” 可以擦除线条、路径或锚点。其具体操作方法为：选中路径，选择“路径橡皮擦工具” ，在需要擦除的线条、路径或锚点上拖曳鼠标。
- **“连接工具”** ：使用“连接工具” 可以将交叉、重叠或两端开放的路径连接为闭合路径。其具体操作方法为：选中路径，选择“连接工具” ，在需要连接的两个路径之间绘制线条，可连接两个路径；在重叠的路径上拖曳鼠标可以修剪多余部分。

2. 认识路径与锚点

路径是指使用“铅笔工具” 、“钢笔工具” 以及形状工具组、直线段工具组中的工具创建的直线段、弧线、几何形状或由线条组成的轮廓。在Illustrator中，路径本身没有宽度和颜色，在未被选中的状态下不可见，只有对路径设置了描边粗细和颜色属性后，它才能被看见。Illustrator中的路径主要有以下3种。

- **开放路径：** 开放路径的两端具有端点，路径处于断开状态，如图4-5所示。
- **闭合路径：** 闭合路径首尾相接，路径处于闭合状态，如图4-6所示。

图4-5　开放路径

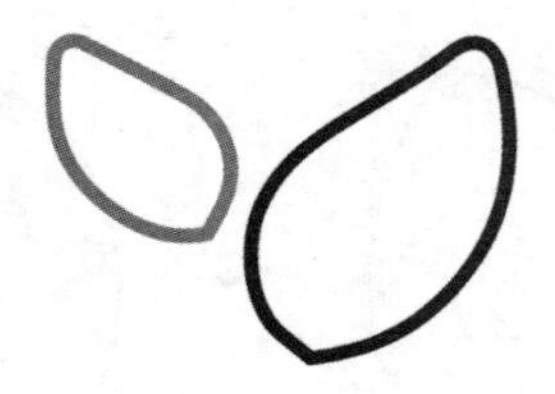

图4-6　闭合路径

- **复合路径：** 复合路径是将几个开放路径或闭合路径进行组合而形成的路径。选中多个路径，选择【对象】/【复合路径】/【建立】命令，或按【Ctrl+8】快捷键，可以得到复合路径。选中复合路径，选择【对象】/【复合路径】/【释放】命令，或按【Alt+Shift+Ctrl+8】快捷键，可以释放复合路径。

路径由锚点和线段组成，编辑锚点可以调整路径的形状。在曲线上，锚点表现为平滑锚点，如图4-7所示，选中锚点后，锚点上可能会出现一条或两条控制线，控制线的角度和长度决定了曲线的形状，控制线的端点称为控制点，可以通过调整控制点来对曲线进行调整。在直线段上，锚点表现为尖角锚点，没有控制线，如图4-8所示。

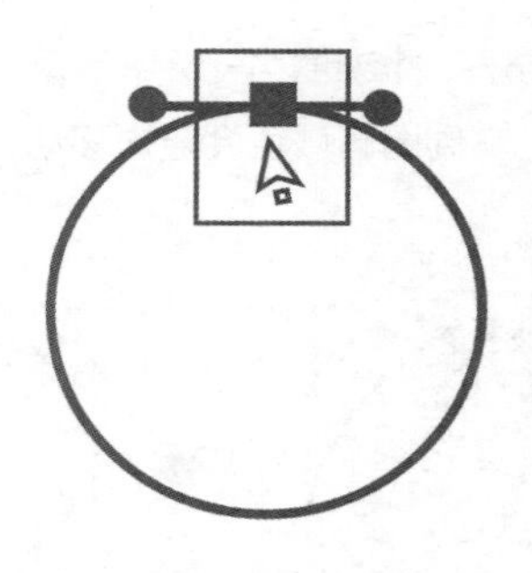

图4-7 平滑锚点

图4-8 尖角锚点

3. 钢笔工具

"钢笔工具"是用于精确绘图的关键工具，通过单击的方式可以绘制直线段或者折线；而需要绘制曲线时，可按住鼠标左键拖曳鼠标，拖曳控制线来控制弧度，按【Enter】键结束绘制。在绘图过程中，可以通过"钢笔工具"控制栏编辑锚点，如图4-9所示

图4-9 "钢笔工具"的控制栏

- **将所选锚点转换为尖角**：单击该按钮，将所选锚点转换为尖角锚点。
- **将所选锚点转换为平滑**：单击该按钮，将所选锚点转换为平滑锚点。
- **显示多个选定锚点的手柄/隐藏多个选定锚点的手柄**：单击对应按钮将显示或者隐藏多个选定锚点的手柄。
- **删除所选锚点**：单击该按钮，将删除所选锚点。
- **连接所选终点**：单击该按钮，将连接所选终点。
- **在所选锚点处剪切路径**：单击该按钮，路径将从所选锚点处被剪切为两个路径。

此外，在使用"钢笔工具"绘图的过程中，还可以通过下面的编辑锚点操作不断修改路径，使其更加精准。

- **添加锚点**：将鼠标指针移动到路径上，当鼠标指针呈形状时，单击可添加锚点，如图4-10所示。。
- **删除锚点**：将鼠标指针移动到路径的锚点上，当鼠标指针呈形状时，在锚点上单击可以将该锚点删除，与此相邻的两个锚点将自动连接，如图 4-11所示。

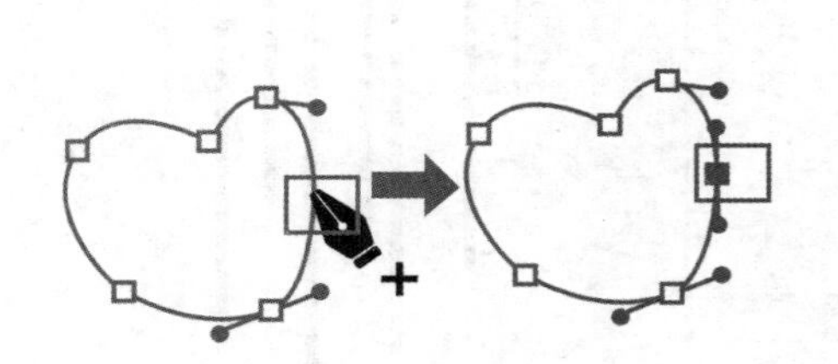

图4-10 添加锚点

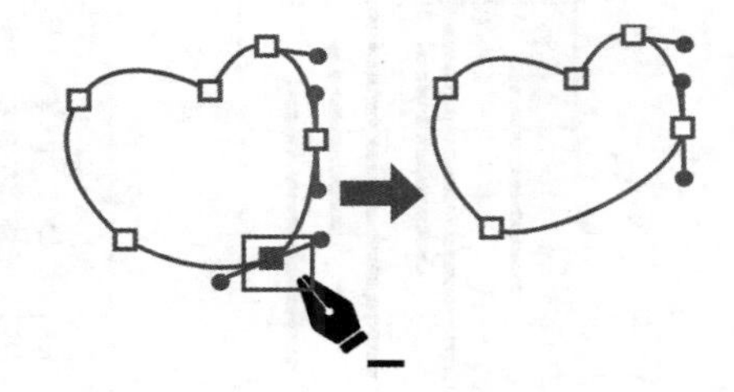

图4-11 删除锚点

- **转换锚点**：将鼠标指针移动到路径的平滑锚点上，按住【Alt】键，当鼠标指针呈形状时，单击可以将其转换为尖角锚点。如图4-12所示。
- **移动或调整锚点**：按【Ctrl】键可以切换到"直接选择工具"，选中锚点，拖曳锚点可以移动锚点。当出现控制线时，可以调整控制点来调整曲线，如图4-13所示。若使用“整形工具”拖曳锚点，受影响的不仅仅为所选的锚点，其周围区域也会随之移动，产生自然的变形效果。

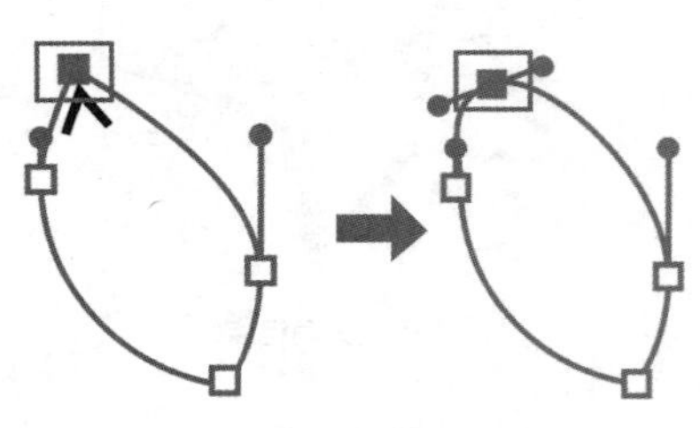

图4-12　转换锚点

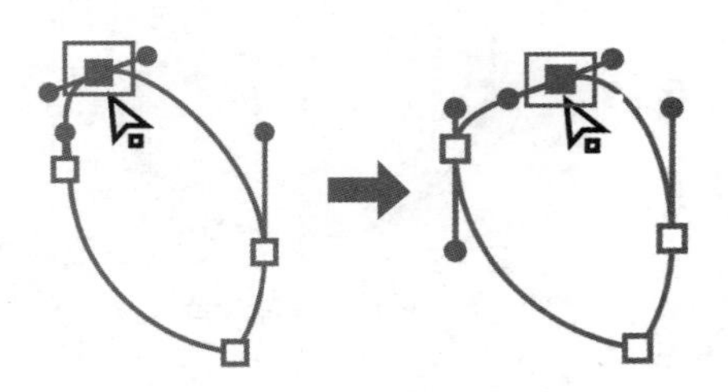

图4-13　移动与调整锚点

知识补充

使用锚点编辑工具

在使用“钢笔工具”绘图的过程中，按【+】键可切换到钢笔工具组中的“添加锚点工具”，单击路径可添加锚点；按【-】键可切换到“删除锚点工具”，单击锚点可删除锚点；按【Shift+C】快捷键可以切换到“锚点工具”，单击锚点可转换锚点类型。

4．常用路径命令

选择【对象】/【路径】命令，打开的子菜单中提供了多种编辑路径的命令，可以用于对路径进行多种编辑操作，具体介绍如下。

- **连接：**选择“直接选择工具”，按住【Shift】键依次选择路径上要进行连接的两个锚点，选择【对象】/【路径】/【连接】命令，或按【Ctrl+J】快捷键，两个锚点之间将出现一条直线段，把开放路径连接起来。
- **轮廓化描边：**选择路径，选择【对象】/【路径】/【轮廓化描边】命令，此时可再次设置描边粗细和颜色，为路径添加描边效果。
- **平均：**选中不同路径上需要平均分布的多个锚点，选择【对象】/【路径】/【平均】命令，或按【Ctrl+Alt+J】快捷键，打开“平均”对话框，选中对应单选项设置平均分布方式，单击确定按钮。图4-14所示为框选多条路径上部的锚点，在水平方向上平均分布锚点的效果。

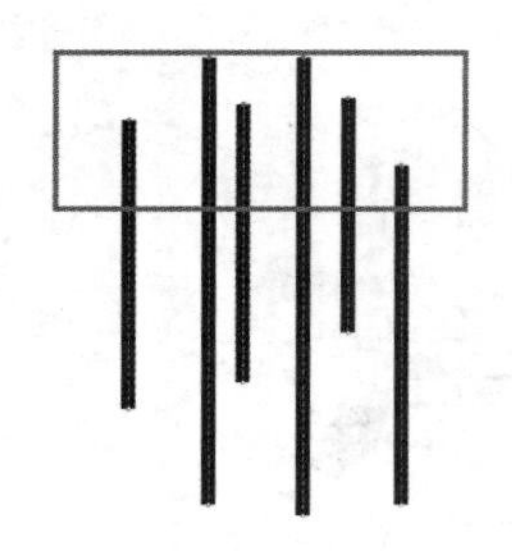

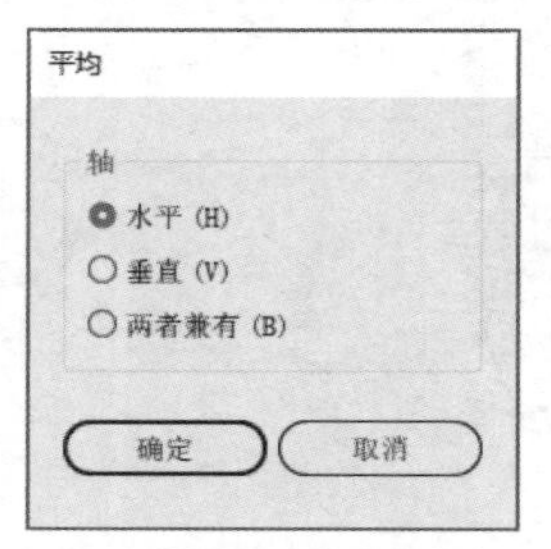

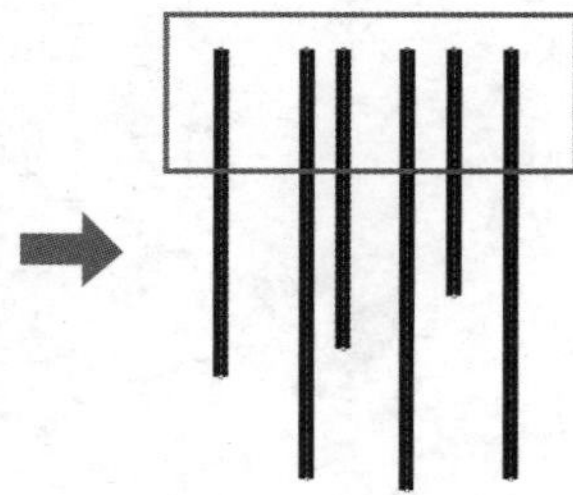

图4-14　在水平方向上平均分布锚点

- **偏移：**选中要通过偏移创建新路径的原始路径，选择【对象】/【路径】/【偏移】命令，打开“偏移路径”对话框，设置新路径位移值，正值表示原始路径向外部偏移，负值表示原始路径向内部偏移；设置新路径拐角的连接方式和斜接限制参数，单击按钮，如图4-15所示。

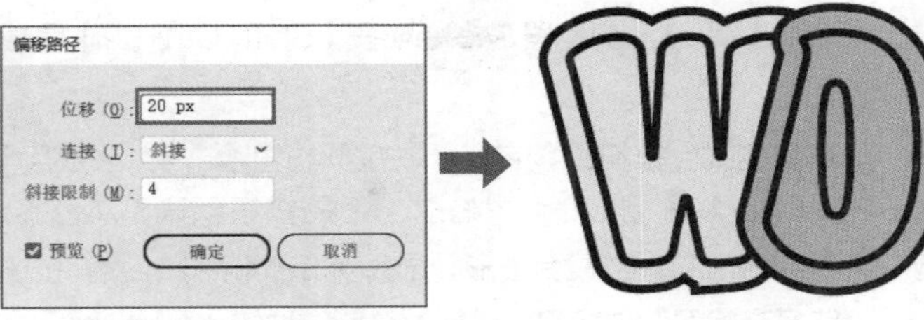

图4-15　偏移路径

- **反转路径方向：** 选择【对象】/【路径】/【反转路径方向】命令，反转路径，可将终点变为起点。
- **简化：** 选择需要删去多余锚点的路径，选择【对象】/【路径】/【简化】命令，打开“简化”对话框，可拖曳滑块设置路径简化度。
- **添加、移去锚点：** 选中要增加锚点的路径，选择【对象】/【路径】/【添加锚点】命令，可以在两个相邻的锚点中间添加一个锚点。重复选择该命令，可以添加更多的锚点。使用“直接选择工具”选择需要删除的多个锚点，选择【对象】/【路径】/【移去锚点】命令可以删除选中的锚点。
- **分割下方对象：** 选择一个对象作为被分割对象，绘制一个开放路径作为分割对象，将开放路径放在被分割对象之上，选择【对象】/【路径】/【分割下方对象】命令，完成切割后的对象处于编组状态，此时按【Ctrl+Shift+U】快捷键取消编组，移动切割后的部分对象，更容易查看分割效果。图4-16所示为使用开放路径分割对象的效果。

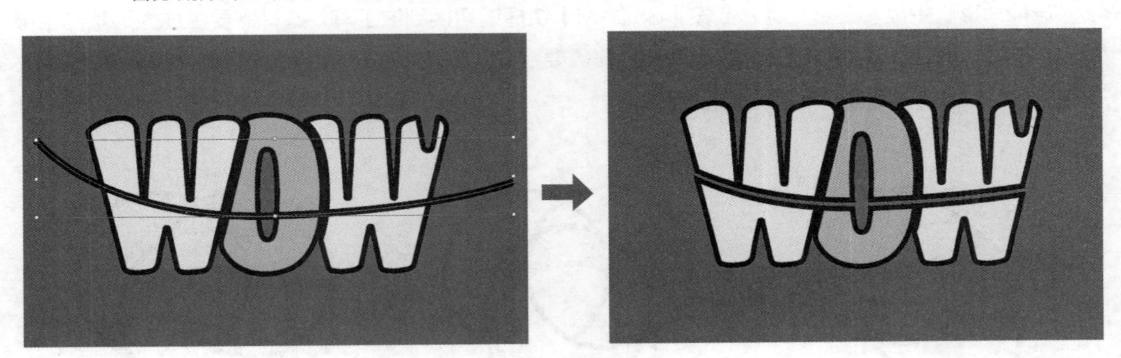

图4-16　分割对象

- **分割为网格：** 选择需要分割为网格的对象，选择【对象】/【路径】/【分割为网格】命令，打开“分割为网格”对话框，设置行数、列数、高度和宽度等参数，单击按钮，可以将所选择对象分割为网格。
- **清理：** 当文件中出现游离点（游离点是指可以有路径属性但不能打印的点，使用“钢笔工具”可能会产生游离点）、未上色对象和空文字路径等多余对象时，选择【对象】/【路径】/【清理】命令，打开“清理”对话框，设置清除对象，单击按钮，系统将会自动在文件中清理对应的对象。

5. 路径运算工具

单击“路径查找器”面板中的相关按钮，可以使许多简单的路径在经过特定的运算之后形成各种复杂的路径；也可通过“形状生成器工具” 来合并图形，以生成复杂的图形。

（1）“路径查找器”面板

选择【窗口】/【路径查找器】命令或按【Shift+Ctrl+F9】快捷键，打开“路径查找器”面板，如图4-17所示。

- **“形状模式”按钮组：**包括“联集”按钮、“减去顶层”按钮、“交集”按钮、“差集”按钮、扩展按钮5个按钮，扩展按钮默认呈灰色不可用状态，单击其他按钮时，按住【Alt】键，可建立复合图形，选择复合图形后，扩展按钮才被激活。
- **“路径查找器”按钮组：**包括“分割”按钮、“修边”按钮、“合并”按钮、“裁剪”按钮、“轮廓”按钮、“减去后方对象”按钮6个按钮。图4-18所示为选择两个对象，单击“联集”按钮后的效果。图4-19所示为选择两个对象，单击“减去后方对象”按钮后的效果。

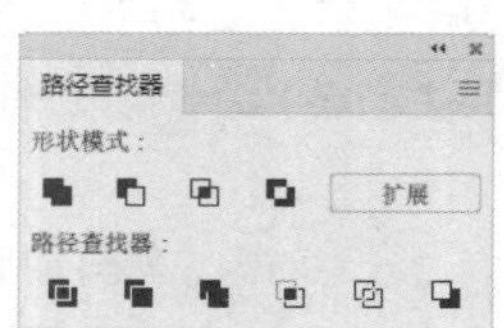

图4-17 “路径查找器”面板

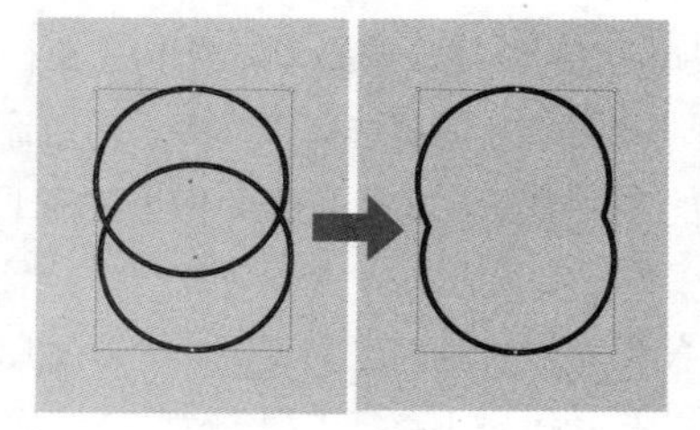

图4-18 联集

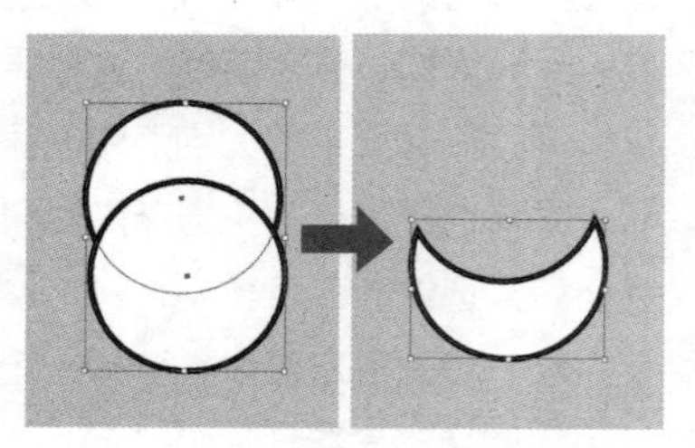

图4-19 减去后方对象

（2）形状生成器工具

选择“形状生成器工具”，或按【Shift+M】快捷键切换到该工具，选择需要生成为形状的全部图形，将鼠标指针移动到封闭区域，拖曳鼠标在需要合并的区域、路径和锚点上涂抹。图4-20所示为在多个圆形中涂抹需要合并区域，从而生成Logo。

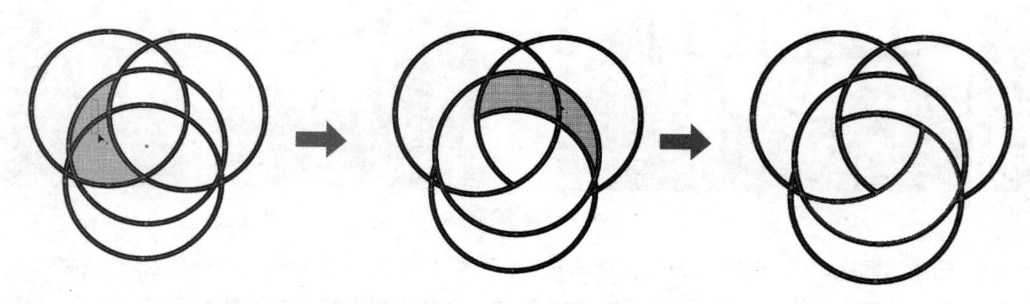

图4-20 通过多个圆形生成Logo

6. 橡皮擦工具组

橡皮擦工具组中的工具主要用于擦除、分割和断开路径，包括“橡皮擦工具”、“剪刀工具”、“美工刀工具”3种工具，具体介绍如下。

- **“橡皮擦工具”：**使用“橡皮擦工具”不仅可以擦除选择的路径和锚点，还能擦除路径中的部分填充效果。其具体操作方法为：按【[】键或【]】键可以调整橡皮擦的大小，或双击“橡皮擦工具”，打开“橡皮擦工具选项”对话框，设置角度、圆度、大小等参数，单击确定按钮，涂抹选择的对象可得到擦除效果，如图4-21所示。

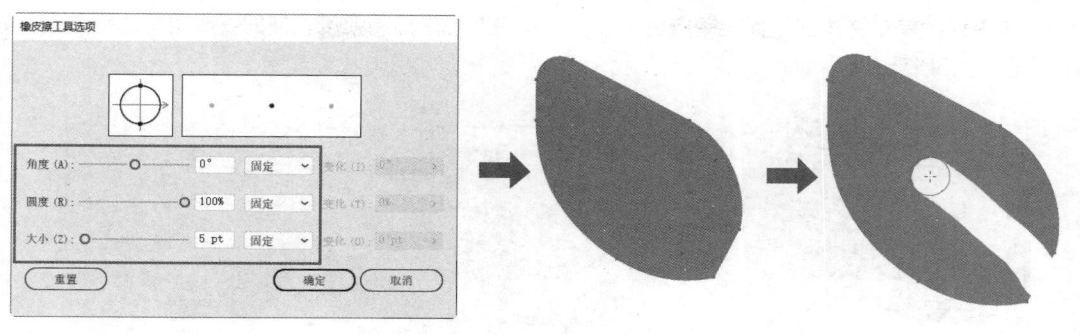

图4-21 橡皮擦工具

- **"剪刀工具"**：绘制一个路径，选择"剪刀工具"，在路径上任意一点单击，路径就会从单击的地方被剪切为两个路径。图4-22所示为在顶层的圆角矩形上创建两个剪切点，使用"剪刀工具"删除两个剪切点中间的路径，与底部的圆角矩形形成扣圈效果。
- **"美工刀工具"**：选择一个闭合路径，选择"美工刀工具"，在起始位置按住鼠标左键不放，拖曳鼠标绘制穿过闭合路径的分割线，释放鼠标，闭合路径则被裁切为两个闭合路径。图4-23所示为使用"美工刀工具"将圆角矩形分割为两部分的效果。

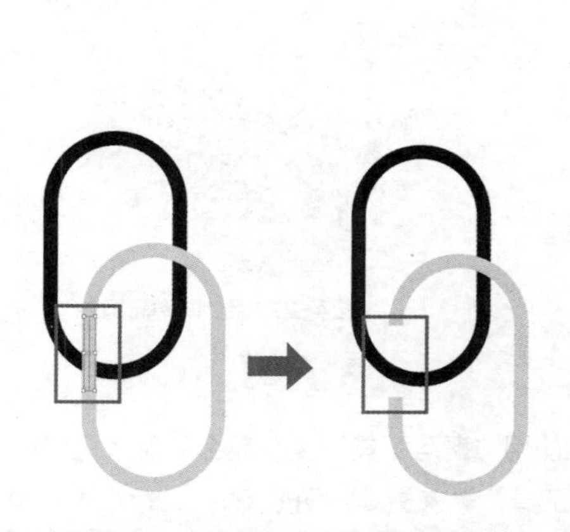

图4-22 使用"剪刀工具"制作扣圈效果

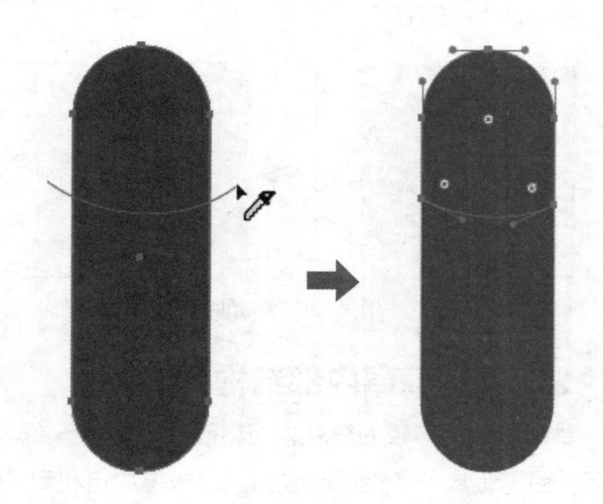

图4-23 使用"美工刀工具"分割圆角矩形的效果

任务实施

1. 使用"钢笔工具"绘制草莓轮廓

米拉参考客户提供的草莓图片，首先使用"钢笔工具"勾勒草莓形状，再使用"平滑工具"调整曲线的平滑度，具体操作如下。

使用"钢笔工具"绘制草莓轮廓

（1）新建名称为"矢量草莓.ai"的文件，选择【文件】/【置入】命令，打开"置入"对话框，选择"草莓.tiff"素材，取消选中"链接"复选框，单击 置入 按钮，沿着画板2拖曳鼠标绘制置入素材的区域，置入素材，如图4-24所示。

（2）选择草莓图片，设置对应图层的不透明度为"50%"，选择【对象】/【锁定】/【所选对向】命令，便于后期绘图。

（3）选择"钢笔工具"，在后方草莓边缘处单击以确定起点，由于草莓边缘为曲线，因此沿着

边缘继续单击并按住鼠标左键拖曳鼠标，拖曳控制线来控制弧度，使曲线与草莓边缘贴合，如图4-25所示。

图4-24 置入草莓图片　　图4-25 使用“钢笔工具”绘制轮廓

（4）释放鼠标，继续沿着边缘单击并拖曳鼠标来绘制草莓图形，被遮挡的部分需要发挥想象进行绘制，单击起点形成封闭路径。此时，发现轮廓曲线不够平滑，选择“平滑工具”，选择并涂抹尖锐的曲线，使草莓轮廓曲线变得较为平滑，如图4-26所示。

（5）使用与步骤（3）～（4）相同的方法继续绘制草莓蒂和草莓茎，以及另一颗草莓，在绘制过程中可以按住【Alt】键向前滚动鼠标滚轮放大视图以查看细节，或者向后滚动鼠标滚轮缩小视图以显示更多区域。绘图时，并不需要完全贴合草莓图片中的草莓蒂形状，可适当进行简化和设计，效果如图4-27所示。

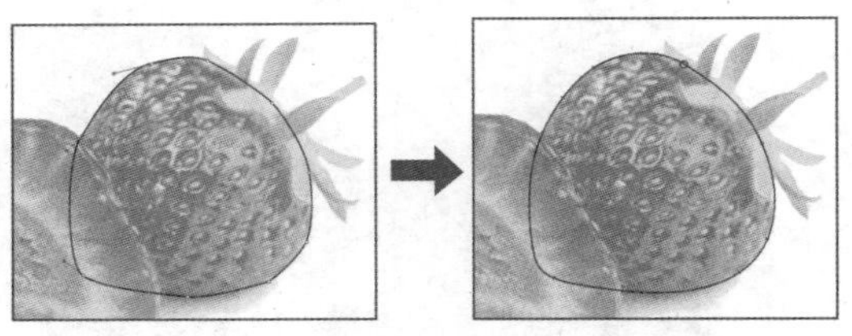

图4-26 平滑曲线

图4-27 绘制草莓轮廓

2. 绘制草莓内部结构并填色

草莓内部结构较为复杂，但精确度要求并不高，继续使用“钢笔工具”绘制会耗费大量时间，而使用“铅笔工具”绘图比较快速，米拉决定利用“铅笔工具”来提高绘图效率，绘图完成后，再填充颜色，使插画效果更加精美，具体操作如下。

（1）双击“铅笔工具”，打开“铅笔工具选项”对话框，向右拖动“保真度”下的滑块，调整平滑度，单击（确定）按钮。按住鼠标左键，拖曳鼠标直接绘制草莓内部结构，这里包含两个图形，如图4-28所示。

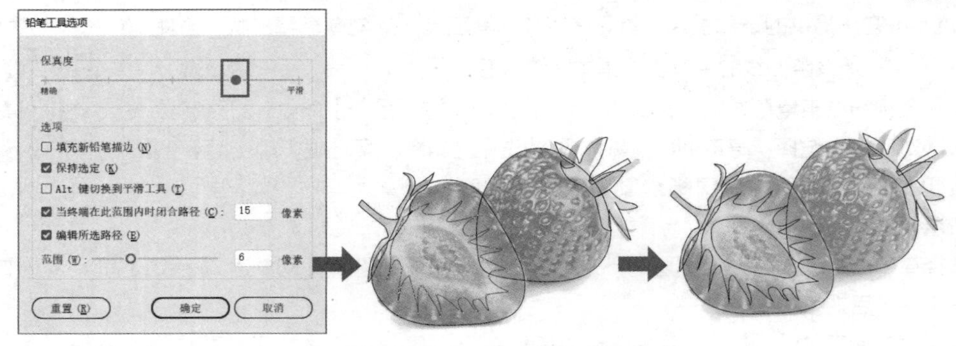

图4-28 使用“铅笔工具”绘制草莓内部结构

（2）设置后方草莓的填充色为“#BA453C”，草莓蒂的填充色为“#59804C”，草莓茎的填充色为“#8DB879”；设置前方草莓的填充色为“#CA5434”，草莓蒂的填充色为“#6E8F61”，草莓内部图形的填充色为“#E79783”和“#CF6E56”，取消描边，效果如图4-29所示。

（3）选择【对象】/【全部解锁】命令，选择草莓图片并按【Delete】键删除。选择“铅笔工具”，绘制草莓籽图形，设置填充色为“#000000”，按住【Alt】键向上移动并复制草莓籽图形，设置填充色为“#E5E27A”，框选两个草莓籽图形，按【Ctrl+G】快捷键组合，通过复制、旋转、缩放等操作将草莓籽组合图形添加到草莓图形上，效果如图4-30所示。

图4-29 填充颜色

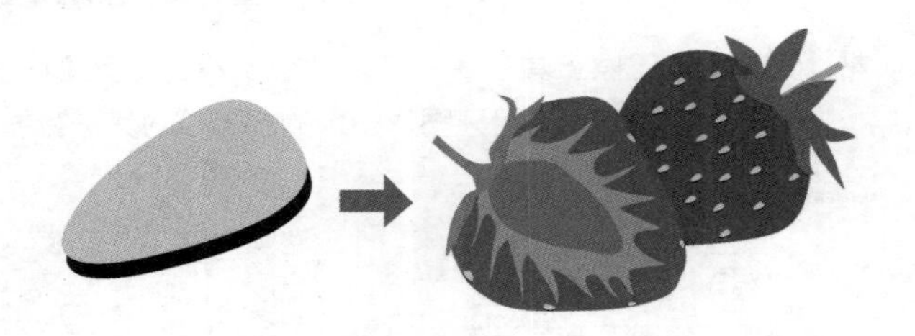

图4-30 添加草莓籽图形

3. 运算路径

完成草莓矢量图的绘制后，可以采用底纹来装饰草莓图形。结合草莓圆润的外表特征，米拉考虑将多个圆形进行“联集”运算，得到气泡状底纹图形；利用“减去顶层”运算得到月牙状图形，用于修饰底纹边缘，具体操作如下。

微课视频

运算路径

（1）新建名称为“‘草莓’插画贴纸.ai”的文件，选择“矩形工具”，绘制与画板大小相同的矩形，设置填充色为“#FFFFFF”。选择“椭圆工具”，绘制多个不同大小的圆形，设置填充色为“#F5E2DE”，如图4-31所示。

（2）框选绘制的所有圆形，选择【窗口】/【路径查找器】命令或按【Shift+Ctrl+F9】快捷键，打开“路径查找器”面板，单击“联集”按钮，得到运算后的图形，如图4-32所示。

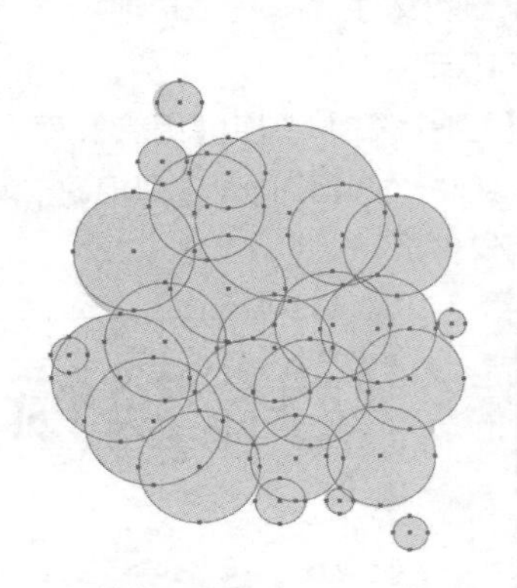

图4-31 绘制多个不同大小的圆形

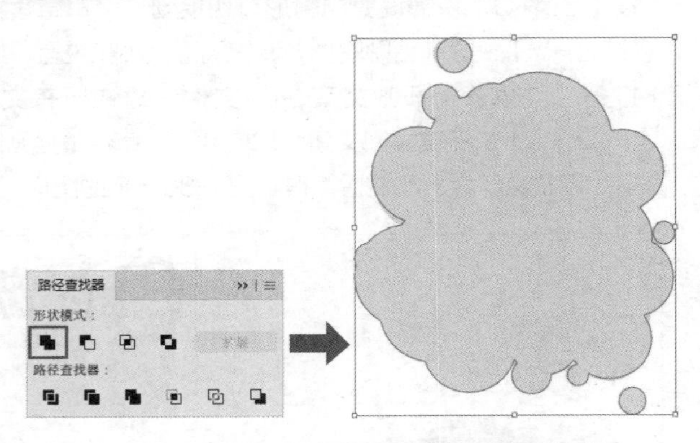

图4-32 通过“联集”运算制作气泡状底纹图形

（3）在边缘处绘制圆形，设置填充色为“#FFFFFF”，按住【Alt】键向下移动并复制圆形，框选两个白色圆形，在“路径查找器”面板中单击“减去顶层”按钮，得到月牙图形，如图4-33所示。

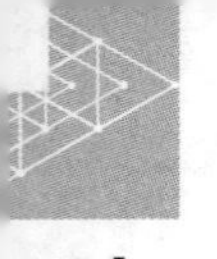

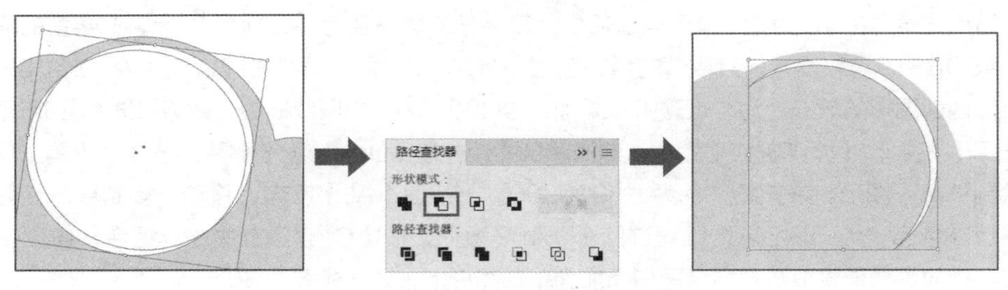

图4-33　制作月牙图形

（4）双击“橡皮擦工具”，打开“橡皮擦工具选项”对话框，设置画笔大小为“42pt”，单击确定按钮，涂抹月牙图形多余的部分，对其进行擦除，如图4-34所示。

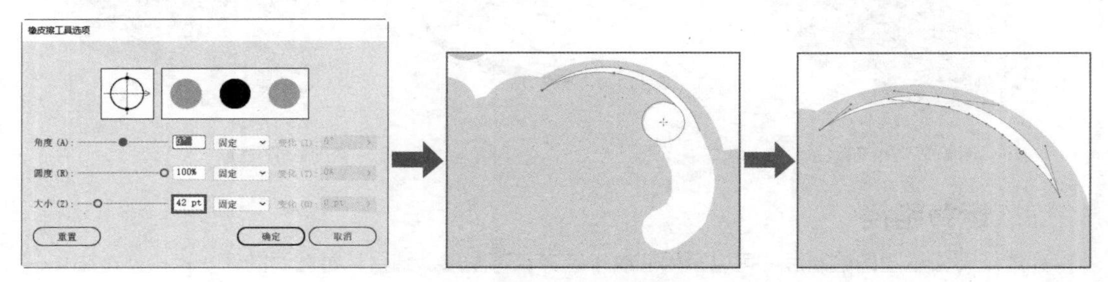

图4-34　擦除月牙图形多余部分

4. 排版图文

完成草莓矢量图、底纹图形的绘制后，米拉将提供的文案也添加到“‘草莓’插画贴纸.ai”文件中，并对它们进行适当的排版，得到最终的插画贴纸效果，具体操作如下。

（1）打开“矢量草莓.ai”文件，框选图形，按【Ctrl+G】快捷键组合图形，按【Ctrl+C】快捷键复制图形；切换到“‘草莓’插画贴纸.ai”文件，按【Ctrl+V】快捷键粘贴图形，调整图形大小和位置，如图4-35所示。

（2）打开“‘草莓’插画文案.ai”文件，框选所有文案，按【Ctrl+G】快捷键组合文案，按【Ctrl+C】快捷键复制文案；切换到“‘草莓’插画贴纸.ai”文件，按【Ctrl+V】快捷键粘贴文案，调整文案大小和位置，得到图4-36所示的图形。存储所有文件。

图4-35　添加并调整草莓矢量图

图4-36　添加与调整文案

课堂练习

设计蓝莓果汁易拉罐插画贴纸

某品牌准备上市易拉罐蓝莓果汁，已提供蓝莓图片以及贴纸文案，要求根据提供的蓝莓图片绘制矢量蓝莓插画图形，再将其设计成“蓝莓果汁”易拉罐插画贴纸，尺寸为600px×900px。设计师可参考提供的蓝莓图片，综合运用“椭圆工具”、“钢笔工具”绘制蓝莓插画，添加文案，进行贴纸排版设计，最后将其展示到易拉罐正面。本练习的参考效果如图4-37所示。

图4-37 蓝莓果汁易拉罐插画贴纸参考效果

素材位置： 素材\项目4\蓝莓.tiff、“蓝莓”插画文案.ai

效果位置： 效果\项目4\矢量蓝莓.ai、“蓝莓”插画贴纸.ai

任务4.2 设计“萌宠之家”宣传海报

“萌宠之家”宠物店为提升店铺效益，委托公司设计一张“萌宠之家”宣传海报，张贴在店门口的展架上，需要传达“全场满200元送20元”优惠信息，以及“宠物医疗/宠物食品/宠物护理/宠物饰品”主营业务。老洪将该任务交给米拉，米拉分析该任务，根据提供的素材，结合宠物可爱的形象，考虑采用圆润、可爱的手写字体突出店名“萌宠之家”，搭配宠物插画、小元素图形，以及黄色的背景，快速抓住顾客眼球，给人眼前一亮的感觉。

任务描述

任务背景	最近几年养宠物的人越来越多，从而使得宠物经济日益火热，如宠物医疗、宠物护理、宠物食品、宠物饰品等。经营宠物店时，张贴宣传海报是热门、有效、低成本推广店铺的方式。本任务的“萌宠之家”为一家刚开业不久的宠物店，迫切需要推广店铺，提升店铺效益，因此需要设计师设计一张宣传海报

续表

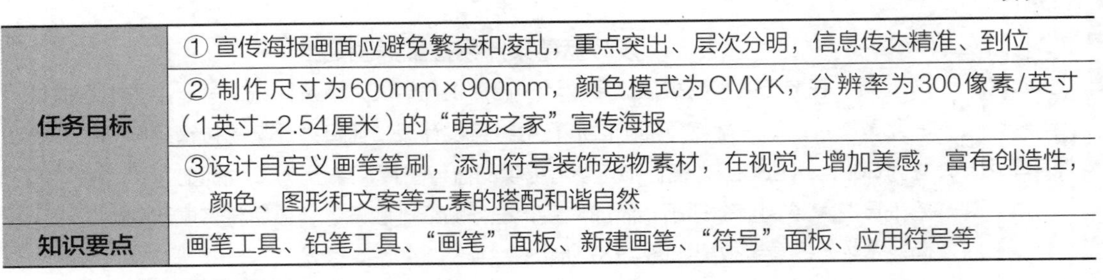

任务目标	① 宣传海报画面应避免繁杂和凌乱，重点突出、层次分明，信息传达精准、到位
	② 制作尺寸为600mm×900mm，颜色模式为CMYK，分辨率为300像素/英寸（1英寸=2.54厘米）的“萌宠之家”宣传海报
	③设计自定义画笔笔刷，添加符号装饰宠物素材，在视觉上增加美感，富有创造性，颜色、图形和文案等元素的搭配和谐自然
知识要点	画笔工具、铅笔工具、“画笔”面板、新建画笔、“符号”面板、应用符号等

本任务的参考效果如图4-38所示。

高清彩图

图4-38 “萌宠之家”宣传海报参考效果

素材位置： 素材\项目4\黄色背景.tiff、“萌宠之家”文案.ai、萌宠插画.ai

效果位置： 效果\项目4\“萌宠之家”宣传海报.ai

知识准备

Illustrator提供的“画笔工具” 不仅可以绘制路径，还可以将书法画笔、散点画笔、图案画笔、艺术画笔和毛刷画笔的笔刷样式应用到绘制的路径上，使简单的路径呈现丰富的变化效果。由于手写字体极具创意性，因此米拉考虑利用画笔笔刷为宣传海报创建手写字。在绘制一些小元素时，老洪告诉米拉，对于一些常用的图形元素，如植物、花朵、网页图标、庆祝、箭头、艺术纹理等，Illustrator将其识别为符号，并提供了大量的不同类型的符号，这些符号都被分类整理到了符号库中，设计师可以直接从符号库中调用需要的符号。因此熟练运用Illustrator 中的符号，可以有效提高平面设计效率。

1. 画笔工具

使用“画笔工具” 可以绘制出样式繁多的精美线条和图形，还可以调节不同的笔刷样式以达到不同的绘制效果。其具体操作方法为：选择“画笔工具” ，在控制栏中设置填充色、描边色、描边粗细、变量宽度配置文件和画笔定义选项，在画板中拖曳鼠标，会沿着拖曳轨迹以对应的设置绘制图形，如图4-39所示。双击“画笔工具” ，可以打开“画笔工具选项”对话框，如图4-40所示，可详细设置画笔的参数。

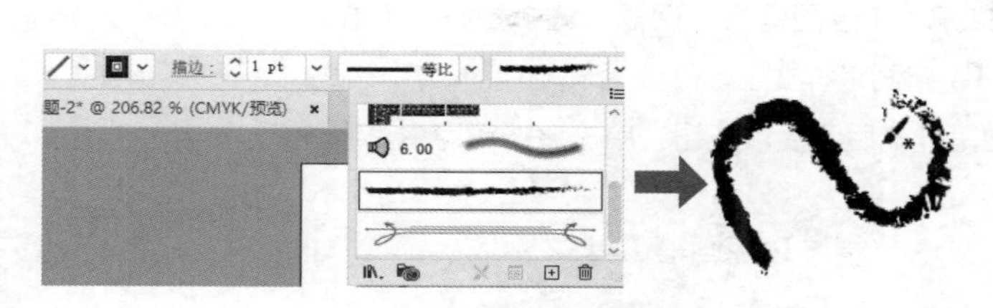

图4-39 “画笔工具”控制栏

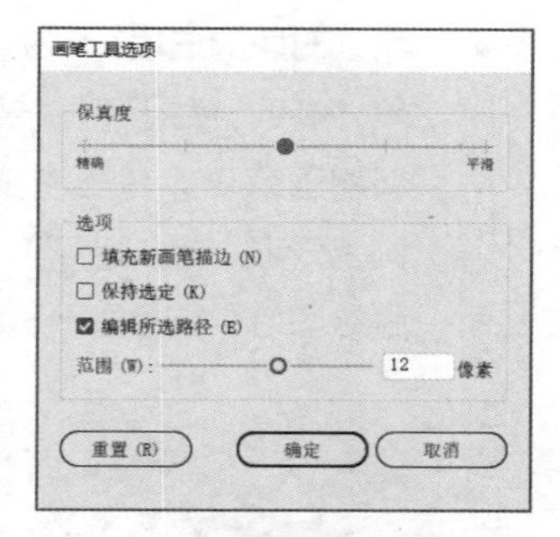

图4-40 “画笔工具选项”对话框

“画笔工具选项”对话框中主要参数的介绍如下。

- **保真度：**精确用于调节绘制曲线的精确度，“平滑”用于调节绘制曲线的平滑度。
- **填充新画笔描边：**选中该复选框，则每次使用“画笔工具”绘制图形时，系统都会自动以默认颜色来填充图形。
- **保持选定：**选中该复选框，绘制的曲线将处于被选取状态。
- **编辑所选路径：**选中该复选框，使用“画笔工具”可以编辑选中的路径。在“范围”数值框中可以设置鼠标指针与现有路径在多大距离之内，才能使用“画笔工具”编辑路径。

2. “画笔”面板

“画笔工具”通常配合“画笔”面板使用，选择【窗口】/【画笔】命令，可打开“画笔”面板，如图4-41所示。其中包括书法画笔、散点画笔、图案画笔、艺术画笔和毛刷画笔等多种画笔样式，在其中选择任意一种画笔样式，使用“画笔工具”绘制图形，则会以对应的画笔样式绘制图形，若对其效果不满意，可再次选择其他画笔样式。“画笔”面板中各参数的介绍如下。

- **画笔库菜单：**单击该按钮，打开的菜单中显示了箭头、艺术效果、装饰、边框、毛刷画笔等一系列的画笔库命令，与选择【窗口】/【画笔库】命令后打开的子菜单中显示的命令相同。分别选择各个命令，可以打开对应的画笔库，画笔库中的画笔样式可以任意调用。图4-42所示为打开“艺术效果-书法”画笔库。

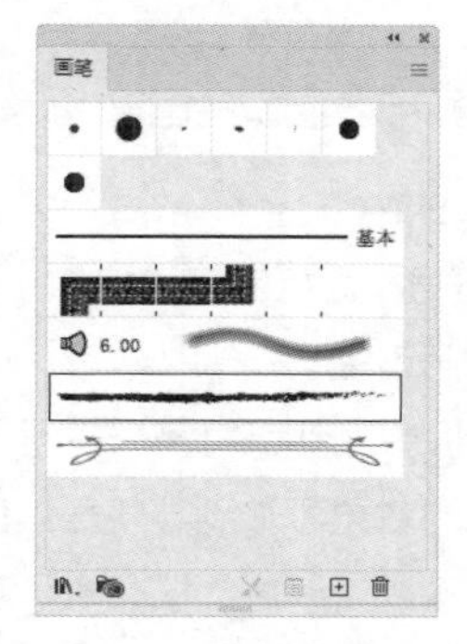

图4-41 “画笔”面板

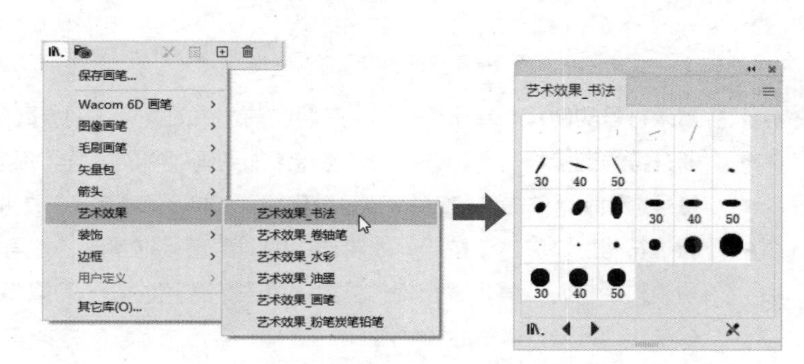

图4-42 打开“艺术效果-书法”画笔库

- **库面板：**单击该按钮，打开“库”面板，登录Creative Cloud账户，可以使用Creative Cloud库中的资源。
- **移去画笔描边：**选择已添加画笔描边的对象，将激活该按钮，单击该按钮可以取消画笔描边效果。

- **所选对象的选项**：应用画笔样式后激活该按钮，单击该按钮，在打开的对话框中可以编辑画笔的参数。对于不同的画笔样式，可编辑的参数也有所不同。
- **新建画笔**：单击该按钮，打开“新建画笔”对话框，选中相应的单选项，设置画笔类型与画笔选项，单击确定按钮可新建画笔样式。
- **删除画笔**：选择需要删除的画笔样式后激活该按钮，单击该按钮可将其删除。

知识补充

斑点画笔工具

“斑点画笔工具”与“画笔工具”用法相同，但使用“画笔工具”绘制的图形只有描边效果，若选择【对象】/【扩展外观】命令，可以将描边效果转换为填充效果。而使用“斑点画笔工具”可以绘制只有填充效果没有描边效果的图形。

3. “符号”面板

Illustrator 提供了“符号”面板，专门用来创建、存储和编辑一些常用的图形元素。其具体使用方法为：选择【窗口】/【符号】命令，打开“符号”面板，在“符号”面板中选中符号，直接将其拖曳到当前画板中，得到一个符号实例，如图4-43所示。

使用“符号”面板可以编辑符号，具体参数介绍如下。

- **符号库菜单**：Illustrator将符号按类型存放在符号库中，单击该按钮，在弹出的菜单中可选择所需的符号库。图4-44所示为“网页图标”符号库。

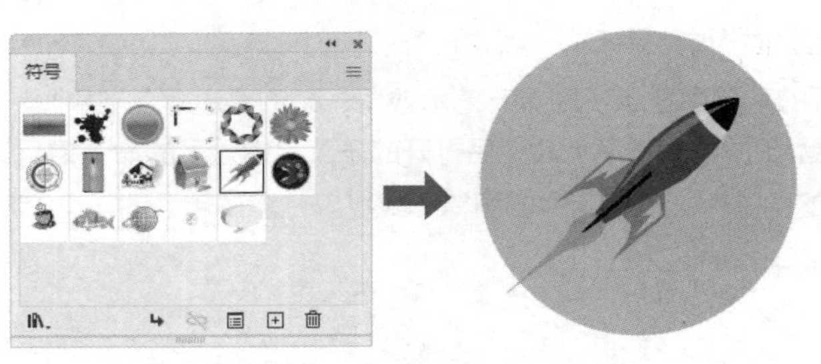

图4-43 使用“符号”面板创建图形

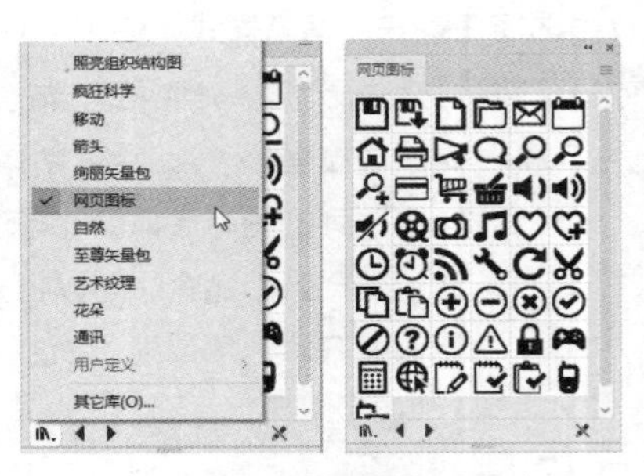

图4-44 “网页图标”符号库

- **置入符号实例**：单击该按钮，可将当前选中的符号实例放置在画板的中心。
- **断开符号链接**：单击该按钮，可将添加到画板中的符号实例与“符号”面板断开链接。
- **符号选项**：单击该按钮，可以打开“符号选项”对话框，并进行符号设置。
- **新建符号**：单击该按钮，或将选中的对象直接拖曳到“符号”面板中，都可打开“符号选项”对话框，在其中设置相关参数，单击确定按钮，可以将选中的对象添加到“符号”面板中作为符号，以备后续使用。
- **删除符号**：单击该按钮，可以删除在“符号”面板中选择的符号。

4. 符号工具组

Illustrator的符号工具组中提供了8个符号工具，在“符号喷枪工具”上按住鼠标左键不放，展开的符号工具组如图4-45所示。创建符号集后，选中该符号集，才能用符号工具组进行系列编辑，具体介绍如下。

- **“符号喷枪工具”**：用于在短时间内快速向画板置入大量符号，这些符号处于编组状态，形成符号集。使用该工具可以多次单击创建符号集，也可按住鼠标左键不放并拖曳鼠标创建符号集。如图4-46所示为创建的“芙蓉花”符号集。绘图前，可以双击该工具，打开“符号工具选项”对话框，如图4-47所示，在其中设置笔刷的直径、方法、强度、符号组密度等参数，单击 确定 按钮。

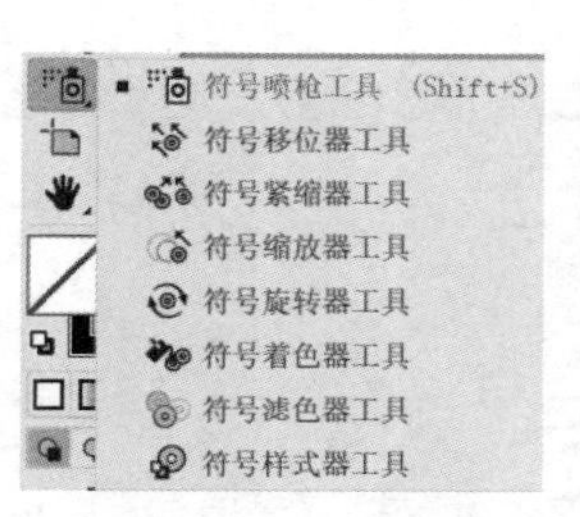

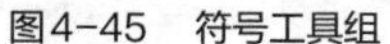
图4-45 符号工具组

图4-46 “芙蓉花”符号集

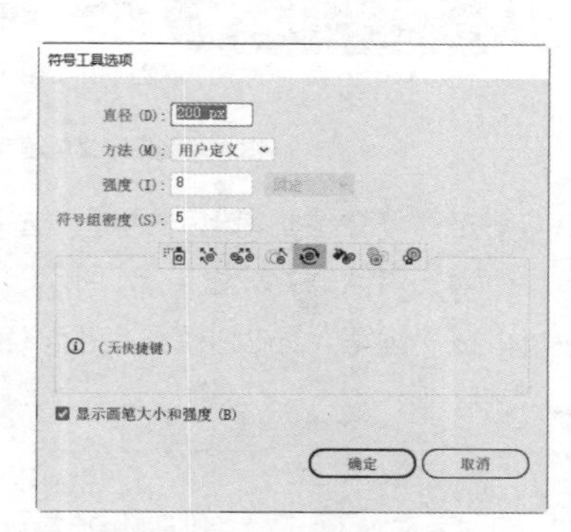

图4-47 “符号工具选项”对话框

- **“符号移位器工具”**：在符号集的符号实例上按住鼠标左键不放并拖曳鼠标，可以移动符号实例。
- **“符号紧缩器工具”**：在符号实例上按住鼠标左键不放并拖曳鼠标，可以对符号实例进行缩紧变形。
- **“符号缩放器工具”**：在符号实例上按住鼠标左键不放并拖曳鼠标，可以对符号实例进行放大操作。按住【Alt】键，拖曳鼠标可以缩小符号实例。
- **“符号旋转器工具”**：在符号实例上按住鼠标左键不放并拖曳鼠标，可以对符号实例进行旋转操作。
- **“符号着色器工具”**：在“色板”面板或“颜色”面板中设定一种颜色作为填充色，在符号实例上单击，可以为符号实例设置填充色。
- **“符号滤色器工具”**：在符号实例上按住鼠标左键不放并拖曳鼠标，可以提高符号实例的不透明度。按住【Alt】键进行操作，可以降低符号实例的不透明度。
- **“符号样式器工具”**：在“图形样式”面板中选中一种图形样式，在符号实例上单击，可以将选中的画笔样式应用到符号实例中。

任务实施

1. 自定义画笔笔刷

微课视频

自定义画笔笔刷

在设计“萌宠之家”宣传海报时，米拉考虑采用圆润的手写字体，需要先绘制圆润的笔刷图形，然后将其保存到画笔库中，便于后期手写字体的设计，具体操作如下。

（1）新建名称为“‘萌宠之家’宣传海报.ai”的文件。选择“圆角矩形工具”，在画板上绘制圆角矩形，设置填充色为“#000000”，取消描边，拖曳边角构件以调整圆角半径。选择“直接选择工具”，单击圆角矩形左侧的上、下两个锚点，在控制栏中单击“删除所选锚点”按钮，得到一款自定义画笔笔刷图形，如图4-48所示。

（2）选择作为自定义画笔笔刷的对象，选择【窗口】/【画笔】命令，打开“画笔”面板，在底部单击“新建画笔”按钮⊞，如图4-49所示。

图4-48　绘制自定义画笔笔刷图形

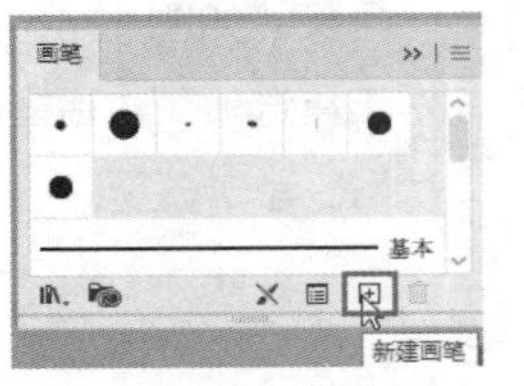

图4-49　新建画笔

（3）打开“新建画笔”对话框，选中“艺术画笔”单选项，单击（确定）按钮，则会打开“艺术画笔选项”对话框，如图4-50所示，单击（确定）按钮。

（4）在“画笔”面板中查看自定义的笔刷效果，如图4-51所示。

修改自定义画笔笔刷颜色的方法

知识补充

默认情况下，自定义画笔笔刷的颜色为自定义笔刷图形的颜色，如果后期需要修改颜色，需要在“艺术画笔选项”对话框中设置着色方法，如设置为“淡色”或“色相转换”，再在绘图时设置描边色即可。

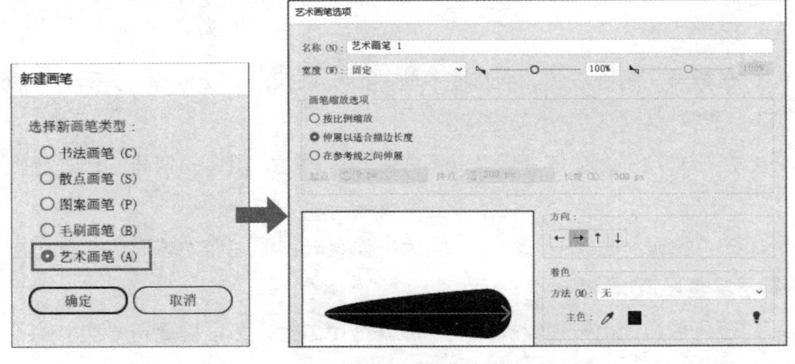

图4-50　设置艺术画笔

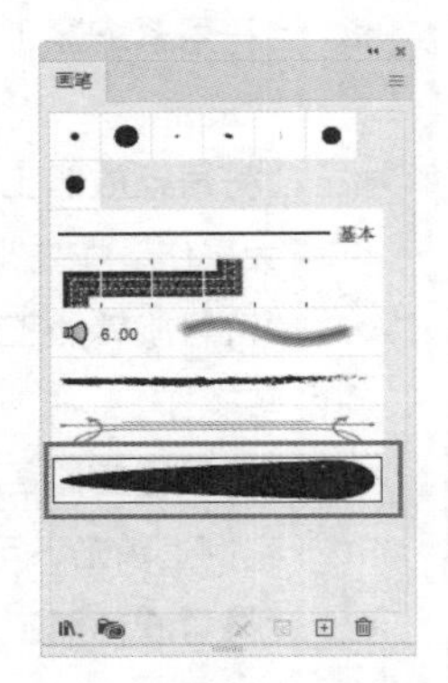

图4-51　查看创建的画笔笔刷

2. 使用画笔笔刷创建手写字

微课视频

使用画笔笔刷创建手写字

米拉考虑使用“铅笔工具”绘制手写字的路径，然后为路径应用自己设计的笔刷效果，在转折处可以考虑利用“钢笔工具”绘制路径，尽量让字体大小、笔画粗细不一，便于进行组合设计；还可以添加一些符合风格定位的小细节，本任务中米拉考虑加入圆点、线条来修饰手写字，具体操作如下。

（1）双击“铅笔工具”，打开“铅笔工具选项”对话框，向右拖动滑块，调整平滑度，单击（确定）按钮，按住鼠标左键不放并拖曳鼠标，直接绘制手写字。绘制完成后选择“平滑工具”，选择并涂抹尖锐的曲线，使曲线平滑，此处“萌宠之家”文字的部分笔画并未绘制，如图4-52所示，考虑后期绘制圆形代替，使其更有设计感。

（2）选择手写字，在“画笔”面板中选择自定义的笔刷，由于自定义画笔笔刷的尺寸较为随意，应用该画笔笔刷后可能会出现描边太细或者太粗的情况，如图4-53所示。

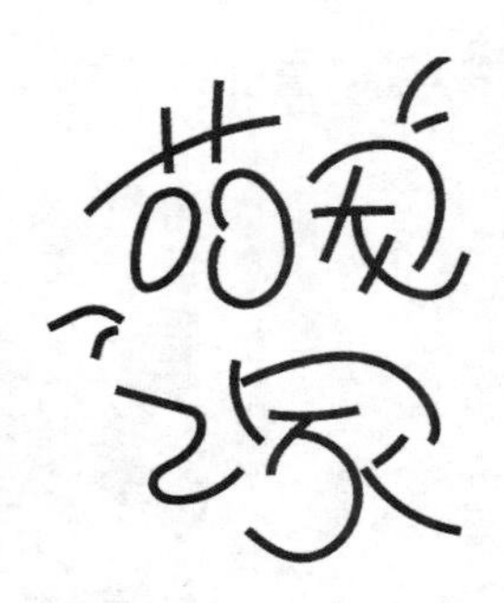
图4-52 绘制手写字路径

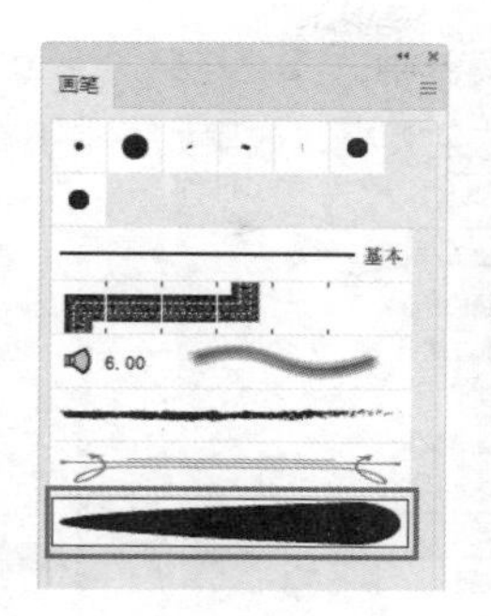

图4-53 应用自定义画笔笔刷

知识补充

路径方向与画笔笔刷效果的关系

绘制路径时，路径方向直接影响画笔笔刷的显示效果，若应用画笔笔刷后发现与路径方向相反，可以选择该路径，选择【对象】/【路径】/【翻转路径方向】命令来调整其显示效果。

（3）由于部分笔画的描边过粗，需要通过调整控制栏中的描边粗细参数为笔画设置不同的宽度值，使其呈现出粗细变化，设计感更强烈，效果如图4-54所示。

（4）选择“椭圆工具”，在“萌宠之家”文字缺失的笔画部分绘制大小不同的圆形，补全笔画，设置填充色为“#000000”，取消描边，效果如图4-55所示。

（5）选择“画笔工具”，设置描边色为“#FFFFFF”，画笔定义为“5 点圆形”，再设置合适的描边粗细值，在手写字上绘制白色线条来装饰字体，增强字体质感，如图4-56所示。使用“选择工具”框选手写字元素，按【Ctrl+G】快捷键进行编组，将组合图形放置在画板上方。

图4-54 调整画笔描边效果

图4-55 补全文字笔画效果

图4-56 绘制白色线条

3. 应用符号装饰图形

微课视频
应用符号装饰图形

米拉观察收集的宠物插画素材发现，宠物插画中黑色面积多，略显单调，需要绘制一些装饰元素，如在耳朵上添加花朵，在脖子上添加蝴蝶结来丰富插画细节，增强其趣味性。米拉查看符号库发现，符号库中恰好提供了需要的符号类型，米拉可直接调用“雏菊”“蝴蝶结”符号。同时，由于宣传海报中的元素使用了大量的黑色，米拉考虑采用黄色渐变背景来增加宣传海报的层次感和观赏性，具体操作如下。

（1）打开“萌宠插画.ai”文件，选择【窗口】/【符号】命令，打开“符号”面板，单击“符号库菜

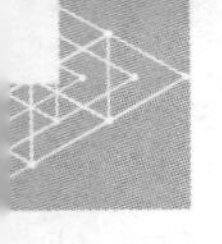

单”按钮，在弹出的菜单中选择“花朵”命令，打开“花朵”符号库，直接拖动“雏菊”符号到宠物左耳下方，调整花朵大小，效果如图4-57所示。

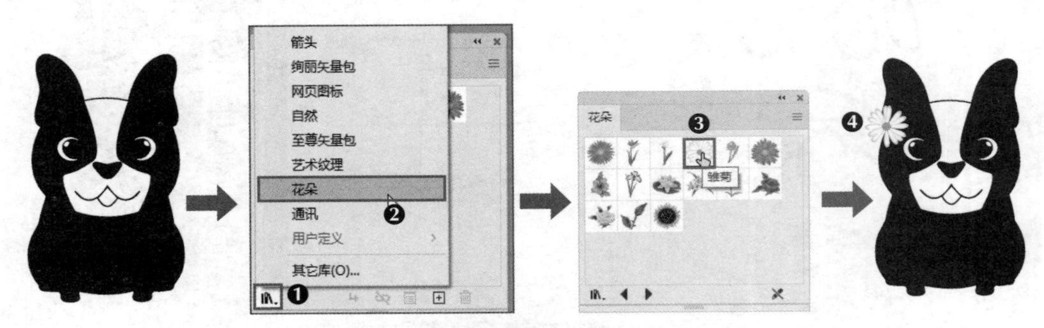

图4-57　为宠物插画添加“雏菊”符号

（2）单击“符号库菜单”按钮，在弹出的菜单中选择“庆祝”命令，打开“庆祝”符号库，直接拖动“蝴蝶结”符号到宠物脖子处，调整蝴蝶结大小，效果如图4-58所示。

（3）选择“蝴蝶结”符号，选择“符号着色器工具”，设置填充色为“#FFFFFF”，取消描边，单击“蝴蝶结”符号，蝴蝶结颜色变浅，效果如图4-59所示。

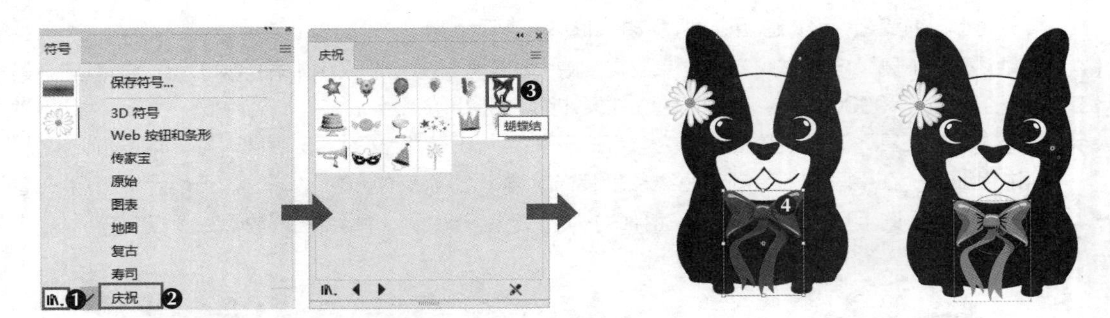

图4-58　为宠物插画添加“蝴蝶结”符号

图4-59　重新着色符号

知识补充

添加符号到符号库

在绘制完常用的图形后，可以将其拖曳到“符号”面板中，方便日后调用。符号对象以链接的形式存在于文件中，链接的源头在“符号”面板中，即使有大量的符号对象，也不会占用计算机太多的存储空间。

（4）在“符号”面板中单击“断开符号链接”按钮，选择“符号着色器工具”，继续单击蝴蝶结，直到将蝴蝶结处理成白色，效果如图4-60所示。

（5）框选插画元素，按【Ctrl+G】快捷键进行编组，按【Ctrl+C】快捷键复制组合图形；切换到“‘萌宠之家’宣传海报.ai”文件中，按【Ctrl+V】快捷键粘贴组合图形，将其放置在手写字下方；打开“‘萌宠之家’文案.ai”文件，复制文案到“‘萌宠之家’宣传海报.ai”文件中，调整文案大小和位置，排版效果如图4-61所示。

（6）选择【文件】/【置入】命令，打开“置入”对话框，选择“黄色背景.tiff”素材，取消选中“链接”复选框，单击 置入 按钮，沿着画板拖曳鼠标绘制置入素材的区域，置入素材，按【Ctrl+Shift+[】快捷键将素材置于底层，如图4-62所示，存储并关闭文件。

图4-60 调整“蝴蝶结”符号颜色的效果

图4-61 排版文案

图4-62 添加背景

课堂练习

设计“昆虫日记”宣传海报

某昆虫馆为学生们提供“昆虫日记”活动，希望通过该活动让学生们走进昆虫世界，探秘古老的昆虫家族，了解奇妙无穷的大自然，并记录下自己的学习收获。现需要设计师为展厅设计一张“昆虫日记”宣传海报，尺寸为600mm×900mm。设计时，首先添加植物背景，然后打开符号库，应用昆虫、树叶符号装饰页面，再绘制“昆虫日记”文本的笔画，并为笔画添加自定义的笔刷，制作出设计感十足的手写字，加入圆点、线条图形来修饰手写字，最后添加文案，完成本练习的操作。本练习的参考效果如图4-63所示。

图4-63 “昆虫日记”宣传海报参考效果

素材位置：素材\项目4\植物背景.ai、“昆虫日记”文案.ai

效果位置：效果\项目4\“昆虫日记”宣传海报.aii

综合实战　设计“茉莉花茶”包装插画

米拉将完成的“萌宠之家”宣传海报交给老洪，老洪对米拉的绘图能力很是欣赏，决定将手中的“茉莉花茶”包装插画任务交给米拉。经过一段时间的锤炼，米拉对自己的绘图水平信心十足，便开心地开始研究“茉莉花茶”包装插画的任务资料。为突出“茉莉花茶”产品特征，增强“茉莉花茶”产品的识别性，米拉决定绘制茉莉花来作为插画主体对象，刚开始，米拉并不清楚茉莉花的外形特征，很难把握细节。为增强插画的写实效果，米拉搜集并浏览了大量茉莉花图片，研究花朵细节与叶子细节，绘制了不同形态的叶子和花朵，并为其添加不同深浅的颜色，以打造层次感，得到了写实的茉莉花。

实战描述

任务背景	茉莉花茶是一种常见且经济实惠的饮品，为促进销售，某品牌委托公司为茉莉花茶设计包装插画，试图用配色丰富且明亮的插画来诠释茶叶的新面貌，从而吸引更多年龄段的消费者
任务目标	① 插画风格明确，符合“茉莉花茶”产品特点且能迎合消费者的购买心理，激发消费者的购买欲望
	② 制作尺寸为500px×850px，颜色模式为CMYK，分辨率为300像素/英寸（1英寸=2.54厘米）的“茉莉花茶”包装插画
	③ 名称醒目、精美，不能被插画元素遮挡，妨碍消费者浏览产品信息
	④ 插画不宜太过复杂，画面整洁，并且色彩搭配合理
知识要点	钢笔工具、平滑工具、画笔工具、“路径查找器”面板、“偏移路径”命令等

本实战的参考效果如图4-64所示。

高清彩图

图4-64 “茉莉花茶”包装插画参考效果

素材位置： 素材\项目4\“茉莉花茶”文案.ai

效果位置： 效果\项目4\“茉莉花茶”包装插画.ai

思路及步骤

设计“茉莉花茶”包装插画时，米拉考虑利用“钢笔工具”绘制相关插画，添加“火焰灰烬”画笔笔刷来装饰插画，然后绘制两个圆角矩形，利用“路径查找器”面板和“偏移路径”命令制作复古边框，再排版插画元素和文案。本实战的设计思路如图4-65所示，参考步骤如下。

①绘制插画中的元素　②美化插画效果　③ 制作外侧边框并添加文案

图4-65　设计“茉莉花茶”包装插画的思路

（1）新建文件，绘制矩形，设置填充色为“#E1E6D2”；绘制圆角矩形，再将下面两个角调整为直角，填充色为“#6D9F32”。

（2）选择“钢笔工具”，根据茉莉花外观，单击以确定起点，继续单击并按住鼠标左键不放拖曳鼠标，拖曳控制线来控制弧度，绘制茉莉花花朵、叶子等插画元素。

（3）选择“平滑工具”，选择并涂抹尖锐的曲线，使曲线变得较为平滑，设置填充色和描边色，在控制栏中调整不透明度，使插画与背景更加融合。

（4）选择【窗口】/【画笔库】/【艺术效果】/【艺术效果_油墨】命令，打开“艺术效果_油墨”面板，选择“火焰灰烬”笔刷，选择“画笔工具”，设置描边色为“#FFFFFF”，描边粗细为“1pt”，用该笔刷装饰插画。

（5）绘制两个不同大小的圆角矩形，设置填充色为“#FFFFFF”。框选两个圆角矩形，选择【窗口】/【路径查找器】命令或按【Shift+Ctrl+F9】快捷键，打开“路径查找器”面板，单击“联集”按钮得到复古边框。

（6）选择边框，选择【对象】/【路径】/【偏移路径】命令，打开“偏移路径”对话框，设置位移为“10pt”，单击 确定 按钮得到外侧边框，再为内外侧边框设置不同粗细的黑色描边，最后添加“‘茉莉花茶’文案.ai”文件中的文案，保存文件。

课后练习 设计“野生枸杞”包装插画

经营中药材销售的客户，为提升“野生枸杞”商品的销售额，委托公司为野生枸杞商品的包装盒设计包装插画，要求尺寸为300mm×200mm，根据“野生枸杞”特性直观地展示商品形象，使包装显得更加赏心悦目、精致迷人，体现出插画独有的魅力。米拉接过任务，分析主题后，考虑采用无线平涂的方式设计包装插画，搭配丰富的色彩，使用“钢笔工具”绘制枸杞形状、叶子，并用其铺满整个画面，让画面内容显得丰富、活泼生动；使用“多边形工具”绘制六边形边框，在六边形中使用“文字工具”输入相关文案；最后使用枸杞图形、线条来装饰文案，完成“野生枸杞”包装插画的设计，参考效果如图4-66所示。

图4-66 “野生枸杞”包装插画参考效果

素材位置： 素材\项目4\“野生枸杞”文案.ai

效果位置： 效果\项目4\“野生枸杞”包装插画.ai

项目5 调色与填充图形

情景描述

米拉全心全意投入工作中，工作效率和技能水平明显提高，她最近又接到了老洪分配的天猫零食店铺Banner、素颜霜淘宝首页焦点图这两个设计任务。经过前面诸多任务的学习，米拉发现，色彩是平面设计中一个非常重要的组成要素，绘制的图形离开色彩搭配将变得平淡无奇，色彩搭配直接影响到平面设计作品的感染力。老洪告诉米拉，在平面设计工作中，除了可以为设计作品填充单色外，还可以通过渐变填充、图案填充、网格填充等填充方式丰富设计作品的色彩。米拉决定仔细研究这些填充方式并在接下来的设计任务中进行应用。

学习目标

知识目标	● 掌握单色填充的方法 ● 掌握渐变填充的方法 ● 掌握图案填充的方法 ● 掌握网格填充的方法
素养目标	● 提升把控色彩的能力 ● 具有一定的色彩审美能力 ● 善于发现生活中的美，并将其运用于设计作品中

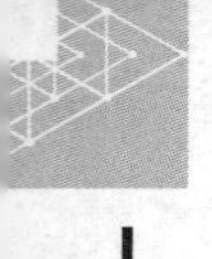

任务5.1 设计天猫零食店铺Banner

为提升消费者对店铺的好感度，某天猫零食店铺委托公司进行网店装修设计，老洪接过该任务，为米拉分配了店铺Banner设计任务，米拉跟老洪一起确定了店铺的整体色调和风格后，便着手分析该任务。米拉首先分析了色彩和零食的行业性质，考虑采用哪种色彩作为主色，然后利用辅助色来调节整个画面，主色和辅助色形成强大的色彩反差和强烈的视觉冲击感，以吸引消费者的眼球；同时，合理控制色彩的面积、纯度，完成天猫零食店铺Banner的设计。

任务描述

任务背景	电铺Banner是指店铺首页的横幅广告，用于宣传商品或展示广告。某天猫零食店铺要求设计Banner，主要用于展示广告，主题为“吃货们嗨起来”，活动优惠为“全场9.9元起包邮”，已提供商品素材，要求Banner富有创意、具有强烈的视觉冲击力、能快速抓住消费者的眼球
任务目标	① 制作尺寸为1920px×950px，分辨率为72像素/英寸（1英寸=2.54厘米）的天猫零食店铺Banner
	② 色彩搭配协调，具有强烈的视觉冲击力
	③ 设计两套配色方案，便于客户对比挑选
知识要点	“颜色”面板、吸管工具、重新着色图稿等

本任务的参考效果如图5-1所示。

图5-1 天猫零食店铺Banner参考效果

素材位置： 素材\项目5\零食.png、艺术字.ai、装饰圆.ai

效果位置： 效果\项目5\天猫零食店铺Banner.ai

知识准备

色彩是平面设计的关键要素，协调的色彩搭配能够让不同的色彩最大程度地发挥它们的风格魅力。设计零食店铺Banner时，米拉为增强画面色彩的冲击力，除了采用黑白色外，还会采用多种对比鲜明的色彩。老洪告诉米拉，Illustrator中提供了多种与色彩相关的面板、工具、命令，熟悉这些面板、工具、命令不仅可以快速填充颜色，还能搭配出协调的色彩方案。

1. 颜色模式

不同颜色模式的文件，其色彩的显示也会有所不同。设计师在Illustrator中进行平面设计时，可根据实际需要选择合适的颜色模式，如RGB、HSB和灰度等，具体介绍如下。

- **RGB颜色模式：**RGB颜色模式是编辑图像的最佳颜色模式，它可以提供全屏幕多达24位的色彩范围。肉眼可见的色彩几乎都可以通过红（R）、绿（G）、蓝（B）3种颜色叠加而成。
- **CMYK颜色模式：**在印刷中通常都要进行四色分色，得到四色胶片，然后再进行印刷。CMYK颜色模式主要用于书籍、插画、海报等平面设计作品的印刷，CMYK代表了印刷用的4种油墨颜色：青色（C）、洋红色（M）、黄色（Y）、黑色（K）。调整不同油墨值可以产生不同的颜色。
- **HSB颜色模式：**HSB颜色模式是更接近人们视觉原理的颜色模式，在HSB颜色模式中，H代表色相，S代表饱和度，B代表亮度。
- **灰度颜色模式：**灰度颜色模式经常应用在黑白印刷中。当一个彩色文件被转换为灰度颜色模式文件时，所有的颜色信息都将丢失。

2.“拾色器”对话框

在工具箱底部双击“填充”按钮或“描边”按钮，打开“拾色器”对话框，将鼠标指针移动到取色区域，单击就可以选取颜色，右侧存在C、M、Y、K、R、G、B、H、S、B数值框，在对应颜色模式的数值框中输入数值，可得到精确的颜色，并且“#”数值框中会出现该颜色的代码，如图5-2所示。在右侧方框中，上方为当前选择的颜色，下方为最近一次选择的颜色，选中“仅限Web颜色”复选框，可切换取色区域的颜色为仅限Web使用颜色。

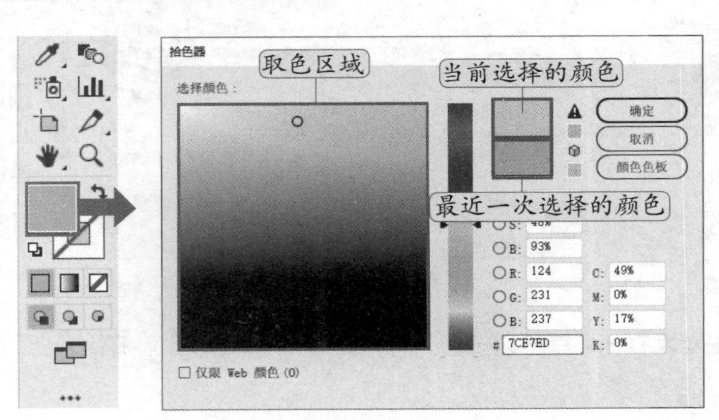

图5-2 “拾色器”对话框

3.“颜色”面板

选择【窗口】/【颜色】命令，可打开“颜色”面板，将鼠标指针移动到取色区域，鼠标指针变为形状，单击就可以选取颜色。“颜色”面板中各参数的介绍如下。

- **按钮：**单击该按钮，在弹出的菜单中选择“显示选项”命令，面板中将显示出与当前文件相关的颜色模式参数，拖曳各个滑块或在颜色数值框中输入数值，可以调配出更精确的颜色，如图5-3所示。
- **按钮：**单击该按钮，可切换填充色和描边色。当切换到填充色时，单击“无”按钮，可以取消填充色；当切换到描边色时，单击“无”按钮，可以取消描边色。
- **取色区域：**将鼠标指针移动到取色区域，鼠标指针变为形状，单击就可以选取颜色。

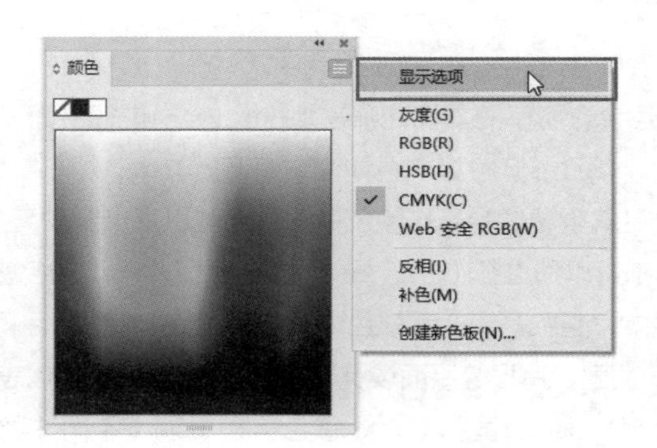

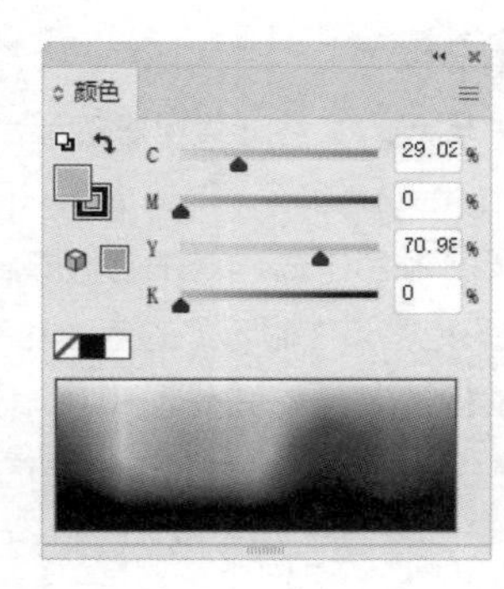

图5-3 “颜色”面板

4. “色板”面板与色板库

“色板”面板中提供了多种填充色和图案，并且允许用户添加并存储自定义的填充色和图案。绘制或选择需要填充的图形，选择【窗口】/【色板】命令，打开“色板”面板，如图5-4所示。“色板”面板中主要参数的介绍如下。

- **按钮：** 单击该按钮，切换填充色和描边色。
- **“色板库”菜单：** 单击该按钮，弹出的菜单中包括不同的色板库命令，与选择【窗口】/【色板库】命令弹出的子菜单中的命令一致。图5-5所示为通过“色板库”命令打开“肤色”色板。

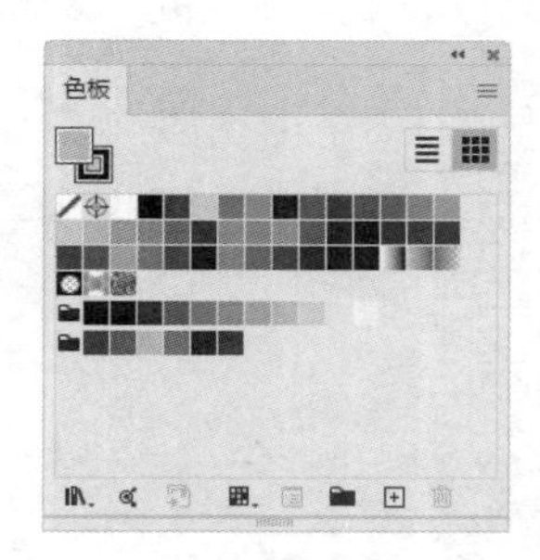

图5-4 “色板”面板

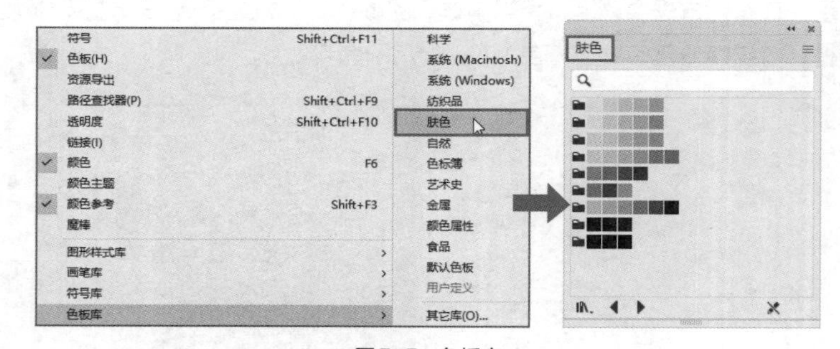

图5-5 色板库

- **打开颜色主题面板：** 单击该按钮，将打开“Adobe Color Themes”面板，可应用其中的颜色主题。
- **将选定色板和颜色组添加到我的当前库：** 单击该按钮，可将选定的色板和颜色组添加到“库”面板中，但是需要登录Creative Cloud账号才能使用“库”面板。
- **显示“色板类型”菜单：** 单击该按钮，在弹出的菜单中选择显示样本的类型，或全部显示样本，在需要的样本上单击，可以将其应用到图形上。
- **色板选项：** 在“色板”面板中选择一个颜色样本，激活该按钮，单击该按钮，打开“色板选项”对话框，在其中可以重新设置选择的颜色样本的色板名称、颜色类型和颜色模式。
- **新建色板：** 单击该按钮，打开“新建色板”对话框，在其中设置相关参数，单击（确定）按钮，可以将设置的颜色添加到“色板”面板中。
- **新建颜色组：** 单击该按钮，打开“新建颜色组”对话框，设置颜色组名称，单击（确定）按钮，可将“色板”面板中选择的多个颜色样本添加到新的颜色组文件夹中。

- **删除色板**：单击该按钮，可以将选择的样本从“色板”面板中删除。

5. 吸管工具

在Illustrator中，利用“吸管工具”可以吸取描边色、填充色、文字属性。绘制或选择需要吸取属性的对象，选择“吸管工具”，将鼠标指针移动到目标上，单击即可吸取目标属性到所选对象上。图5-6所示为吸取不同填充色并将其应用到所选对象上。

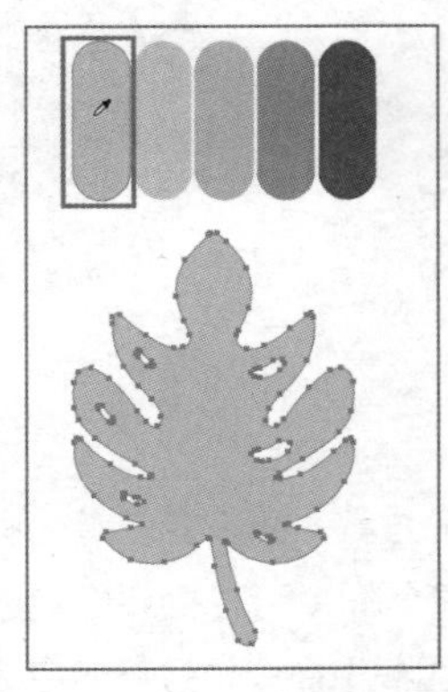
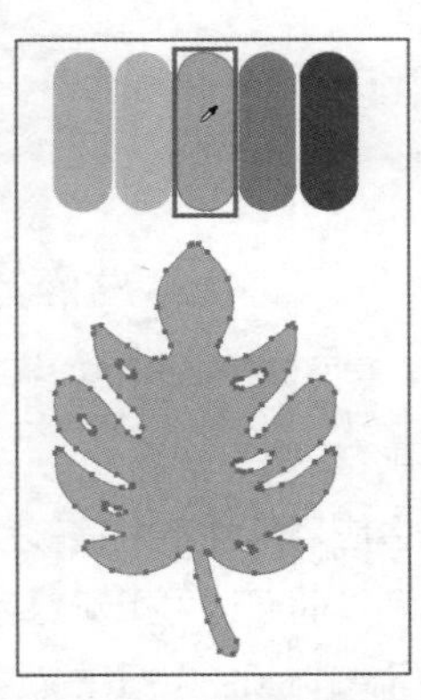

图5-6 使用“吸管工具”吸取不同填充色并应用到所选对象上

疑难解析

如何单独吸取填充色或描边色？

使用“吸管工具”直接单击目标，会吸取目标的所有属性。若需要单独吸取填充色或描边色，需要在工具箱中单击按钮切换填充色和描边色，或按住【Shift】键并单击。

6. 实时上色工具

将图形转换为实时上色组，可以着色任意图形，就像在纸上着色绘图一样，可以使用不同颜色为每个路径段描边，并使用不同的颜色填充每个封闭路径。如果要实时上色图形，需要选择【对象】/【实时上色】/【建立】命令将图形转换为实时上色组，设置当前填充色，然后使用“实时上色工具”在需要填充的封闭区域内单击。图5-7所示为使用“实时上色工具”分别填充儿童图形头发、脸部的效果。

图5-7 使用“实时上色工具”分别填充儿童图形头发、脸部的效果

知识补充

实时上色技巧

选择“实时上色工具”，拖曳鼠标跨过多个区域，可以一次为多个区域上色，按住【Shift】键可以为描边线段上色。选择“实时上色工具”，在实时上色组中的填充区域或描边上单击，可以修改填充色或描边色。

7. “编辑颜色”命令

完成图稿设计后，可以选择图稿，选择【编辑】/【编辑颜色】命令，在弹出的子菜单中编辑图稿颜色。图5-8所示为选择【编辑】/【编辑颜色】/【反相颜色】命令的效果。

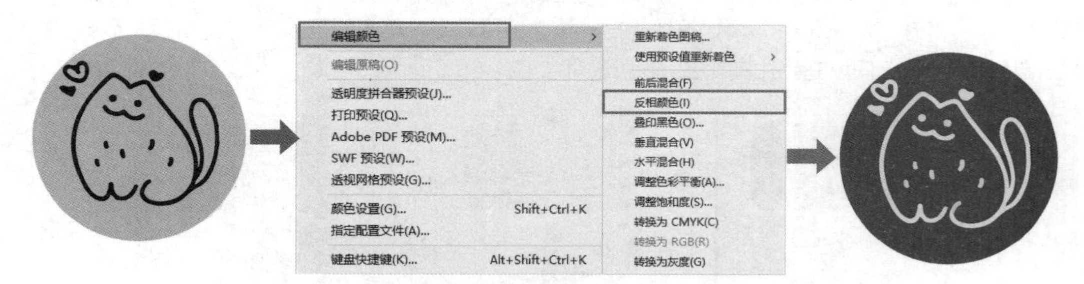

图5-8 使用“编辑颜色”命令编辑图稿

“编辑颜色”子菜单中各个命令的作用介绍如下。

- **重新着色图稿：**有时一张图稿会应用几种不同的颜色搭配方案，便于客户对比挑选。此时逐个更改图稿颜色，既费时又麻烦，而通过“重新着色图稿”命令可轻松完成。具体操作方法为：选择图稿，选择【编辑】/【编辑颜色】/【重新着色图稿】命令，打开的色板中显示了图稿的所有颜色，在色轮上拖曳较大的圆点可以更改整体配色，拖曳小圆点可以更改单个颜色，如图5-9所示。此外，“颜色库”下拉列表中预设了多种风格的配色方案，设计师可以从中选择一种喜欢的配色方案为图稿重新着色。
- **使用预设值重新着色：**选择图稿，选择【编辑】/【编辑颜色】/【使用预设值重新着色】命令，弹出的子菜单中有颜色库、单色、双色、三色、颜色协调5个命令，选择需要的命令，在打开的对话框中设置预设的颜色。

知识补充

调整颜色比例、亮度和饱和度

单击并拖曳“重要颜色”栏下的滑块可调整该颜色在图稿中的比例。单击“在色轮上显示饱和度和色相”按钮，拖曳其右侧的滑块可调整所有颜色的亮度。单击“在色轮上显示亮度和色相”按钮，拖曳其右侧的滑块可调整所有颜色的饱和度。

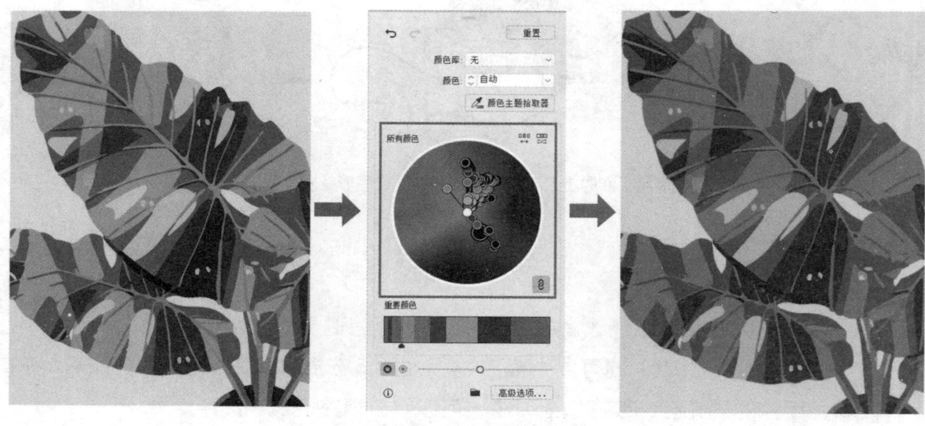

图5-9 使用“重新着色图稿”命令

- **前后混合、垂直混合、水平混合：**用于设置图稿的颜色混合方式。
- **反相颜色：**用于将图稿的每个颜色换成各自的补色（色相环中成180°角的两种颜色互为补色，如黑色的补色为白色）。
- **叠印黑色：**叠印黑色是为了让印刷品在不同颜色的分界线上不露白，显示为黑色。
- **调整色彩平衡：**用于控制图稿的颜色分布，改变颜色的色相。
- **调整饱和度：**用于调整图稿色彩的鲜艳程度，饱和度越高色彩越艳丽。
- **转换为CMYK、转换为RGB、转换为灰色：**可以调整图稿的颜色模式。

任务实施

1. 搭配背景颜色

进行背景颜色搭配时，米拉考虑采用红橙色、黄色、蓝绿色3种颜色来搭配。由于零食行业通常采用暖色调，因此米拉考虑将黄色作为主色，选择饱和度与其相同的蓝绿色、红橙色作为辅助色，以保持色彩饱和度的一致性，具体操作如下。

（1）新建名称为“天猫零食店铺Banner.ai”的文件。选择“椭圆工具”，在画板外的区域绘制圆形；选择【窗口】/【颜色】命令，打开“颜色”面板，单击■按钮填充黑色。单击按钮中的下层按钮，切换到描边色状态，单击“无”按钮取消描边，再复制出两个圆形，如图5-10所示。

（2）选择第1个圆形，选择【窗口】/【色板】命令，打开“色板”面板，单击按钮中的下层按钮，切换到填充色状态，单击“‘色板库’菜单”按钮，在弹出的菜单中选择【颜色属性】/【饱和色】命令，打开“饱和色”色板，单击第2排第1个色块，如图5-11所示，填充第1个圆形。

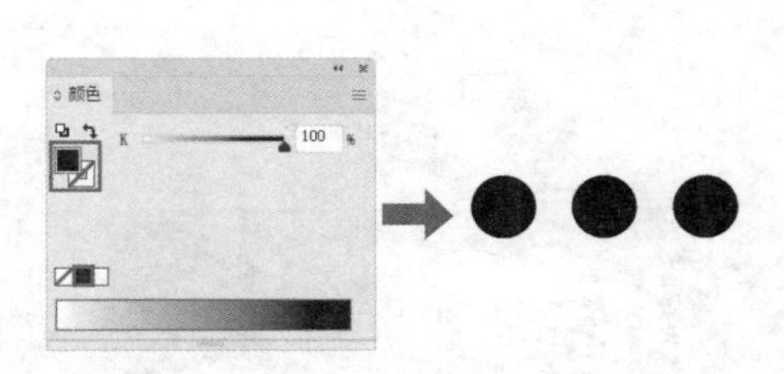

图5-10 绘制并填充圆

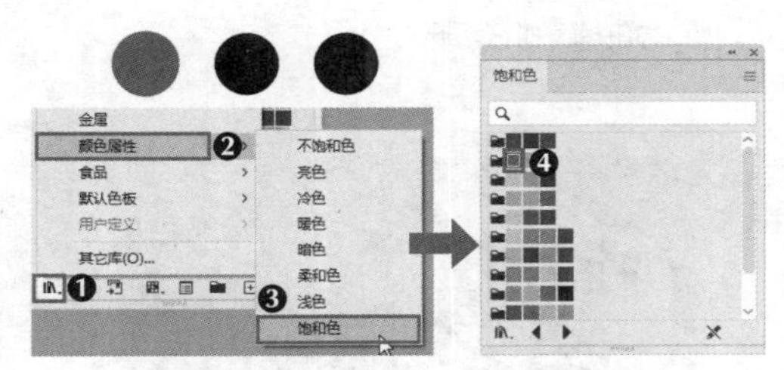

图5-11 使用“饱和色”色板填充圆

（3）选择第2个圆形，单击“饱和色”色板中的第2排第2个色块，填充第2个圆形；选择第3个圆形，单击“饱和色”色板中的第3排第1个色块，填充第3个圆形。3个圆形的填充效果如图5-12所示。

（4）选择“矩形工具”，绘制与画板大小相同的矩形。选择“吸管工具”，将鼠标指针移动到第1个圆形上，单击即可吸取颜色到矩形上，如图5-13所示。选择“钢笔工具”，分别在画板左下角和右上角绘制形状。使用“吸管工具”分别吸取第1个圆形和第2个圆形的颜色，依次更改绘制形状的颜色，效果如图5-14所示。

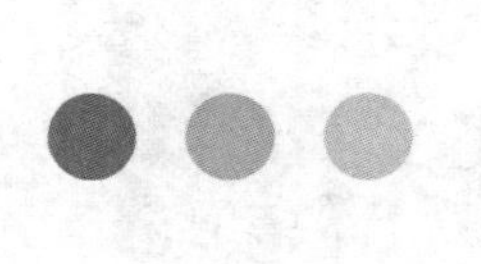

图5-12 3个圆形的填充效果

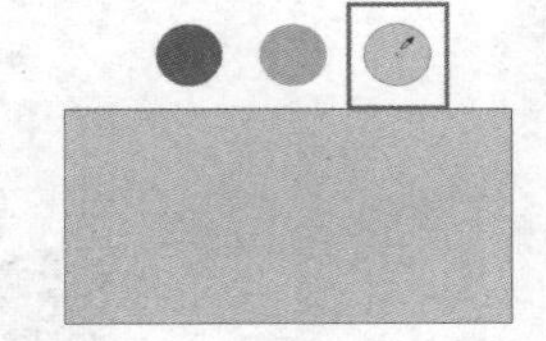

图5-13 吸取颜色到矩形

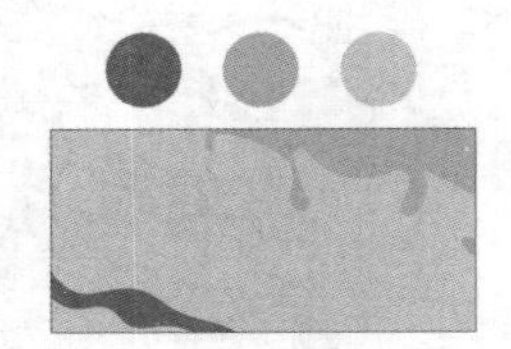

图5-14 吸取颜色到形状上

2. 搭配文案颜色

制作完背景后，米拉考虑使用红橙色突出广告文案，利用白色云朵形状作为底纹修饰文案，将“全场9.9元起包邮”以合适的字号显示在底纹下方的圆角矩形上，起到装饰与说明的作用，并增加Banner的美观性和创意性，具体操作如下。

（1）使用“钢笔工具”绘制云朵形状，选择【窗口】/【颜色】命令，打开“颜色”面板，设置填充色为“#000000”，取消描边色，如图5-15所示。

（2）按【Ctrl+C】快捷键复制云朵形状，按【Ctrl+V】快捷键粘贴云朵形状，更改填充色为“#FFFFFF”，并缩小云朵形状，得到图5-16所示的效果。

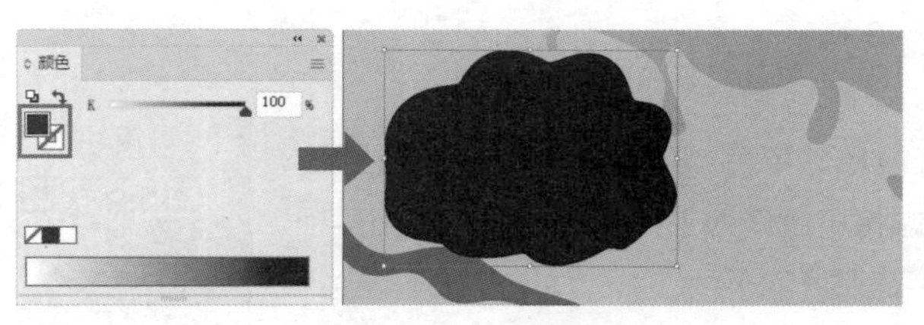

图5-15 为云朵形状填充黑色

图5-16 填充并调整云朵形状

（3）选择【文件】/【置入】命令，打开“置入”对话框，选择“零食.png”素材，取消选中“链接”复选框，单击置入按钮，在Banner右侧绘制置入素材的区域，置入素材。打开“艺术字.ai”文件，选择艺术字，按【Ctrl+C】快捷键复制艺术字；切换到“天猫零食店铺Banner.ai”文件，按【Ctrl+V】快捷键粘贴艺术字，调整艺术字大小和位置，再将其放置在云朵形状上，如图5-17所示。

（4）选择艺术字，选择“吸管工具”，将鼠标指针移动到第1个圆形上，单击吸取红橙色到艺术字上，如图5-18所示。

图5-17 添加艺术字

图5-18 吸取颜色到艺术字

（5）选择艺术字，在控制栏中设置描边粗细为“4 pt”，描边色为黑色，如图5-19所示。

（6）选择“圆角矩形工具”，在云朵右下角绘制圆角矩形。选择“吸管工具”，吸取蓝绿色到圆角矩形上。选择“文字工具”T，输入文字，设置文字、字体、字号颜色为“方正兰亭黑简体、53 pt、#FFFFFF”。打开“装饰圆.ai”文件，复制其中的装饰圆形到文件中，并使其围绕文字，效果如图5-20所示。

图5-19 设置描边样式

图5-20 绘制圆角矩形并输入文字等

3. 更改配色方案

同一个图稿，不同的颜色搭配，会给人不一样的感觉。为了便于客户对比挑选，米拉考虑为图稿再准备深蓝色、蓝绿色、红橙色的色彩搭配方案，使画面冲击力十足，具有运动感与活力。由于逐个更改图稿颜色既费时又麻烦，因此米拉考虑通过“重新着色图稿”命令来轻松完成改色，具体操作如下。

（1）选择“画板工具”，在控制栏中单击“新建画板”按钮，新建一个与画板1大小相同的画板2，框选并复制画板1中的内容，再粘贴到画板2中。

（2）保持画板2中的内容处于选中状态，选择【编辑】/【编辑颜色】/【重新着色图稿】命令，打开的色板中显示了图稿的所有颜色，将较大的圆点从红橙色处拖曳至蓝绿色处，再调整其他圆点的位置，如图5-21所示。

（3）返回图稿，查看画板2中图稿的配色效果，如图5-22所示。保存文件。

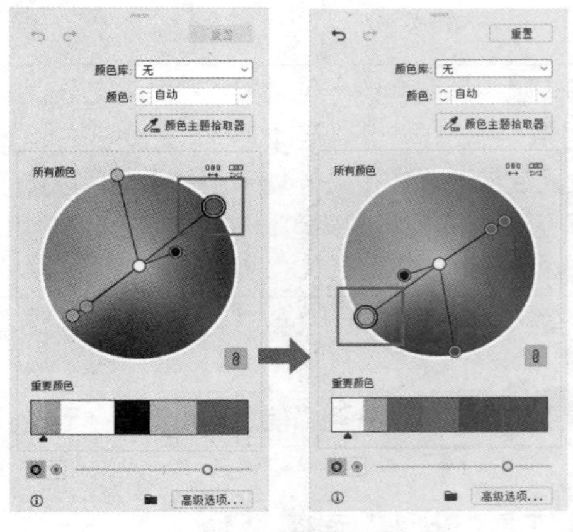

图5-21 重新着色图稿

图5-22 查看重新着色图稿后的效果

课堂练习

设计文具店铺Banner

淘宝某文具店铺开展“全场5折起”特惠活动，需要为店铺首页设计Banner，已提供艺术字、插画素材，要求利用“色板”“颜色”面板合理地进行背景色彩搭配，突出重点信息，尺寸为1920px×950px。制作Banner时，首先绘制矩形，利用“拾色器”对话框填充浅蓝色背景；然后绘制并填充放射图形，绘制白色云朵和五角星形进行装饰，添加艺术字、插画素材，调整配色。本练习的参考效果如图5-23所示。

图5-23 文具店铺Banner参考效果

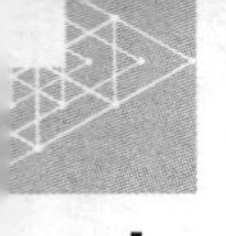

素材位置： 素材\项目5\文具插画.ai、文具艺术字.ai
效果位置： 效果\项目5\文具店铺Banner.ai

任务5.2 设计素颜霜淘宝首页焦点图

某化妆品店铺为推广店铺产品，委托公司设计淘宝首页焦点图，展示在焦点图展位，吸引更多的潜在消费者进店浏览，以此达到提高销售额的目的。老洪将该任务交给米拉，米拉分析该任务的资料，客户提供了引流产品，考虑采用引流产品作为首页焦点图主体，采用低纯度的浅蓝色作为主题色，并设计布满水滴的背景，以烘托产品的核心技术“自然妆深补水”，从而宣传产品卖点。

任务描述

任务背景	淘宝首页焦点图是指投放到淘宝首页用来吸引消费者的一种醒目的引力魔方图片。引力魔方是淘宝平台提供的一种高级的付费促销工具,可以帮助店铺吸引更多的潜在消费者和提高销售额。本任务中，某化妆品店铺流量较少，计划采用“雪花”素颜霜作为引流产品设计淘宝首页焦点图，要求焦点图的视觉效果可以快速抓住消费者眼球，让消费者驻足欣赏并持续关注
任务目标	① 制作尺寸为520px×280px，分辨率为72像素/英寸（1英寸=2.54厘米）的淘宝首页焦点图
	② 焦点图包含文案信息、引流产品，重点突出、层次分明，信息传达精准、到位
	③色彩搭配合理，产品外观质感突出
知识要点	“拾色器”对话框、“色板”面板、吸管工具、“渐变”面板、网格工具、渐变工具、“图案”面板、自定义图案填充等

本任务的参考效果如图5-24所示。

高清彩图

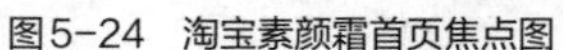

图5-24 淘宝素颜霜首页焦点图

素材位置： 素材\项目5\素颜霜文案.ai
效果位置： 效果\项目5\素颜霜淘宝首页焦点图.ai

知识准备

米拉在分析客户提供的素材时，发现产品的外观朴实无华，因此米拉考虑通过渐变填充来突出各个部分的质感，提高产品外观的吸引力。在设计水滴背景时，先填充较大的水滴图形，用来放置产品，然后通过建立并填充图案来设计布满背景的小水滴。米拉发现，此任务涉及了多种复杂的填充方式，包括渐变填充、网格填充、图案填充等，不同的填充方式具有不同的填充效果。为提高设计的效率，在实际制作前，米拉需要先熟悉渐变填充、网格填充、图案填充的相关面板和工具。

1. “渐变”面板

选择需要填充的图形，选择【窗口】/【渐变】命令，打开“渐变”面板（见图5-25），在其中可以设置渐变类型、渐变颜色、渐变角度等参数，常用的参数和操作介绍如下。

- **设置色标颜色：** 双击色标，在打开的面板中为该色标选取所需的颜色，如图5-26所示。
- **类型：** 包括“线性渐变”、“径向渐变”、“任意形状渐变”3种渐变类型。线性渐变以射线的方式逐步从起始颜色过渡到终点颜色；径向渐变是从起始颜色位置开始以圆的形式向外发散，逐渐过渡到终点颜色；任意形状渐变是指在图形内添加多个色标，形成逐渐过渡的颜色混合效果。单击任意一个渐变类型按钮，其下方区域将出现“编辑渐变”按钮，单击该按钮可以编辑渐变。图5-27所示为3种渐变类型的效果。

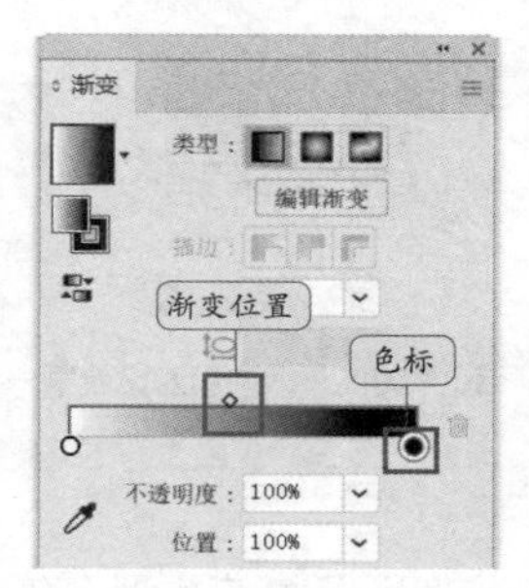

图5-25 “渐变”面板

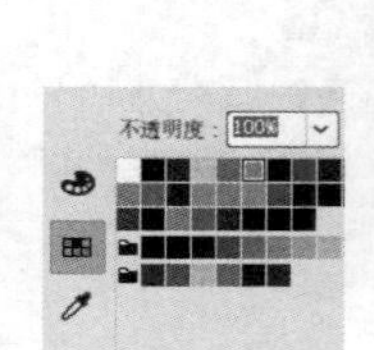

图5-26 设置色标颜色

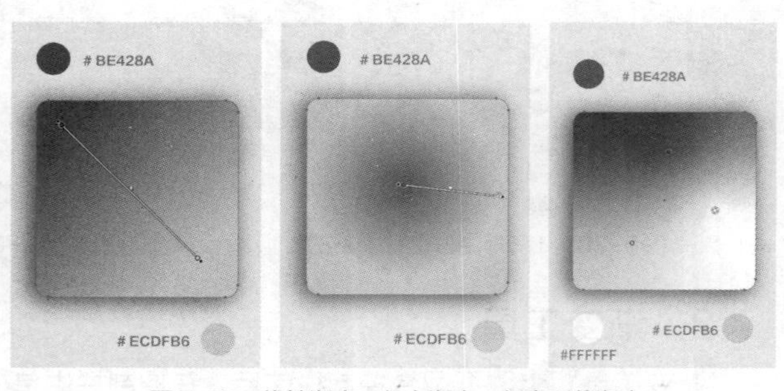

图5-27 线性渐变、径向渐变、任意形状渐变

知识补充

任意形状渐变的两种模式

当单击“任意形状渐变”按钮后，其下方将出现点、线两种渐变模式。若选中“点”单选项，可以在对象中单击创建点形式的色标；若选中“线”单选项，可以在对象中单击创建多个色标，色标之间用直线段连接，在直线段上单击可以添加色标，双击可结束添加色标。

- **描边：** 单击按钮切换到描边模式，将激活“在描边中应用渐变”按钮、“沿描边应用渐变”按钮、“跨描边应用渐变”按钮，单击对应按钮可以实现不同的描边渐变效果。
- **移动色标：** 拖曳渐变条上的色标，可以改变色标位置；选中色标，直接在“渐变”面板的“位置”数值框中输入数值，可精确设置色标位置。图5-28所示为不同色标位置的渐变效果。
- **添加与删除色标：** 在渐变条下方单击可添加一个色标。选中色标，按【Delete】键可以直接删除色标。图5-29所示为不同色标数量的渐变效果。

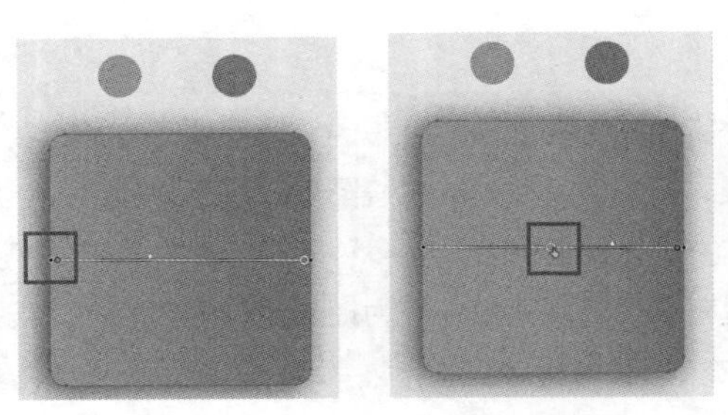

图5-28　不同色标位置的渐变效果

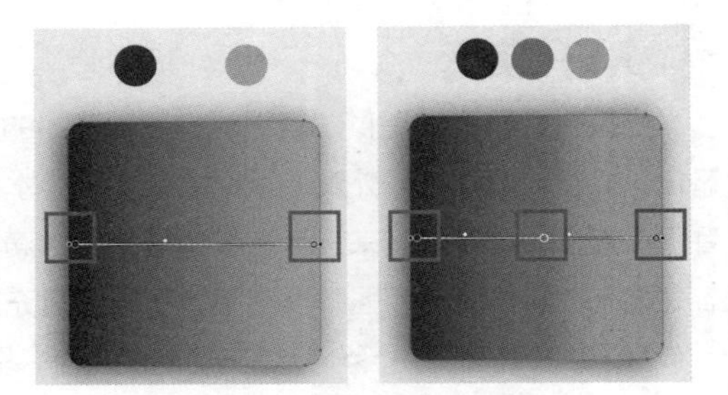

图5-29　不同色标数量的渐变效果

- **改变渐变位置：** 拖曳渐变条上方的菱形渐变滑块，可以设置两个色标之间渐变的位置；单击渐变滑块后，在“渐变”面板的“位置”数值框中输入数值，可精确设置渐变滑块的位置。图5-30所示为不同渐变位置产生的渐变效果。
- **不透明度：** 选中面板上的色标，在“渐变”面板的“不透明度”数值框中输入数值，可精确设置该色标对应的渐变颜色的不透明度。图5-31所示为设置不透明度为“100%”和“50%”的前后对比效果。

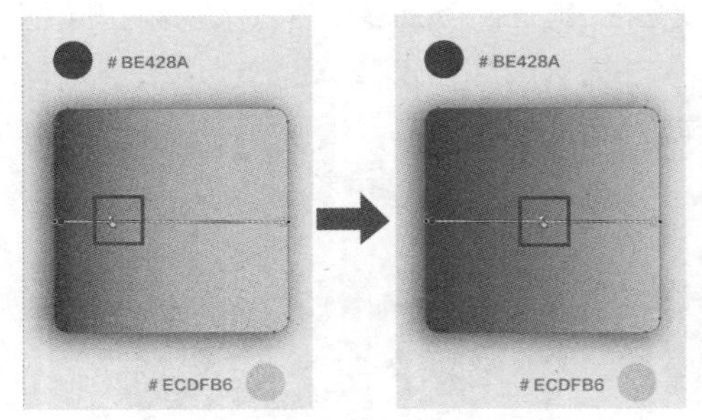

图5-30　不同渐变位置的渐变效果

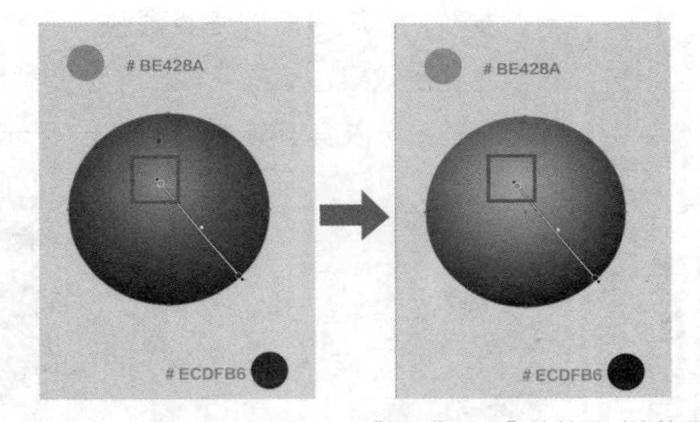

图5-31　设置不透明度“100%”和“50%”的前后对比效果

2. 渐变工具

“渐变工具”需要配合控制栏使用，在控制栏中单击“渐变类型”栏中的按钮设置渐变类型，在图形上单击并拖曳鼠标，图形上将出现渐变条，渐变条会因起点（单击处）、终点（释放鼠标处）、角度（拖曳鼠标的方向）不同而不同，得到的渐变效果也有所不同，如图5-32所示。该渐变条与在“渐变”面板中单击“编辑渐变”按钮 编辑渐变 出现的渐变条相同，设置色标颜色、移动色标、添加与删除色标、改变渐变位置等方法也相同。

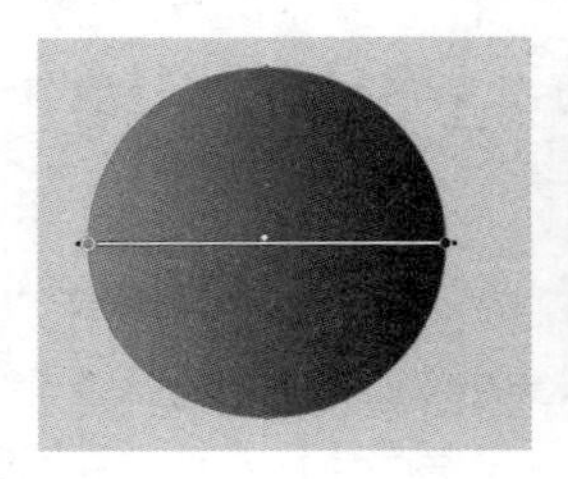

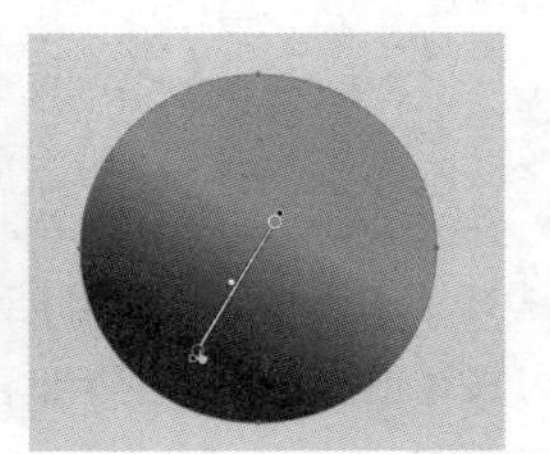

图5-32　渐变条

3. 网格工具

选择图形，选择“网格工具”后，该图形即可变为网格对象。在网格对象中，由横竖两条线交叉形成的点就是网格点，而横、竖线就是网格线。网格填充是一种不规则的颜色混合填充方式，为网格点设置不同的颜色，并控制各个颜色的走向，能够表现图形表面复杂的颜色。进行网格填充前需要先编辑网格点，再设置网格点颜色。

（1）编辑网格点

在网格对象内部或边缘处单击可以添加网格点，按住【Alt】键并单击可删除网格点。网格点具有与锚点相同的属性，其编辑方法与编辑锚点的方法相同，可以根据需要增加网格点、删除网格点、移动网格点等。

（2）设置网格点颜色

与锚点不同，网格点增加了颜色填充的功能，使用“网格工具”单击网格点，在“颜色”或“色板”面板中可以设置网格点颜色。例如，根据芒果颜色走向创建网格，使用“网格工具”单击网格点，选择“吸管工具”，单击对应位置的芒果颜色；继续使用“网格工具”单击其他网格点，选择“吸管工具”，吸取其他颜色，反复操作，可以逼真地表现芒果表面颜色，如图5-33所示。

图5-33 使用“网格工具”填充芒果图形

知识补充

创建固定行数、列数的网格填充

使用“网格工具”可以创建任意行数、列数的网格填充。若需要创建固定行数、列数的网格填充，需要选择图形后，选择【对象】/【创建渐变网格】命令，打开“创建渐变网格”对话框，设置合适的行数、列数，再单击确定按钮。

4.“图案”面板

选择需要填充的图形，选择【窗口】/【色板库】/【图案】命令，打开的子菜单中包括不同的图案库命令，选择所需命令后，在打开的图案面板上选择图案样本，可快速填充图案。图5-34所示为选择手提袋正面图形，选择【窗口】/【色板库】/【图案】/【Vonster图案】命令，打开“Vonster图案”面板，选择“溅泼”图案样本进行填充的效果。注意，在进行图案填充前，可以先复制一层形状，以便为图案设置合适的背景颜色，此处图案背景为黄色。

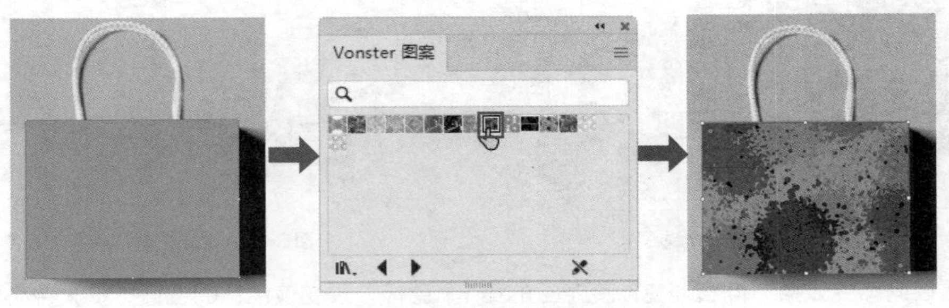

图5-34 使用图案填充手提袋正面图形

5. 自定义图案填充

图案面板中的图案是有限的，为满足设计需要，可将绘制的或搜集的图形创建为图案。打开“色板”面板，选择要自定义为图案的图形，选择【对象】/【图案】/【建立】命令，打开“图案选项”面板，设置图案名称、拼贴类型、宽度、高度、重叠、份数等参数，在画板中框选图案，调整图案的大小、角度，达到满意的效果后，单击✓完成按钮，自定义的图案将添加到“色板”面板中。图5-35所示为使用自定义的图案填充手提袋的效果。

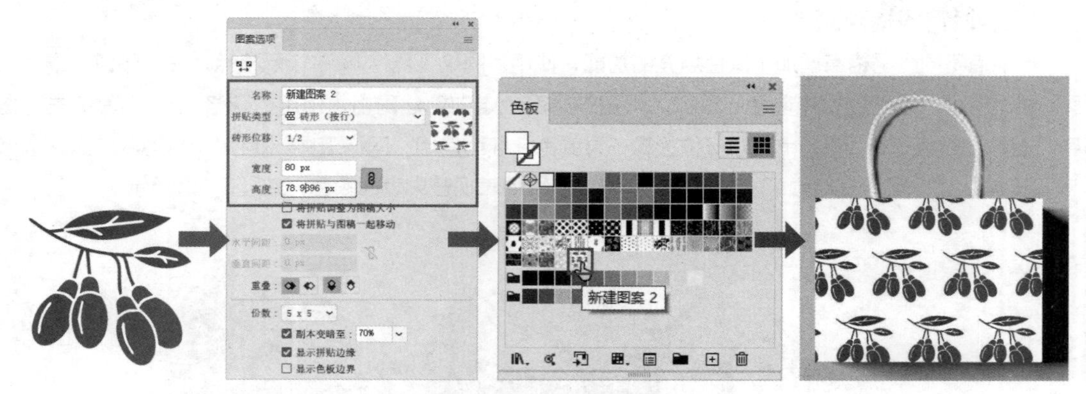

图5-35 使用自定义图案填充手提袋

任务实施

1. 渐变填充背景

不同于纯色背景和杂色背景，渐变背景有明显且细腻的色彩过渡效果，不仅视觉效果干净，还能提升画面质感。米拉选择亮度较低的蓝色作为主色，白色作为辅助色，符合产品“补水”的特色，为背景创建径向渐变效果，具体操作如下。

（1）新建名称为“素颜霜淘宝首页焦点图.ai”的文件，选择“矩形工具”，绘制与画板大小相同的矩形。在工具箱底部双击按钮，打开“拾色器”对话框，设置填充色为“#BFCEDC”，单击确定按钮，取消描边，如图5-36所示。

（2）选择矩形，选择【窗口】/【渐变】命令，打开“渐变”面板，单击“径向渐变”按钮，双击渐变条上的第1个色标，在打开的面板中选取白色，如图5-37所示。设置第2个色标的填充色为“#BFCEDC”。

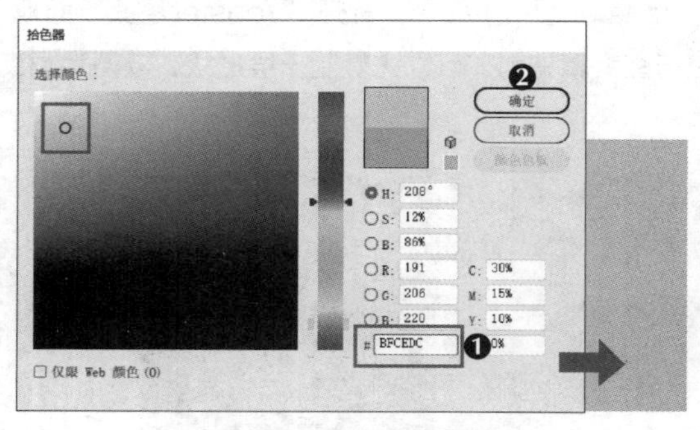

图5-36 为矩形填充颜色

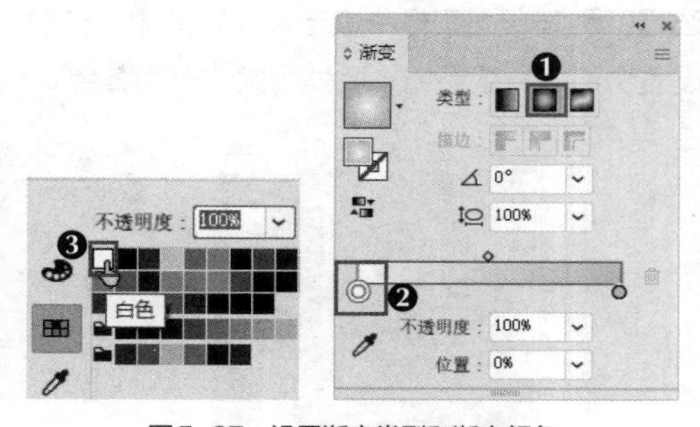

图5-37 设置渐变类型和渐变颜色

（3）查看径向渐变效果，向右拖曳渐变条上的第1个色标，改变该色标的位置，扩大中心的白色区域；向右拖曳渐变条上方的菱形渐变滑块，设置两个色标之间渐变的位置，如图5-38所示。

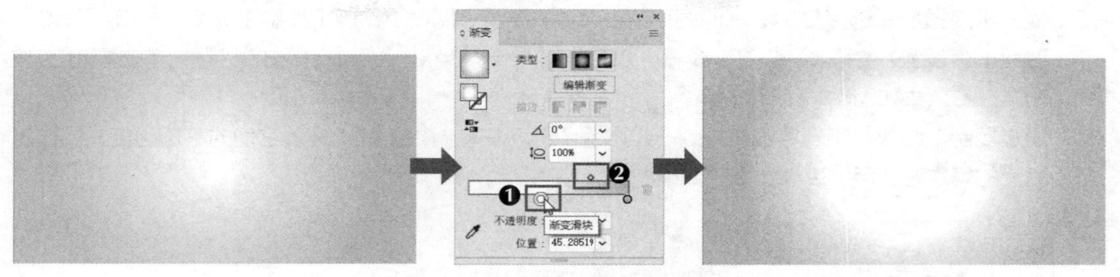

图5-38 移动色标和渐变滑块

2. 网格填充水滴

制作渐变背景后，米拉考虑使用水滴图形装饰并丰富画面。为增强水滴的真实性，采用“网格工具”填充颜色，并为其添加投影效果；通过复制、缩放、旋转、设置不透明度等操作得到一组水滴图形，分别装饰在背景的不同区域，具体操作如下。

（1）选择“钢笔工具”，在画板外的灰色区域绘制水滴图形，设置填充色为白色，取消描边，如图5-39所示。

（2）选择图形，选择“网格工具”后，该图形变为网格对象，在网格对象内部空白处单击，出现网格点，然后在横向网格线上单击以添加竖向网格线，在竖向网格线上单击以添加横向网格线，如图5-40所示。

图5-39 绘制水滴图形

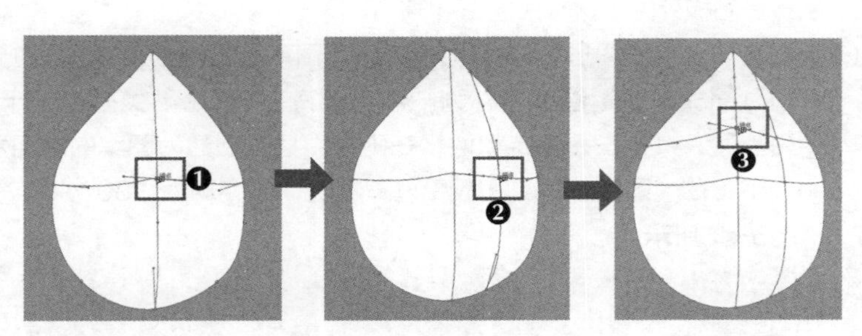

图5-40 添加网格点和网格线

（3）继续在水滴图形内部或边缘处单击以添加网格点，形成网格，然后拖曳调整网格点位置；选中网格点后，拖曳出现的控制手柄可调整网格线的弧度；若不慎添加了多余的网格点，可按住【Alt】键单击网格点进行删除。编辑后的网格最终效果如图5-41所示。

（4）选择网格点，在工具箱底部双击按钮，打开“拾色器”对话框，设置填充色为“#BBC8DC”，单击（确定）按钮，查看网格点填充效果。继续用相似的颜色填充其他网格点，得到图5-42所示的水滴效果。

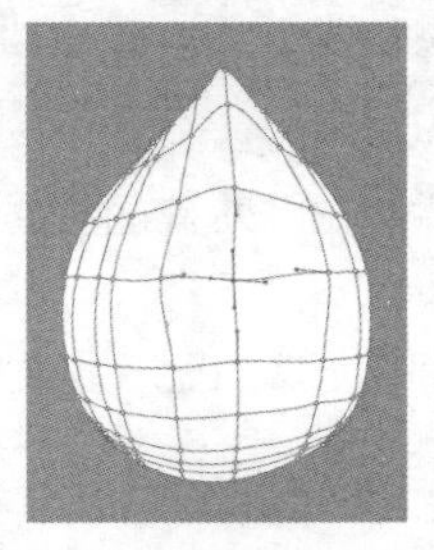

图5-41 编辑后的网格效果

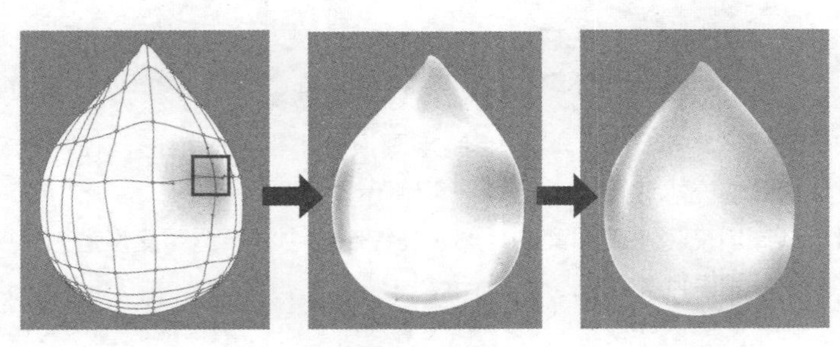

图5-42 水滴效果

（5）复制水滴图形，选择【效果】/【风格化】/【投影】命令，打开“投影”对话框，设置X位移、Y位移、模糊、颜色为“2px、8px、3px、#073761”，单击 确定 按钮，投影效果如图5-43所示。

（6）通过复制、缩放、旋转等操作得到一组水滴图形，在控制栏中依次设置它们的不透明度，制作出水滴的层次感，用于装饰背景，效果如图5-44所示。

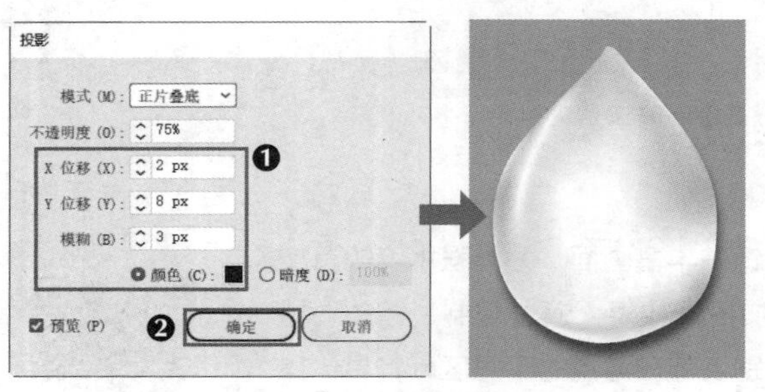

图5-43　设置投影效果

图5-44　制作一组水滴图形

3. 创建并填充水滴图案

米拉考虑首先设计一组水滴图形，然后将该组水滴图形创建为图案，保存到“色板”面板中，最后用其填充绘制的矩形，具体操作如下。

（1）选择未添加投影的水滴图形，通过缩放、旋转等操作得到一组水滴图形，放置在画板外的区域，如图5-45所示。

（2）框选该组水滴图形，选择【对象】/【图案】/【建立】命令，打开“图案选项”面板，设置图案名称为“水滴图案1”，拼贴类型为“十六进制（按列）”，其他设置保持默认，在画板中框选创建为图案的这组水滴图形，调整该组图形到合适大小，在“图案选项”面板中设置宽度、高度均为“80 px”，在画板上方单击 ✓完成 按钮，如图5-46所示。

图5-45　制作一组水滴图形

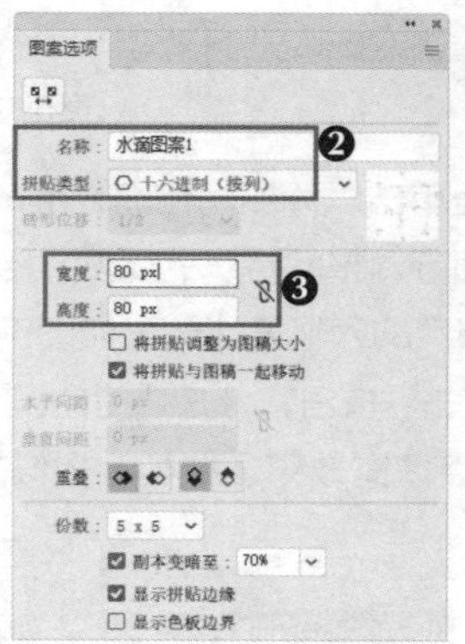

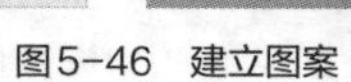
图5-46　建立图案

（3）选择“矩形工具”，绘制与画板大小相同的矩形，在“色板”面板中单击“水滴图案1”色块，填充水滴图案，如图5-47所示。

（4）选择填充了水滴图案的矩形，在控制栏中将不透明度设置为“50%”，弱化水滴的显示效果，以免背景杂乱，如图5-48所示。

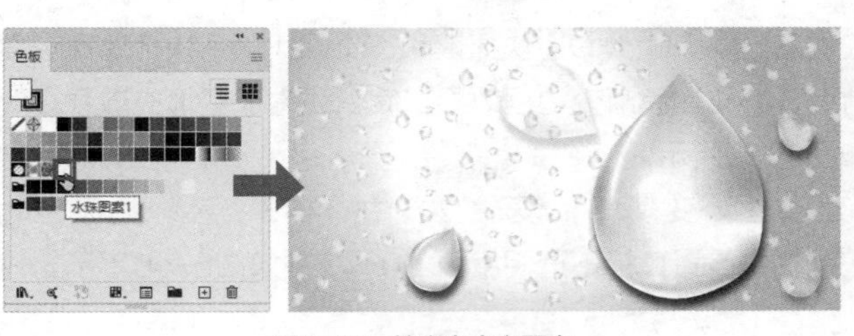

图5-47 填充自定义图案

图5-48 设置不透明度

4. 渐变填充素颜霜

渐变填充通过多种颜色的平滑渐进，能够表现非常丰富的色彩变化，将渐变填充效果应用到设计中是非常重要的技巧，它可以用于表现物体的质感。因此，米拉考虑用线性渐变填充来表现素颜霜瓶盖的金属质感与瓶身的玻璃质感，具体操作如下。

（1）在画板外选择一个区域，选择“矩形工具”，绘制矩形，填充色为“#FFFFFF”，作为绘制素颜霜的背景；继续绘制矩形，设置填充色为“#000000”，取消描边，选中其上边的两个边角构件，向内拖曳鼠标。按【Ctrl+C】快捷键和按【Ctrl+F】快捷键原位复制矩形，向内拖曳上层矩形的控制点，露出下层矩形的边缘区域，形成黑色边框效果，注意粗细变化，如图5-49所示。

（2）选择白色矩形，选择“渐变工具”，在控制栏中单击“线性渐变”按钮，在矩形左侧单击，拖曳鼠标到右侧，矩形上会出现渐变条，如图5-50所示。

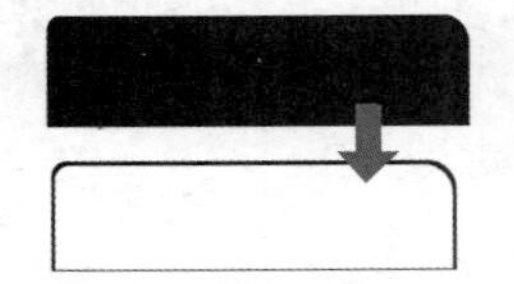

图5-49 制作瓶盖的黑色边框效果

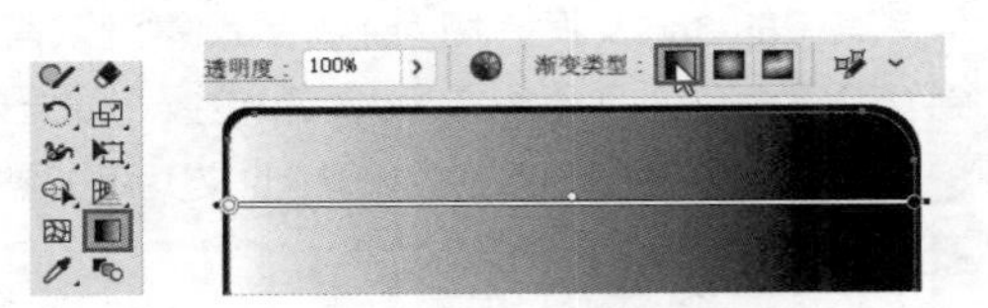

图5-50 创建线性渐变

（3）单击右侧的黑色色标，向左拖曳，更改渐变效果，如图5-51所示。

（4）将鼠标指针移动到渐变条右侧终点的下方，鼠标指针呈▷+形状时单击，添加一个色标；双击该色标，在打开的面板中设置色标颜色为“#FFFFFF”，如图5-52所示。

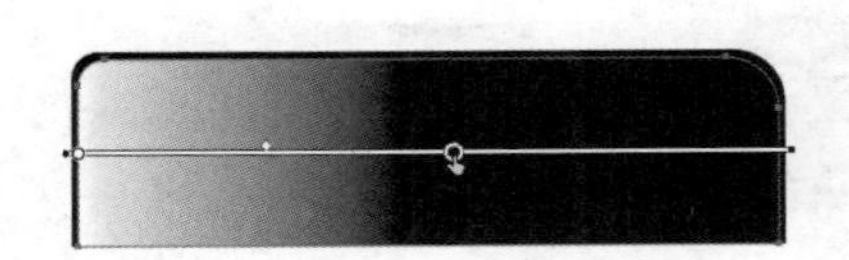

图5-51 移动色标

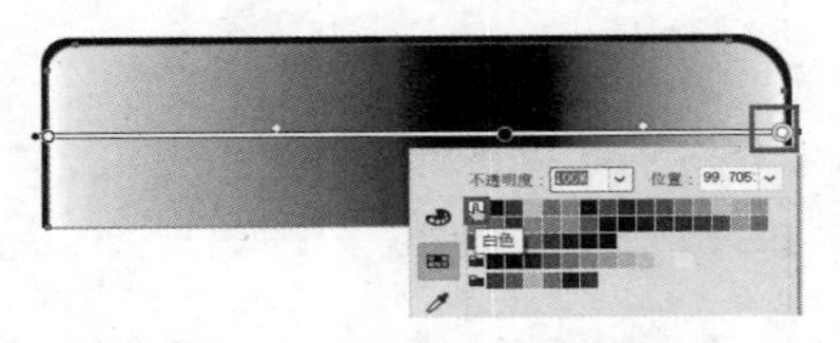

图5-52 添加色标并设置色标颜色

（5）在中间黑色色标右侧添加一个黑色色标，向左拖曳第2个黑色色标右侧上方的菱形渐变滑块，扩大右侧白色显示区域，如图5-53所示。

（6）通过添加色标、设置色标颜色、移动色标、设置渐变位置等操作继续编辑渐变效果，效果如图5-54所示。

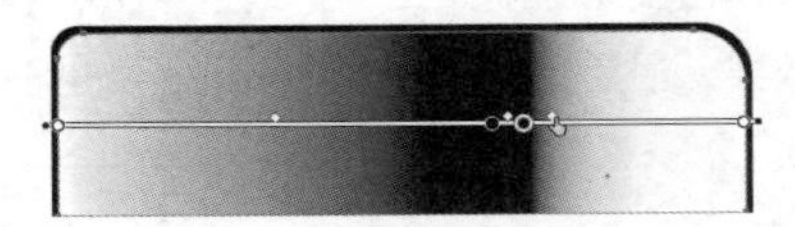

图5-53 移动渐变滑块

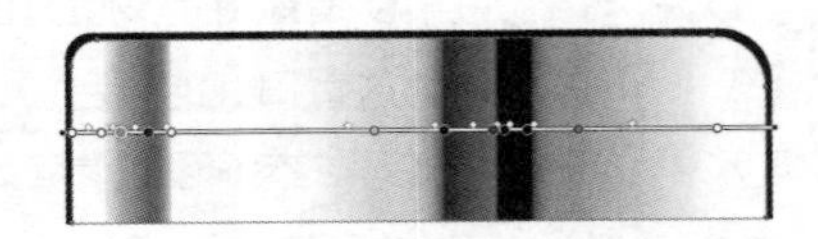

图5-54 编辑渐变效果

（7）绘制瓶身圆角矩形，为其设置线性渐变填充；按【Ctrl+C】快捷键和按【Ctrl+F】快捷键原位复制矩形，向内拖曳上层圆角矩形的控制点，形成黑色渐变边框效果；编辑线性渐变填充效果，编辑方法参考步骤（3）~步骤（6），如图5-55所示。

（8）在瓶盖与瓶身交界处绘制图形，创建线性渐变填充，设置左、中、右3个色标的颜色为“#000000”，选中两边的色标，在控制栏中设置色标不透明度为“0%”，如图5-56所示。

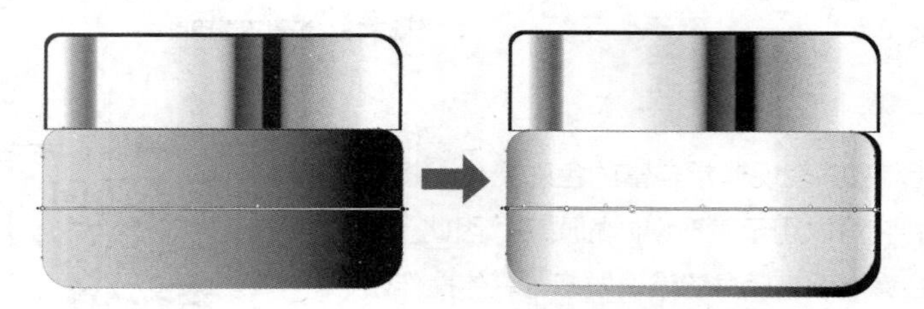

图5-55　绘制瓶身并编辑线性渐变填充效果

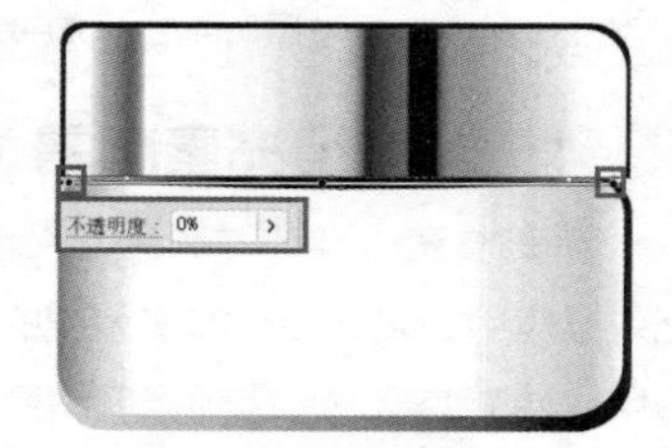

图5-56　设置色标不透明度

5. 排版图文

完成素颜霜瓶盖、瓶身的绘制与渐变填充后，米拉准备为其添加投影，增加立体效果，然后在瓶身添加产品介绍文案，再将素颜霜放置到最大的水滴图形上，在素颜霜左侧添加广告文案，具体操作如下。

微课视频

排版图文

（1）选择底层的瓶盖和瓶身部分，添加投影效果。打开“素颜霜文案.ai”文件，复制其中的部分文案，切换到“素颜霜淘宝首页焦点图.ai”文件，粘贴文案到素颜霜瓶身处，调整文案大小和位置，效果如图5-57所示。

（2）将“素颜霜文案.ai”文件中的其他文案添加到素颜霜左侧，调整其大小和位置，如图5-58所示，保存文件。

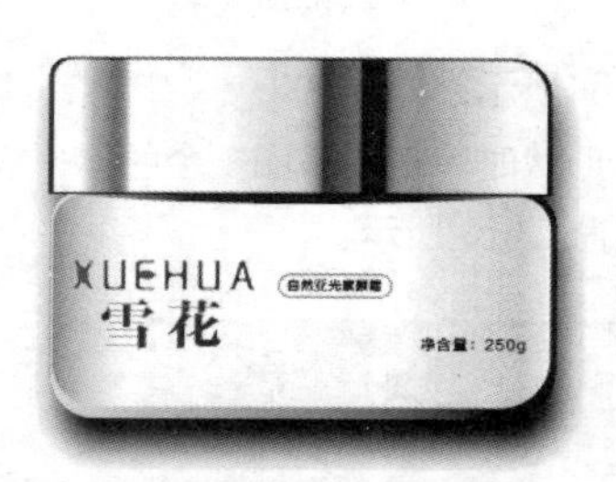

图5-57　添加文案和投影

图5-58　添加左侧文案

课堂练习

设计口红淘宝首页焦点图

淘宝某国产化妆品店铺为引流，委托公司设计一张中国风的口红首页焦点图，已提供背景、文案素材，要求合理搭配色彩，尺寸为520px×280px。制作时，首先置入背景素材，然后绘制国风图案，将其创建为自定义填充图案，用于填充圆形；再使用“渐变工具”■为放置口红的展台、口红创建渐变填充效果，最后添加并修饰口红文案。本练习的参考效果如图5-59所示。

高清彩图

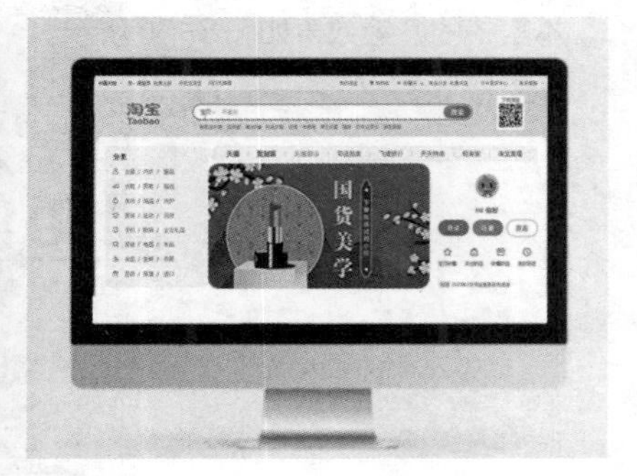

图5-59 口红淘宝首页焦点图参考效果

素材位置：素材\项目5\口红文案.ai、背景.tiff
效果位置：效果\项目5\口红淘宝首页焦点图.ai

综合实战 设计粉底液手机促销海报

老洪查看了米拉完成的素颜霜淘宝首页焦点图，文案、配色、构图都没有太大问题，便将该品牌的其他产品的设计任务交给米拉来完成。米拉接过任务，先分析客户提供的相关素材，为增强产品的质感，米拉考虑通过渐变填充效果来突出其包装各个部分的质感，并添加投影来增加立体感，同时设计同色系的光感背景来衬托产品，增强画面的创意性。

实战描述

任务背景	本实例制作的手机促销海报是一种针对移动端所制作的产品海报。随着手机电子商务的盛行，手机购物成为当下流行的购物方式，一些企业开始通过移动端店铺打开更加广阔的市场，提高产品销售额。某化妆品店铺为提升移动端“雪花”粉底液的销售量，需要设计师制作粉底液手机促销海报来引流。目前已完成图片拍摄、文案拟定
任务目标	① 制作尺寸为640px×1136px，分辨率为72像素/英寸（1英寸=2.54厘米）的手机促销海报
	② 色彩、字体搭配和谐，主色不超过3种
	③ 产品光影合理，外观精美、清晰，能够吸引顾客
	④ 手机促销海报包含文案、产品等信息，内容简洁明了，具有说服力
知识要点	“拾色器”对话框、“色板”面板、吸管工具、“渐变”面板、网格工具、渐变工具等

本实战的参考效果如图5-60所示。

图5-60 粉底液手机促销海报参考效果

素材位置： 素材\项目5\粉底液文案.ai、光.tiff
效果位置： 效果\项目5\粉底液手机促销海报.ai

思路及步骤

设计手机促销海报时，单调的背景缺乏创意，米拉考虑首先利用径向渐变、线性渐变填充效果等打造放置产品的舞台，色彩搭配上选择与粉底液相近的色彩，使画面和谐，给人舒适的视觉感受；然后绘制粉底液，创建渐变填充以突出瓶盖的金属质感和瓶身的玻璃质感，最后排版文案。本实战的设计思路如图5-61所示，参考步骤如下。

图5-61 设计粉底液手机促销海报的思路

（1）新建名称为“粉底液手机促销海报.ai”的文件，绘制与画板大小相同的矩形，选择矩形，选择【窗口】/【渐变】命令，打开“渐变”面板，单击“径向渐变”按钮，设置渐变色分别为“#FEFCFA”“#E1CCC1”。

（2）调整色标位置和渐变位置，选择“渐变工具”，选择径向渐变背景，出现渐变控制圈，拖曳渐变控制圈上的黑色圆形控制点，将圆形径向渐变更改为椭圆形径向渐变。

（3）在矩形下方继续绘制白色矩形，选择“渐变工具”，在控制栏中单击“线性渐变”按钮，调整色标位置和渐变位置。

（4）选择【文件】/【置入】命令，打开“置入”对话框，选择“光.tiff”素材，取消选中“链接”复选框，单击置入按钮，拖曳鼠标置入素材，在“透明度”面板中设置混合模式为“柔光”。

（5）选择“钢笔工具”，在背景上绘制瓶子的各个部分。选中瓶盖，选择“渐变工具”，在控制栏中单击“线性渐变”按钮，从左到右拖曳鼠标以创建线性渐变，添加色标，设置色标颜色为“#A08261”“#EAD1AF”“#FBF6F0”“#D7C3A7”“#2B150B”“#2D160B”“#CFB38D”“#CCAD89”“#DFC4A5”“#7C5F44”，调整色标位置和渐变位置。

（6）为瓶子中间部分创建线性渐变，设置色标颜色为“#C8936D”“#EAD1AF”“#F9EBE1”“#CD966E”“#CB9873”“#F7E8DB”“#E7CFAF”“#CB9974”。

（7）为瓶身创建线性渐变，设置色标颜色为“#FEFCFA”“#E1CCC1”，这两种颜色为相近色。继续完善瓶口细节。

（8）选择“网格工具”，为瓶底创建网格填充，设置色标颜色为“#FEFCFA”“#E1CCC1”。

（9）打开“粉底液文案.ai”文件，复制文案到“粉底液手机促销海报.ai”文件中，调整文案颜色和文案大小，最后保存文件。

课后练习 设计草本精华手机促销海报

某店铺为提升草本精华的销售量，需要设计草本精华手机促销海报，要求尺寸为640px×1136px，主题突出、主次清晰、画面精美，能够吸引消费者。米拉接过任务，浏览客户提供的精华相关素材后，提取了文案、商品信息；根据文案中的“草本”文字，将主题色选择为绿色，设计径向渐变背景，突出视觉中心，用于放置产品；通过“柔光”混合模式为背景添加光线，渲染背景。由于产品实物图光影表现不足，为了提高产品精美度，增强其立体感与吸引力，还考虑绘制精华产品，通过线性渐变填充效果和径向渐变填充效果来模拟精华外观，最后排版文案，参考效果如图5-62所示。

图5-62　草本精华手机促销海报参考效果

素材位置： 素材\项目5\植物.ai、精华文案.ai

效果位置： 效果\项目5\草本精华手机促销海报.ai

项目6 应用文字与图表

情景描述

米粒在处理近期的工作时，发现存在大量的文字和数据信息。老洪告诉米拉，将这些文字和数据信息展示得更美观且更易于阅读，也是设计师必须掌握的技能，文字不仅是信息的载体，还承担着视觉传达的作用，设计师应将传达信息的文字设计得美观且富有感染力。遇到数据分析时，可考虑利用图表或矢量元素进行可视化处理，使分析结果的视觉效果更好，各类数据一目了然。

学习目标

知识目标	● 掌握文字工具组中工具的使用方法 ● 掌握不同类型文字的创建方法 ● 掌握图表工具组的相关知识 ● 掌握图表的创建方法
素养目标	● 善于学习，提高文案写作能力 ● 认真仔细，提高文案的准确性 ● 善于利用图表提高数据分析能力

任务6.1　设计企业招聘易拉宝海报

“远航科技”企业委托公司设计企业招聘易拉宝海报，老洪将该任务分配给了米拉。米拉接过任务，向招聘企业确定了招聘职位、招聘人数、招聘要求、公司地址、公司联系方式等具体信息，然后根据公司名称和公司性质，考虑采用青色作为主色；由于包含大量文字内容，为提高可阅读性，需要通过字符格式设置、段落格式设置，分层设计文字内容，并利用与公司名称相关的插画来丰富海报画面。

任务描述

任务背景	易拉宝也称海报架、展示架、易拉架等，由可伸缩的支架和可卷曲的横幅组成，适用于会议、展览、销售宣传等场合，用于吸引受众群体的目光，传达相关信息，是使用频率最高，也最常见的便携展具之一。“远航科技”企业为弥补企业人力资源的不足，需招聘设计总监、设计助理和销售人员，委托公司设计一张招聘海报，以易拉宝的形式放到招聘展位上使用，要求版面美观、整齐，符合科技公司风格，能快速抓住求职者眼球
任务目标	① 制作尺寸为80mm×160mm，颜色模式为CMYK，分辨率为300像素/英寸（1英寸=2.54厘米）的企业招聘易拉宝海报
	② 背景与文案色彩反差大，选择易于阅读的字体，提高文案的可读性
	③ 文案层次结构清晰，招聘信息完善、精确，版面整洁、统一、稳重
知识要点	“字符”面板、“段落”面板、文字工具组、创建文字轮廓等

本任务的参考效果如图6-1所示。

图6-1　企业招聘易拉宝海报参考效果

素材位置： 素材\项目6\招聘文案.txt、图标.ai、冲浪插画.ai

效果位置： 效果\项目6\企业招聘易拉宝海报.ai

知识准备

文字作为传递信息的重要符号之一，在平面设计作品中的重要程度不言而喻。Illustrator提供了文字工具组，包括“文字工具”T、“区域文字工具”、“路径文字工具”、“直排文字工具”、“修饰文字工具”等，可以用来创建不同类型的文字。同时，设计师还可以通过“字符”面板、“段落”面板轻松编辑创建的文字，或为区域文字设置文字绕排、文字分栏等排版方式，使其符合设计需要。

1. 文字工具组

文字工具组如图6-2所示，可以用来创建不同类型的文字，在控制栏中还可以设置字体、字号、颜色等参数，具体介绍如下。

- **“文字工具”**T：选择该工具，单击插入定位点后可输入横排点文字，如图6-3所示。按住鼠标左键拖曳鼠标，可以绘制区域文字框，在其中输入文字，可以形成区域文字。选中区域文字框，在区域文字框右侧的实心圆点上双击，可将区域文字转换为点文字；在点文字框右侧的空心圆点上双击，可将点文字转换为区域文字。
- **“区域文字工具”**：选择该工具，将鼠标指针移动到图形内部，当鼠标指针呈或形状时单击，图形的填充和描边属性将被取消，在其中可输入文字，形成区域文字，如图6-4所示。

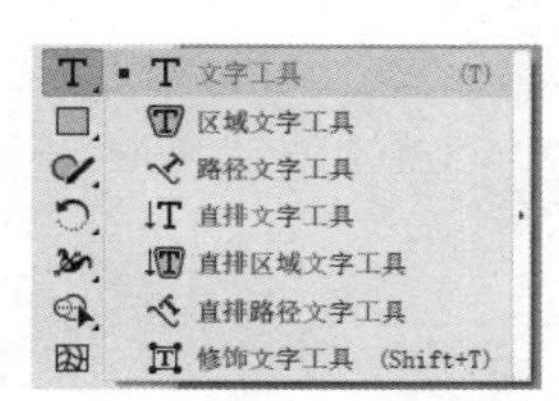

图6-2 文字工具组

图6-3 输入横排点文字

图6-4 输入区域文字

> **处理文字溢出**
>
> 知识补充
>
> 输入的文字超出区域文字框所能容纳的范围，部分文字无法显示，此现象称为文字溢出。文字溢出时，文字框右下角会出现⊞图标，此时需要缩小文字，或放大区域文字框，将溢出的文字显示出来；也可在⊞图标上单击，重新绘制区域文字框，溢出的文字将串接到新的区域文字框中。

- **“路径文字工具”**：选择该工具，将鼠标指针移动到路径上，当鼠标指针呈形状时单击，输入需要的文字，文字将会沿着路径排列，如图6-5所示，并且原来的路径将不再具有填充和描边属性。选择路径文字，双击“路径文字工具”，打开“路径文字选项”对话框，可设置图6-6所示的参数，选中“预览”复选框可预览路径文字效果，设计完毕后单击确定按钮。
- **“直排文字工具”**IT：选择该工具，单击可输入竖排点文字，如图6-7所示，绘制区域文字框可以创建竖排段落文字。选择文字，选择【文字】/【文字方向】中的命令可实现竖排文字和横排文字的相互转换。

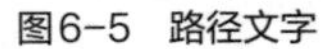

图6-5　路径文字

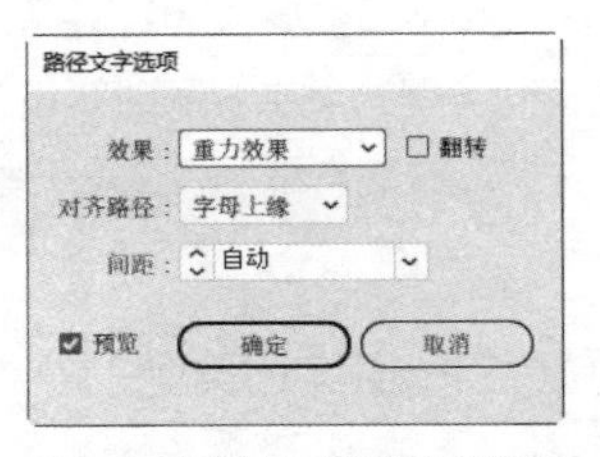

图6-6　“路径文字选项”对话框

图6-7　竖排点文字

知识补充

调整路径上的文字位置

使用“直接选择工具”▷选中路径文字，沿路径外侧拖曳蓝色“I”形符号，可沿路径移动文字；沿路径内侧拖曳蓝色“I”形符号，可将文字调整到路径内侧。

- **“直排区域文字工具”**：选择该工具，在图形内单击可输入竖排区域文字。
- **“直排路径文字工具”**：选择该工具，在路径上单击可输入竖排文字。
- **“修饰文字工具”**：用于对一串文字中的单个文字进行编辑。选择单个文字，在控制栏中可以更改文字的字体、大小、颜色。拖曳文字四角的空心圆点可以调整文字大小；拖曳左上角的实心圆点，可以调整文字的基线偏移；拖曳正上方的空心圆点，可旋转文字，如图6-8所示。

图6-8　使用“修饰文字工具”修饰文字

2. “字符”面板

若需要设置更多的文字属性，就需要打开“字符”面板。其具体操作方法为：选择文字，选择【窗口】/【文字】/【字符】命令，或按【Ctrl+T】快捷键，打开“字符”面板，如图6-9所示，可在该面板上为选中的设置相应的属性。另外，单击“字符”面板右上角的≡按钮，在弹出的菜单中选择“显示选项”命令，可显示更多的设置选项，常用的字符格式介绍如下。

- **字体系列**：单击下拉列表框右侧的⌄按钮，可以从弹出的下拉列表中选择一种需要的字体。图6-10所示为不同粗细字体的对比效果，可以看出较粗的字体更具有视觉冲击力。
- **字体大小**：用于控制文字的大小。
- **行距**：用于控制文字的行距，定义行与行之间的距离。
- **垂直缩放**：用于使文字在横向上保持不变，在纵向上被缩放。
- **水平缩放**：用于使文字在纵向上保持不变，在横向上被缩放。

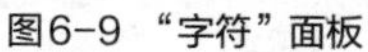
图6-9 “字符”面板

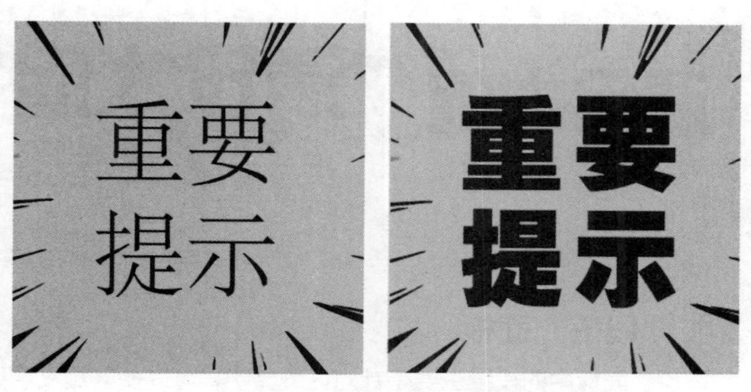

图6-10 不同粗细字体的对比效果

- **字距微调**：用于细微地调整两个文字之间的水平距离。输入正值时，字距将变大；输入负值时，字距将变小。
- **所选字符的字距调整**：用于调整所选文字与相邻文字之间的距离。图6-11所示为设置所选文字的字距为“50”和“500”的前后对比效果。

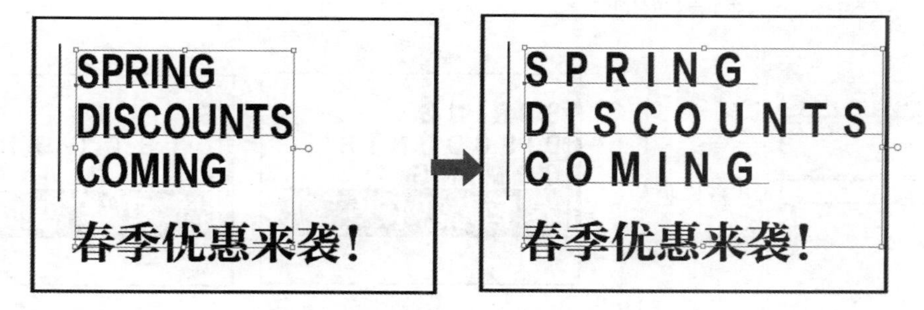

图6-11 调整字距“50”和“500”的前后对比效果

- **比例间距**：用于设置文字之间的距离，数值越大，文字之间的距离越小。
- **插入空格（左）/插入空格（右）**：选中文字，可以在文字左侧或右侧设置一定宽度的空格。
- **基线偏移**：用于调节文字的上下位置。正值表示文字上移，负值表示文字下移。
- **字符旋转**：用于设置文字的旋转角度。
- **字符效果组**：从左到右依次为“全部大写”按钮TT、“小型大写字母”按钮Tr、“上标”按钮、“下标”按钮、“下划线”按钮、“删除线”按钮，对应的功能与按钮名称一致。
- **对齐字形**：单击对应按钮可以使图稿元素与文字实现精确对齐，而无须创建轮廓或参考线。

3. 文字轮廓

选择创建的文字，选择【文字】/【创建轮廓】命令，或按【Shift+Ctrl+O】快捷键，可以将文字转换为形状，便于修改文字轮廓，或进行渐变填充等操作，但文字属性将丢失，不可再次设置文字字体等。图6-12所示为编辑“清仓大促”文字的轮廓，并为其添加渐变效果。

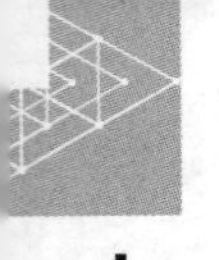

图6-12　编辑文字轮廓并添加渐变效果

4. “段落”面板

“段落”面板中的设置主要是针对区域文字，可以使区域文字更加整齐、美观。选择【窗口】/【文字】/【段落】命令，或按【Alt+Ctrl+T】快捷键，打开“段落”面板，如图6-13所示，具体介绍如下。

- **文字对齐：** 用于按一定规律对齐文字，从左至右分别为“左对齐”按钮、“居中对齐”按钮、“右对齐”按钮、“两端对齐，末行左对齐”按钮、“两端对齐，末行居中对齐”按钮、“两端对齐，末行右对齐”按钮、“全部两端对齐”按钮。选中要对齐的段落文字，单击需要的对齐方式按钮，可设置相应的对齐方式。图6-14所示为设置文字左对齐、文字两端对齐的效果。

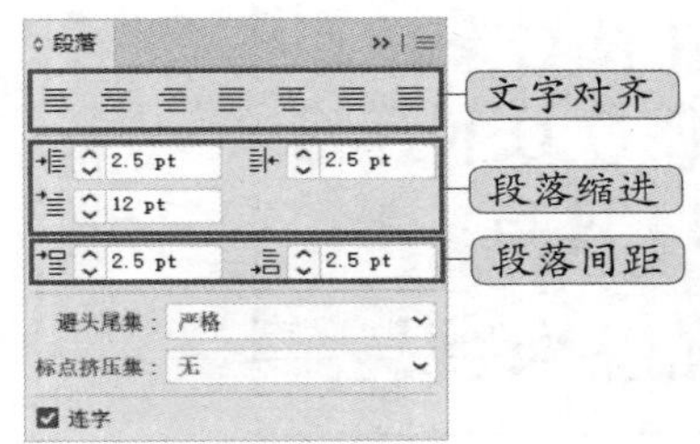

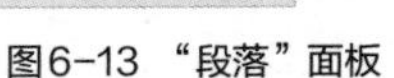

图6-13 “段落”面板

图6-14　为文字设置左对齐、两端对齐的效果

- **段落缩进：** 用于设置一个段落前需要空出的文字位置，包括“左缩进”数值框、“右缩进”数值框、“首行左缩进”数值框。
- **段落间距：** 用于设置段落之间的距离，包括“段前间距”数值框和“段后间距”数值框。
- **避头尾集：** 用于设置避免某一文字出现在行首或行末。
- **标点挤压集：** 用于设置避免标点出现在行首或行末。
- **连字：** 选中该复选框可在断开的单词间显示连字标记。

5. 编辑区域文字

在处理区域文字时，通过“对象”或“文字”菜单中的命令，可以实现更多的编辑形式。

- **插入字符：** 若选择【文字】/【插入特殊字符】命令，在弹出的子菜单中可以选择插入项目符号、版权符号、商标符号等特殊字符。若选择【文字】/【插入空白字符】命令，在弹出的子菜单中可以选择插入不同规格的空格。
- **串接文字：** 串接文字功能可以让不同区域文字框内的文字自动接续在一起，接续后即使需要增删文字，也不会影响整体排版。若需要将文字串接到已有闭合路径中，可同时选中有溢出文字的区域和闭合路径，选择【文字】/【串接文本】/【创建】命令，溢出的文字会自动移到闭合路径中。选择【文字】/【串接文本】/【释放所选文字】命令，可以解除各区域文字框之间的链接状态。

- **设置文字分栏：**选中要进行分栏的区域文字，选择【文字】/【区域文字选项】命令，打开“区域文字选项”对话框，在“行”或“列”栏中的“数量”数值框中输入栏数进行上下分栏或左右分栏，“跨距”数值框用于设置栏的高度，“间距”数值框用于设置栏间距，单击 确定 按钮完成分栏的创建，如图6-15所示。

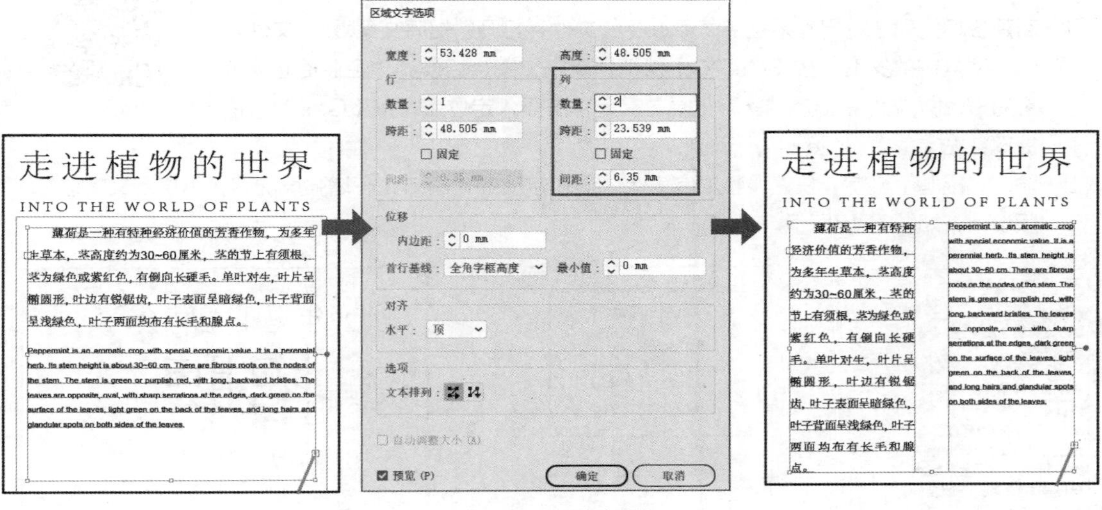

图6-15 设置文字分栏

- **设置文字绕排：**在区域文字上方放置图形，并且该图形所在图层位于区域文字所在图层的上方，同时选中区域文字和图形，选择【对象】/【文本绕排】/【建立】命令，可将文字绕排在图形周围，如图6-16所示。如果要取消文字绕排，选择【对象】/【文本绕排】/【释放】命令即可。

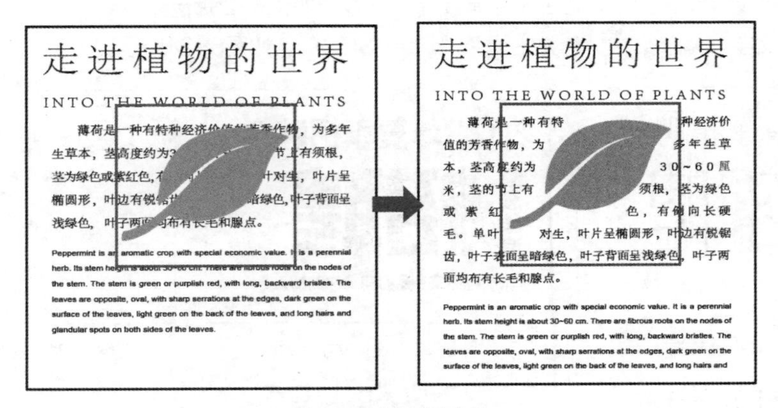

图6-16 设置文字绕排

设置文字绕排效果

选择【对象】/【文本绕排】/【文本绕排选项】命令，可以打开“文本绕排选项”对话框，设置“位移”值可调整文字与图形边缘的距离，选中“反向绕排”复选框可设置反向绕排文字的位置，设置完成后单击 确定 按钮。

任务实施

1. 排版标题文字

在进行文字排版时，米拉首先梳理文字信息，分析它们的重要程度，进行文字信息层级的划分，然后通过字体对比、字号对比来突出文字层次感，具体操作如下。

（1）新建名称为“企业招聘易拉宝海报.ai”的文件，打开“招聘文案.txt”文件，选中要复制的文案，按【Ctrl+C】快捷键复制文案；切换到“企业招聘易拉宝海报.ai”文件，选择“文字工具”T，单击插入定位点，按【Ctrl+V】快捷键粘贴文案，如图6-17所示。

（2）输入“招聘”文字，快速调整文字大小，通过字体的大小对比，增强层次感，再移动文字进行排版设计，如图6-18所示。

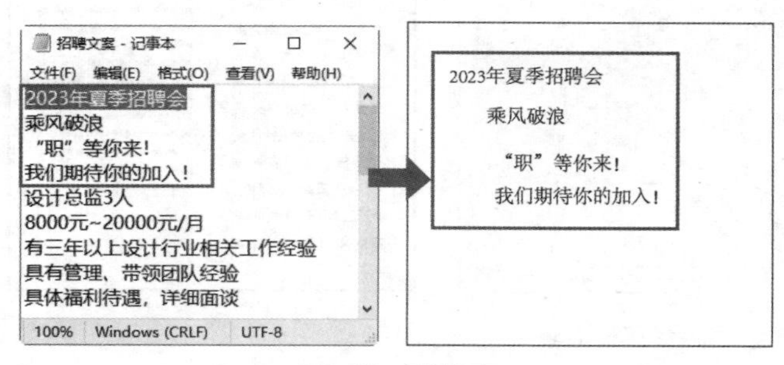

图6-17 复制文案

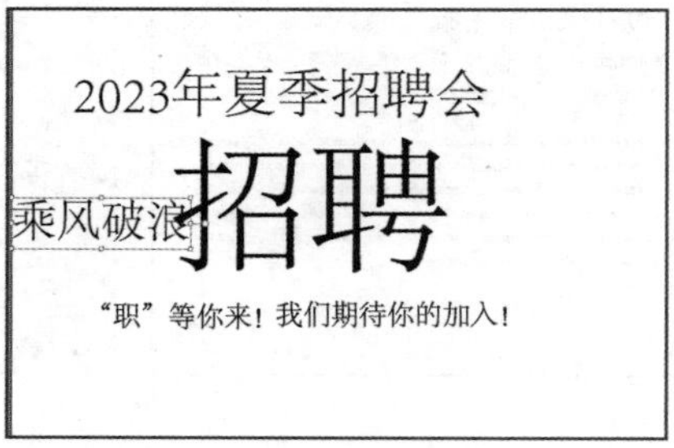

图6-18 文字排版

（3）选择“乘风破浪”文字，选择【文字】/【文字方向】/【垂直】命令，将其转换为竖排文字，并调整字号，效果如图6-19所示。

（4）在控制栏中选择视觉冲击力较强的“方正汉真广标简体”作为招聘主题文字的字体，吸引读者的注意，其他文字字体为“方正兰亭粗黑简体”，效果如图6-20所示。

（5）框选所有文字，修改文字颜色为主题色“#3AB3CB”，如图6-21所示。

图6-19 转换文字方向

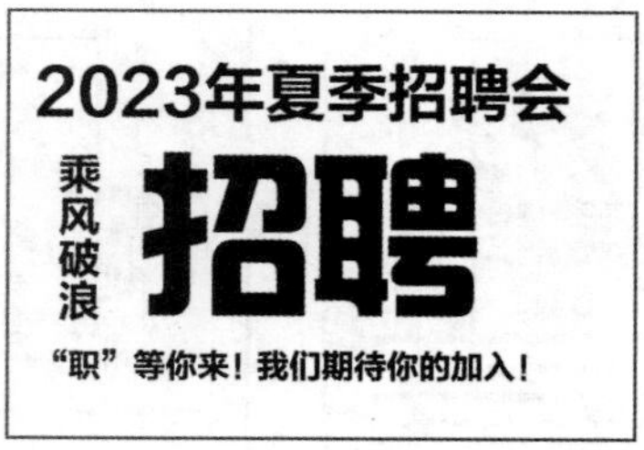

图6-20 设置文字字体

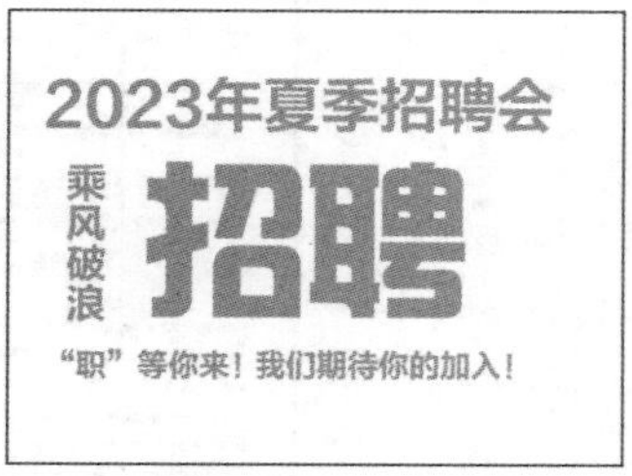

图6-21 设置文字颜色

2. 设计圆形标志

公司标志是招聘海报中不可或缺的信息。米拉考虑根据提供的公司名称以及图标设计一款圆形标志，在排版标志文字和图形时，以圆形为中心进行扩散排版；为了使文字环绕图标，需要利用“路径文字”工具进行相关操作，具体操作如下。

（1）打开“图标.ai”文件，复制其中的帆船图标到“企业招聘易拉宝海报.ai”文件中，修改颜色为主题色“#3AB3CB”。选择“椭圆工具”，按住【Shift】键不放并拖曳鼠标绘制圆形路径。选择“路径文字工具”，设置文字属性为“方正兰亭粗黑简体、2pt、#3AB3CB”，将鼠标指针移动到路径上，当鼠标指

针呈 形状时单击，输入“招聘文案.txt”文件中的公司名称信息，文字将会沿着路径排列，如图6-22所示。

（2）使用“直接选择工具” 选中路径文字，拖曳蓝色“I”形符号，沿路径移动文字，使其居于路径上半部分的中间位置，如图6-23所示。

（3）选择“椭圆工具” ，在文字两端绘制小圆装饰，为其填充主题色“#3AB3CB”；绘制两个同心圆装饰路径文字，描边粗细为“0.5pt”，描边色为“#3AB3CB”，框选并按【Ctrl+G】快捷键组合图标，效果如图6-24所示。

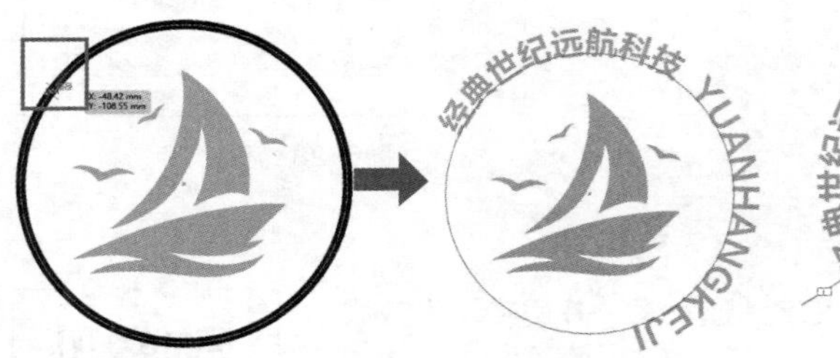

图6-22　创建路径文字

图6-23　调整路径文字位置

图6-24　图标效果

3. 修饰标题文字

米拉考虑使用英文字母、图形、线条、图标等元素增强标题文字的关联感，以此增加小标题的吸引力，并且使整个版面更美观、更有细节，具体操作如下。

（1）选择“文字工具” ，在“招聘”文字右侧单击以插入定位点，输入“WELCOME”，使用“吸管工具” 吸取“招聘”文字的颜色。选择【窗口】/【文字】/【字符】命令，打开“字符”面板，设置字体系列为“方正兰亭粗黑简体”，字体大小为“8.5 pt”，字距为“100”，在“变换”面板中设置旋转角度为“270°”，再调整其位置，如图6-25所示。

（2）选择“钢笔工具” ，在“乘风破浪”“‘职’等你来！我们期待你的加入！”文字位置绘制底纹图形，使用“吸管工具” 吸取文字的颜色，选择放置在底纹上的文字，按【Shift+Ctrl+]】快捷键将文字放置到顶层；继续使用“钢笔工具” 在“乘风破浪”下方、“WELCOME”文字上方绘制“》”装饰图形，如图6-26所示。

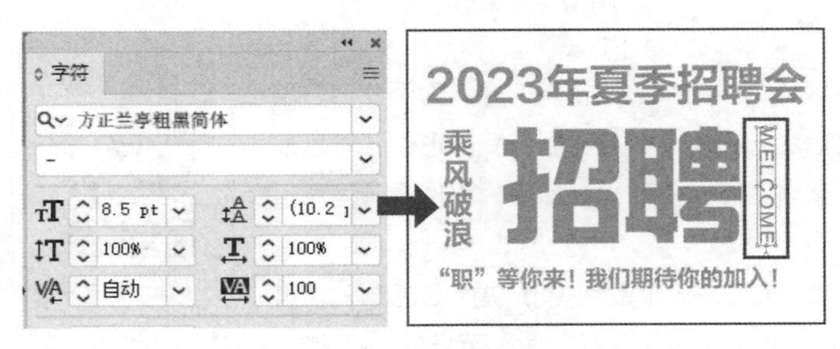

图6-25　修饰英文字母

图6-26　绘制装饰图形

（3）选择“直线段工具” ，在“2023年夏季招聘会”文字上下方、“WELCOME”文字左侧、“‘职’等你来！我们期待你的加入！”文字上下方绘制线条，设置描边粗细为“0.5～2pt”，描边色为“#3AB3CB”。选择“2023年夏季招聘会”文字下方的线条，选择【窗口】/【描边】命令，打开“描边”面板，单击“圆头端点”按钮 ，选中“虚线”复选框，设置第一个虚线文本框中的值为“6pt”，如图6-27所示。

（4）适当缩小“2023年夏季招聘会”文字，在右侧留出空白区域，添加图标到空白处，如图6-28所示。

图6-27　设置、修饰线条

图6-28　添加图标

4. 创建文字轮廓

为增强标题的设计感，米拉考虑为“招聘”文字创建轮廓，并编辑轮廓效果，加入海浪、海鸥元素，具体操作如下。

（1）选择“招聘”文字，选择【文字】/【创建轮廓】命令，将文字转换为轮廓。选择“直接选择工具”，选择并调整笔画锚点，更改文字外观，如图6-29所示。

（2）选择“钢笔工具”，在“招”字上绘制海浪和海鸥剪影形状，填充为白色，取消描边，如图6-30所示。

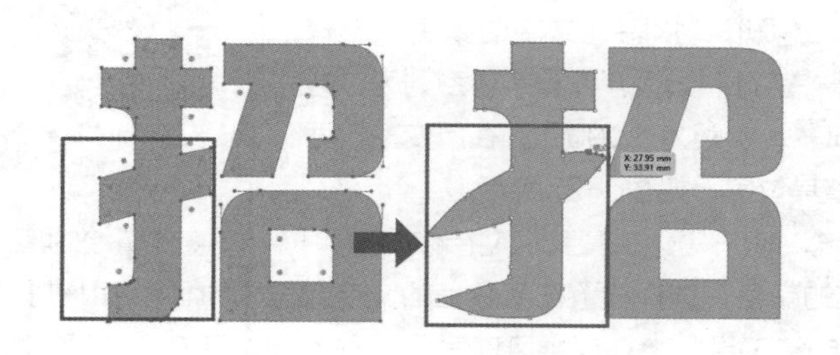

图6-29　编辑文字轮廓

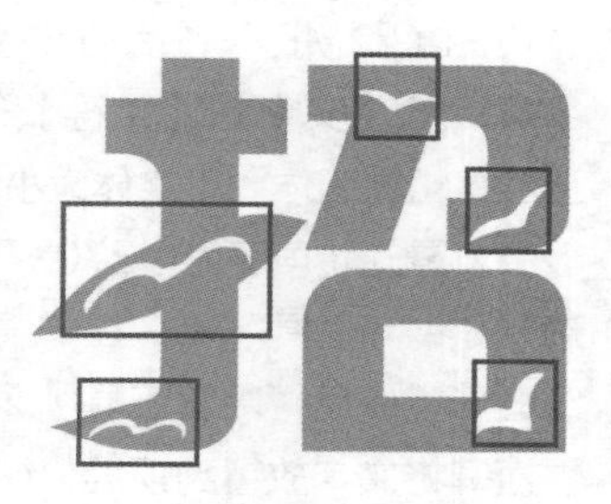

图6-30　绘制装饰图形

5. 排版段落文字

由于招聘信息较多，米拉考虑创建区域文字框来放置招聘信息。为了使信息层次分明，便于阅读，米拉首先提取职位信息并将其单独放置到渐变图形中，然后放大职位、薪资等文字，为其设置较粗的字体并添加下划线，最后为职位要求信息设置项目符号和缩进样式，具体操作如下。

（1）选中“招聘文案.txt”文件中的招聘信息并按【Ctrl+C】快捷键复制，切换到“企业招聘易拉宝海报.ai”文件，选择“文字工具”T，按住鼠标左键拖曳鼠标，绘制区域文字框，按【Ctrl+V】快捷键粘贴招聘信息到区域文字框中，如图6-31所示，根据文字多少，拖动调整区域文字框的大小。

（2）选择“圆角矩形工具”，绘制并选中圆角矩形，取消描边。选择“渐变工具”，在控制栏中单击“线性渐变”按钮，在圆角矩形左侧单击，拖曳鼠标到右侧以创建渐变效果，设置渐变色为“#3AB3CB”“#2D6268”，根据职位数复制几个渐变圆角矩形，如图6-32所示。

（3）拖曳鼠标选中“设计总监3人”职位信息，剪切职位信息并将其粘贴到渐变图形中间，在控制栏中设置文字颜色为“#FFFFFF”，设置字体系列、字体大小为“方正兰亭粗黑_GBK、7pt”。在其他的渐变图形上方依次粘贴剩余职位信息。使用“吸管工具”为其他职位信息设置相同属性，如图6-33所示。

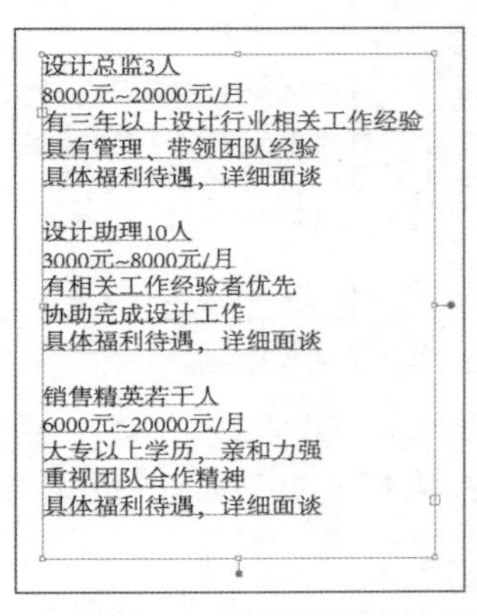

图6-31 创建区域文字

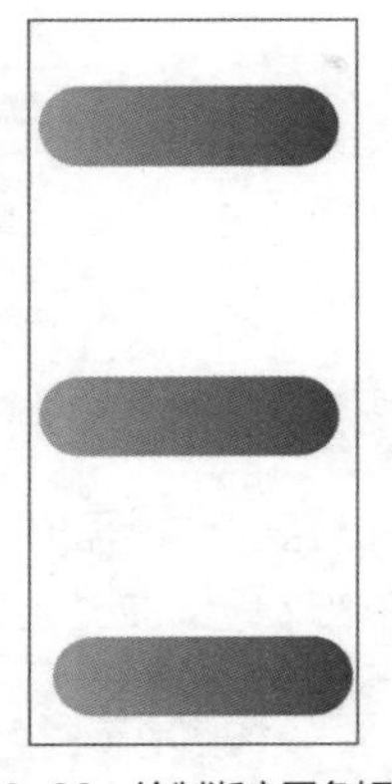

图6-32 绘制渐变圆角矩形

图6-33 编辑职位信息

粘贴文字时不保留原格式的方法

知识补充

通过复制与粘贴操作可置入大量外部文字，为提高文字输入效率，若不想保留外部文字的格式，可选择【编辑】/【粘贴时不包含格式】命令，无格式地粘贴外部文字。

（4）选中区域文字框，设置文字颜色为“#595757”，在“字符”面板中设置字体系列为“思源黑体 CN Medium”，字体大小为“6 pt”，行距为“12 pt”，如图6-34所示。

（5）在职位薪资段落前插入定位点，拖曳鼠标选中职位薪资信息，设置文字颜色为“#193C46”，在“字符”面板中，设置字体系列为“方正超粗黑简体”，单击“下划线”按钮为其添加下划线，使用“吸管工具”为其他职位薪资信息设置相同属性，效果如图6-35所示。

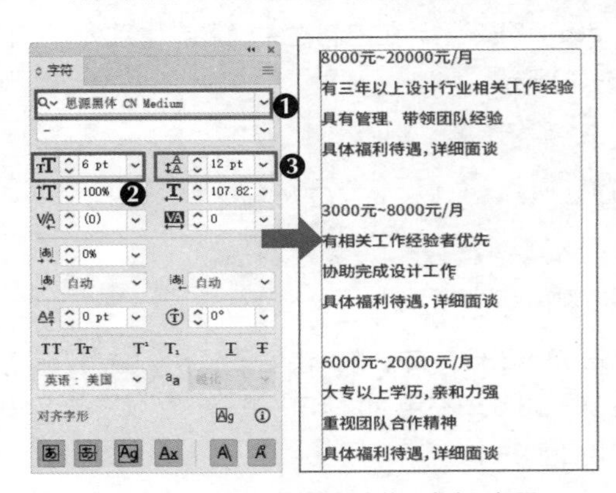

图6-34 设置区域文字的字体、大小和行距

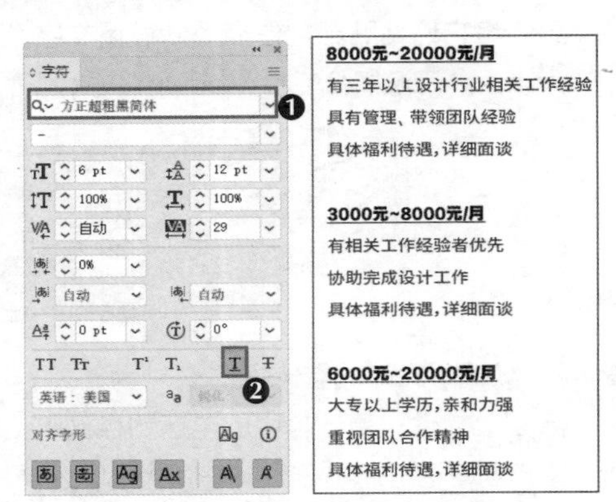

图6-35 设置职位薪资信息属性的效果

（6）在招聘要求段落前插入定位点，选择【文字】/【插入特殊字符】/【符号】/【项目符号】命令插入项目符号。选中项目符号，在“字符”面板中的“插入空格（右）”下拉列表中选择“1/4 全角空格”选项，使项目符号和文字有一定间隙，其余段落的项目符号可通过复制操作得到，以提

高效率，效果如图6-36所示。

（7）插入定位点，拖曳鼠标选中项目符号所在段落，选择【窗口】/【文字】/【段落】命令，打开“段落”面板，设置左缩进为“6pt”，如图6-37所示。

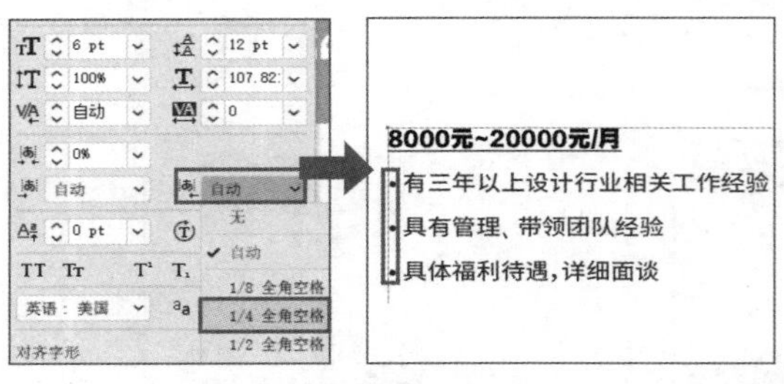

图6-36　插入空格

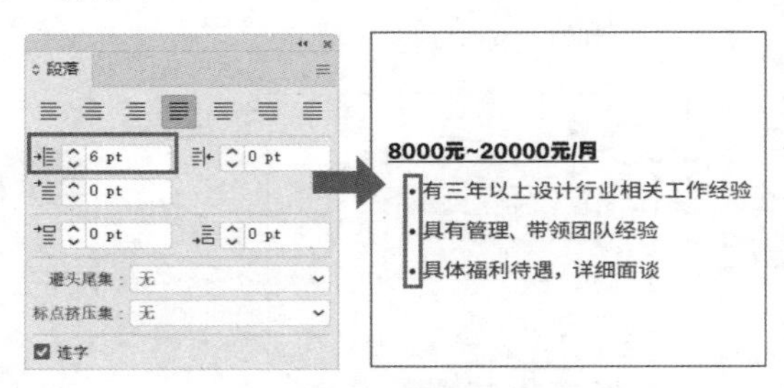

图6-37　设置段落左缩进

（8）将职位信息及渐变图形放置到对应职位要求左侧居中的位置，选择“直线段工具”，绘制分栏线，在控制栏中设置描边粗细为“0.25 pt”，描边色为“#AAA4A1”，效果如图6-38所示。

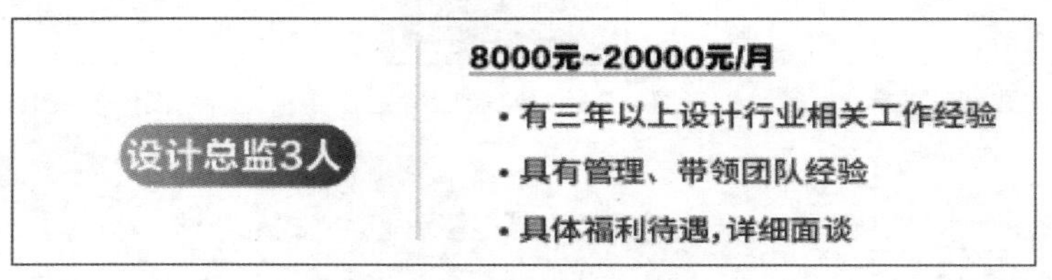

图6-38　职位信息排版效果

（9）按照与步骤（8）相同的方法，排列其他职位信息。

6. 排版尾部信息

微课视频

排版尾部信息

尾部一般用于放置电话、地址等信息，直接放置这些信息并不美观，米拉考虑通过矩形、电话图标、字体大小对比、二维码图标来突出层次感与版式的美感，具体操作如下。

（1）选择“矩形工具”，在画板底部绘制矩形，设置填充色为“#3AB3CB”，取消描边。选择“文字工具”，在该矩形上插入定位点，复制“招聘文案.txt”文件中的公司电话和公司地址信息，将它们粘贴至定位点处，设置文字颜色为“#FFFFFF”，在控制栏中设置字体系列、字体大小为“思源黑体 CN Medium、6 pt”，如图6-39所示。

公司电话:021-8888 8888

公司地址:上海市浦东新区东方路××号天天广场

图6-39　绘制矩形并添加尾部信息

（2）将“公司电话：”文字修改为“TEL”，设置“8888 8888”文字的大小为“19pt”；打开“图标.ai”文件，复制其中的电话图标到电话信息左侧，修改填充色为“#FFFFFF”；复制二维码图标到电话信息右侧，调整其大小，整体排版效果如图6-40所示。

图6-40　尾部信息排版效果

（3）打开“冲浪插画.ai”文档，复制其中的插画到招聘海报底部，调整其大小，按【Shift+Ctrl+[】快捷键将其置于底层，如图6-41所示，保存文件。

图6-41 添加插画

课堂练习

设计篮球招生易拉宝海报

某篮球培训班准备进行招生，需要设计师为其设计篮球招生易拉宝海报。现已提供文案、插画素材，要求创建蓝色背景，综合使用“钢笔工具”、“椭圆工具”、“圆角矩形工具”绘制用于放置文案的招牌图形，然后利用文字工具组、“字符”“段落”面板添加与编辑文字，使文字主次分明、符合阅读习惯，尺寸为80mm×160mm；可以使用圆形、圆角矩形、插画等元素修饰文案，最后在底部添加电话、地址等信息。本练习的参考效果如图6-42所示。

图6-42 易拉宝篮球招生海报参考效果

素材位置： 素材\项目6\篮球招生文案.txt、打篮球.ai

效果位置： 效果\项目6\篮球招生易拉宝海报.ai

任务6.2　设计保险营销海报

某保险企业为推广业务，委托公司设计保险营销海报，以展示在微信朋友圈、微博等平台中，老洪接过该任务，将该任务交给了米拉。米拉向客户确定海报中需要包含的二维码、电话、名称、保险数据等信息后，着手分析该任务，米拉考虑以“重疾险”所占比例为出发点，以图表为主体，采用蓝色作为背景色，利用饼图表示各类理赔数据占比，使各类数据清晰明了。

任务描述

任务背景	营销海报是一种重要的传播工具，它具有简单明了、无须互动、直观明确的特点，能在短时间内快速传递出产品或品牌的特点及价值，时常出现在微信、微博、QQ等平台。本任务中，王云是一名保险推销人员，为扩大业务，需要公司以“买保险找王云”为主题，以“重疾险”占比为切入点，宣传重疾险的重要性的同时推广自己的业务，目的是让更多的人找王云买保险，以获得更好的收益
任务目标	① 制作尺寸为1242px×2208px，分辨率为72像素/英寸（1英寸=2.54厘米）的保险营销海报
	② 画面整洁，布局美观，图表数据清晰
知识要点	“字符”面板、图表创建、图表美化等

本任务的参考效果如图6-43所示。

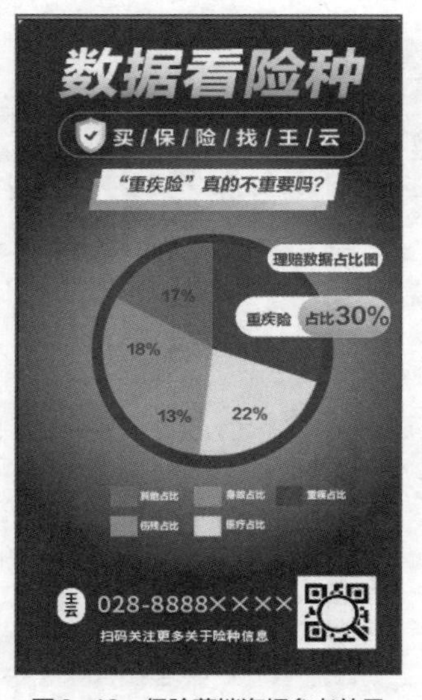

图6-43　保险营销海报参考效果

素材位置： 素材\项目6\保险营销文案.txt、图标.ai

效果位置： 效果\项目6\保险营销海报.ai

知识准备

制作营销海报时，经常会涉及大量的数据呈现，设计师需要使用图表或是矢量元素将其可视化，使数据的展示更具创意，不再枯燥，从而使海报效果更加新潮。在Illustrator中，不仅可以根据添加的数据创建多种类型的图表，如柱形图、折线图、饼图等，还能切换图表类型，或美化图表，使数据呈现更加美观。

1. 图表工具组

Illustrator提供了多种类型的图表创建工具，如图6-44所示，使用这些工具可以创建出各种不同类型的图表，以更好地展现复杂的数据，具体介绍如下。

- **“柱形图工具”**：使用该工具创建的图表用竖排的、高度可变的矩形来表示数据的大小，矩形的高度与数据大小成正比，如图6-45所示。
- **“堆积柱形图工具”**：使用该工具可以创建类似于柱形图的图表，柱形图用于对单一的数据进行比较，而堆积柱形图则将比较的数数叠加在一起，用于实现全部数据总和的比较，如图6-46所示。

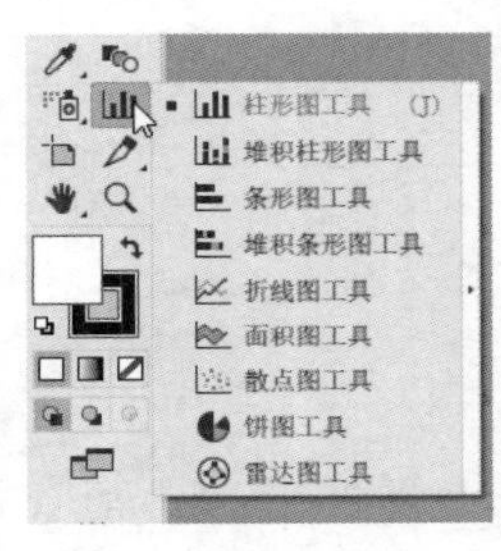

图6-44　图表工具组

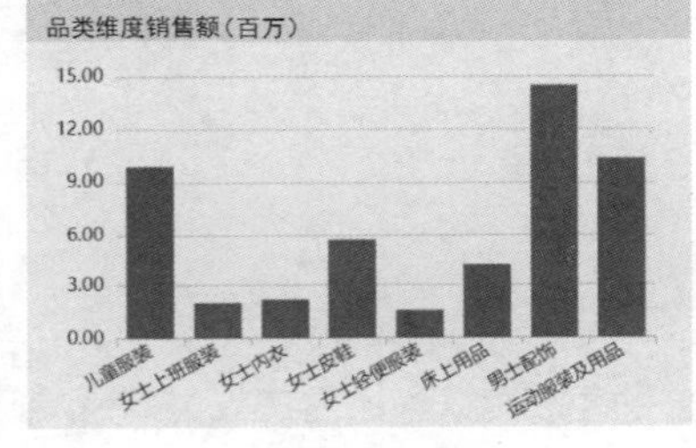

图6-45　柱形图

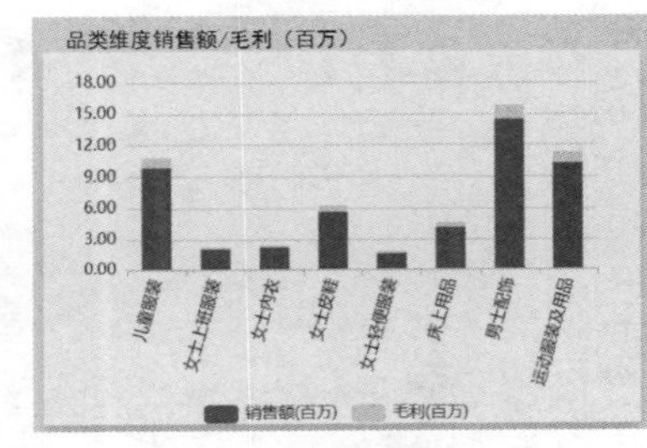

图6-46　堆积柱形图

- **“条形图工具”**：使用该工具可以创建与柱形图本质一样的图表，这类图表使用长度可变的横向矩形条来表示数数的大小。
- **“堆积条形图工具”**：使用该工具可以创建与条形图类似的图表，但堆积条形图将比较的数数叠加在一起，用于实现全部数据总和的比较，效果与“堆积柱形图工具”类似。
- **“折线图工具”**：使用该工具创建的图表用折线连接数据点，以表示一组或者多组数据，通过折线的走势表现数据的变化趋势，如图6-47所示。
- **“面积图工具”**：使用该工具可以创建与折线图类似的图表，只是会在折线与水平坐标之间的区域中填充不同颜色，便于比较数数的整体变化，如图6-48所示。

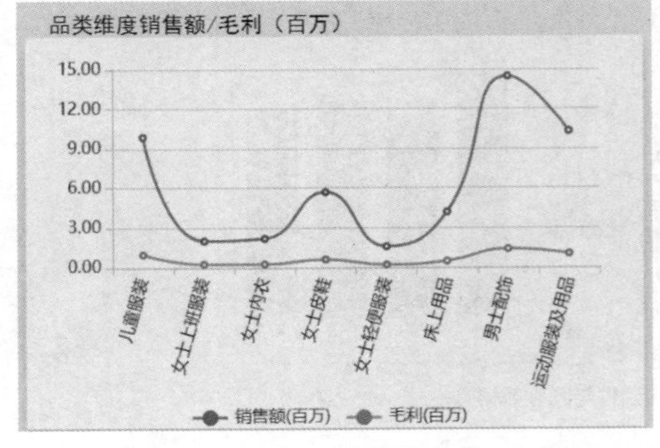

图6-47　折线图

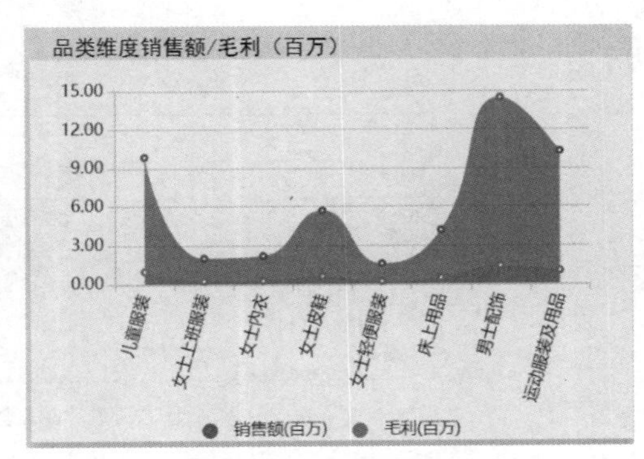

图6-48　面积图

- **“散点图工具”** ：使用该工具创建的图表以x轴和y轴为数据坐标轴，两组数据的交叉点叫作坐标点，可以清晰地反映数据的变化趋势。
- **“饼图工具”** ：使用该工具创建的图表整体显示为一个圆形，每组数据按照各自在整体中所占的比例，以不同颜色的扇形区域显示出来，如图6-49所示。
- **“雷达图工具”** ：使用该工具可以创建以不规则多边形形式显示各组数据对比情况的图表，如图6-50所示。

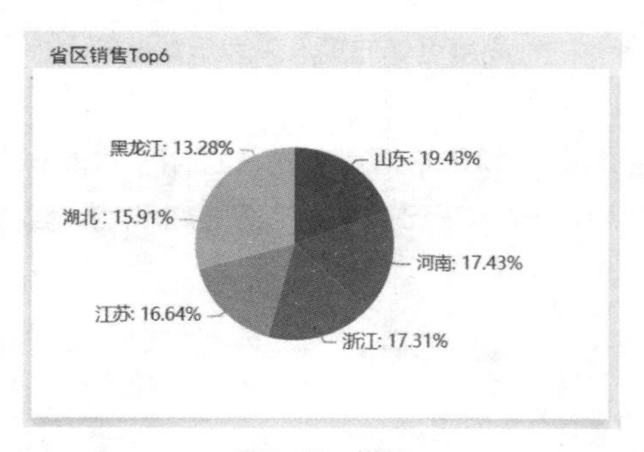

图6-49　饼图

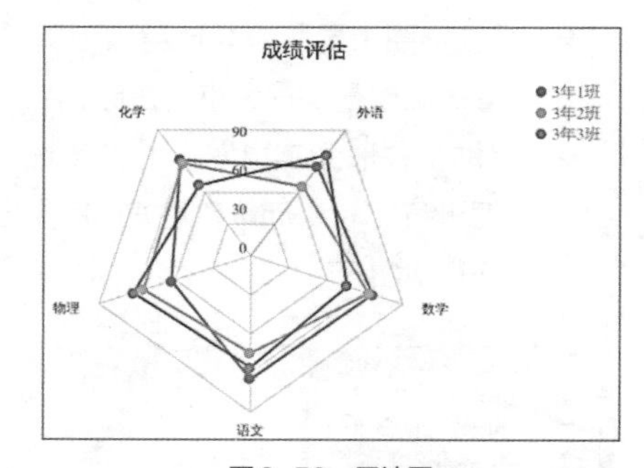

图6-50　雷达图

美化图表

在Illustrator中创建的图表默认为黑白灰效果，为满足设计需要，设计师可以对其进行美化。其具体操作方法为：使用“直接选择工具” 选中图表中的图形，此时可以设置填充、描边等属性来美化图表，也可以变换图形大小、外观等；若选中文字，则可以设置字体、字体大小等文字属性。

2. “图表数据”对话框

选择需要的图表工具后，绘制放置图表的区域，此时会打开“图表数据”对话框，该对话框中的图表数据与图表中显示的数据是相互关联的，如图6-51所示。若需要修改图表数据，选择创建好的图表，选择【对象】/【图表】/【数据】命令，重新打开“图表数据”对话框，在其中编辑图表数据即可。“图表数据”对话框右上方有一组按钮，用于编辑数据，具体介绍如下。

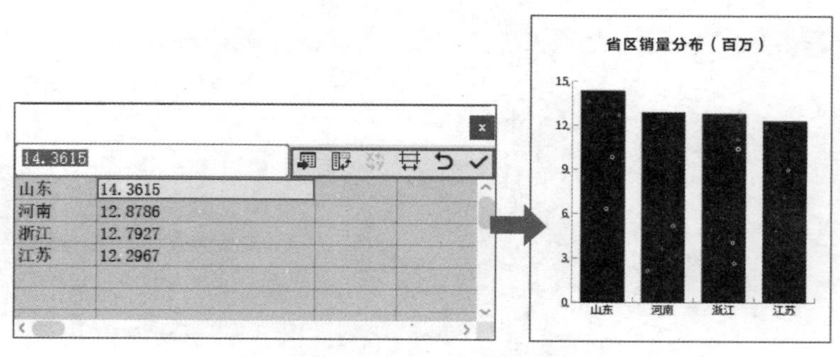

图6-51　“图表数据”对话框与图表效果

- **导入数据** ：单击该按钮，可以从外部文件中导入数据。
- **换位行/列** ：单击该按钮，可将横排和竖排的数据交换位置。

- **切换X/Y轴**：单击该按钮，将调换x轴和y轴的位置。
- **单元格样式**：单击该按钮，将打开“单元格样式”对话框，用于设置单元格中数据小数点的位数和数字栏的宽度。
- **恢复**：单击该按钮，将使文字框中的数据恢复到前一个状态。
- **应用**：单击该按钮，确认输入的数据并生成图表。

知识补充

转换图表类型

若创建的图表不能很好地表现数据，可以尝试转换为其他类型的图表。其具体操作方法为：在选中的图表上单击鼠标右键，在弹出的快捷菜单中选择“类型”命令，打开“图表类型”对话框，选择其他的图表类型，单击确定按钮。

任务实施

1. 排版海报文案

在排版海报文案时，米拉考虑以蓝色为主题色，采用具有径向渐变效果的背景；然后梳理文字信息，分析信息的重要程度，进行文字信息层级的划分；最后通过字体对比、大小对比、文字样式对比来突出文字的层次感和设计感，具体操作如下。

微课视频

排版海报文案

（1）新建名称为“保险营销海报.ai”的文件，绘制与画板大小相同的矩形。选择“渐变工具”，在控制栏中单击“径向渐变”按钮，从画板中心到外侧创建渐变，设置渐变色为“#9AB9DC”“#0A3B8B”，如图6-52所示。

（2）复制“保险营销文案.txt”文件中的文案到“保险营销海报.ai”文件中，拖动文字四角，快速调整文字大小，设置文字颜色为“#FFFFFF”；设置上部分字符的字体为“方正兰亭粗黑简体”，将页尾部分的字体设置为“思源黑体 CN Medium”，如图6-53所示。

（3）选择“数据看险种”“‘重疾险’真的不重要吗？”文字，选择【对象】/【变换】/【倾斜】命令，打开“倾斜”对话框，设置倾斜角度为“10°”，单击确定按钮，倾斜效果如图6-54所示。

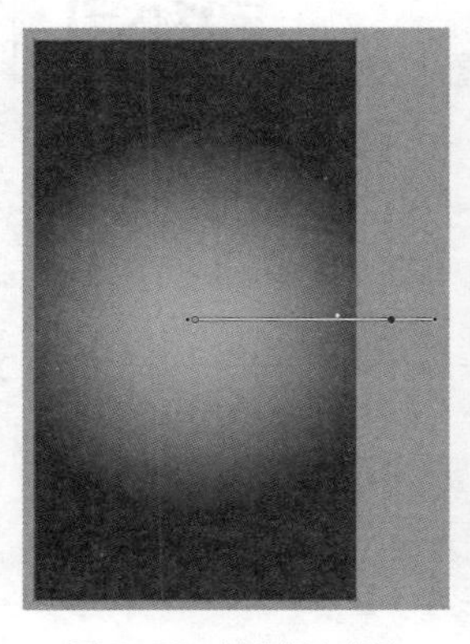

图6-52 创建渐变背景

图6-53 添加文案

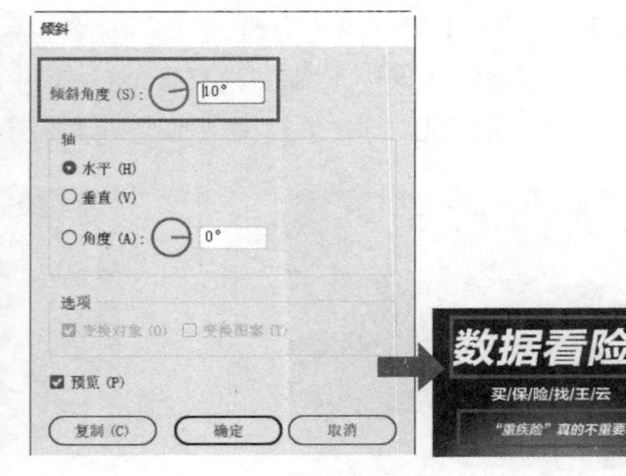

图6-54 倾斜文字

（4）选择“买/保/险/找/王/云”文字，打开“字符”面板，设置所选文字的字距为“300”，如图6-55所示。

（5）选择“数据看险种”文字，选择【文字】/【创建轮廓】命令，将文字转换为轮廓。选择“渐变工具”，在控制栏中单击“线性渐变”按钮，从上到下创建渐变，设置“数据看”文字的渐变色为“#FFFFFFF”“#6D86B6”，设置“险种”文字的渐变色为“#F7ECC4”“#E5B679”，如图6-56所示。

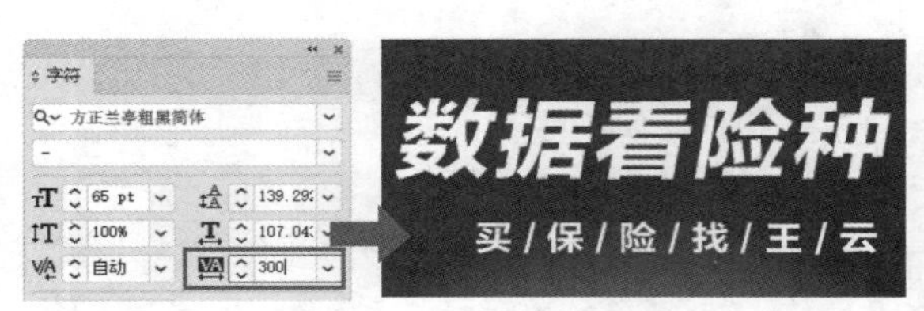

图6-55　设置文字间距

图6-56　设置文字渐变

（6）在“‘重疾险’真的不重要吗？”“王云”文字下绘制装饰形状，在“买/保/险/找/王/云”文字外侧绘制圆角矩形边框；打开并复制“图标.ai”文件中的盾牌图标到“买/保/险/找/王/云”文字左侧，复制二维码图标到电话号码文字右侧，更改电话号码文字颜色为“#F1E5C7”，如图6-57所示。

图6-57　使用图形和图标装饰海报并调整文字属性

2. 创建图表

通过深入分析不同图表的作用，米拉考虑利用“饼图工具”为理赔数据占比创建图表，使数据展示更加清晰、直观，具体操作如下。

（1）选择“椭圆工具”，按住【Shift】键不放绘制圆形，取消描边，设置填充色为“#224F99”，便于后期放置图表，如图6-58所示。

（2）选择“饼图工具”，在中心绘制放置图表的区域，此时将打开“图表数据”对话框；打开“保险营销文案.txt”文件，将保险理赔相关数据输入“图表数据”对话框中，此时数据默认显示两位小数，如图6-59所示。

图6-58　绘制圆形

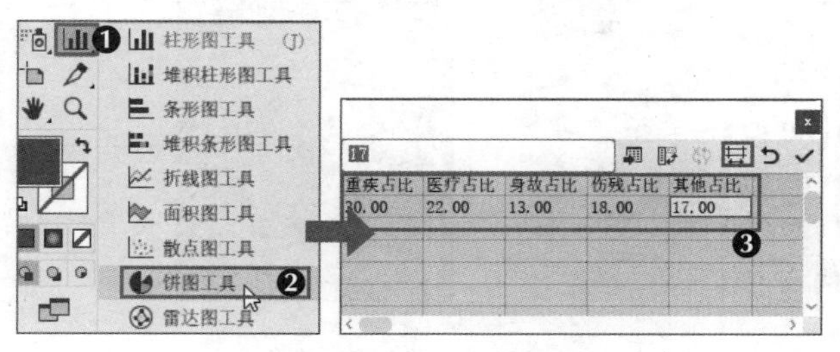

图6-59　输入饼图数据

（3）在“图表数据”对话框上方单击“单元格样式”按钮，打开“单元格样式”对话框，设置小位数位为“0”，单击 确定 按钮，取消小数点的显示，如图6-60所示。

（4）单击“应用”按钮，确认输入的数据并生成图表，单击按钮关闭“图表数据”对话框，效果如图6-61所示。

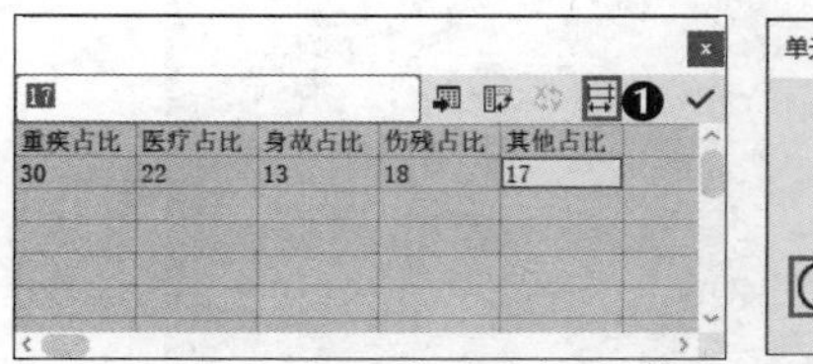

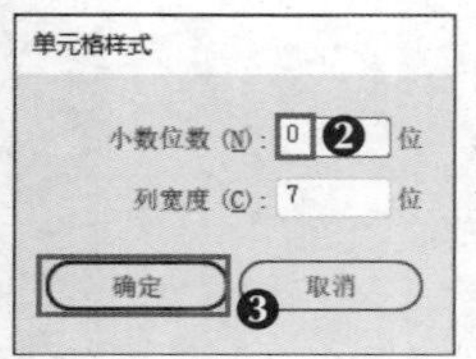

图6-60　取消小数位数

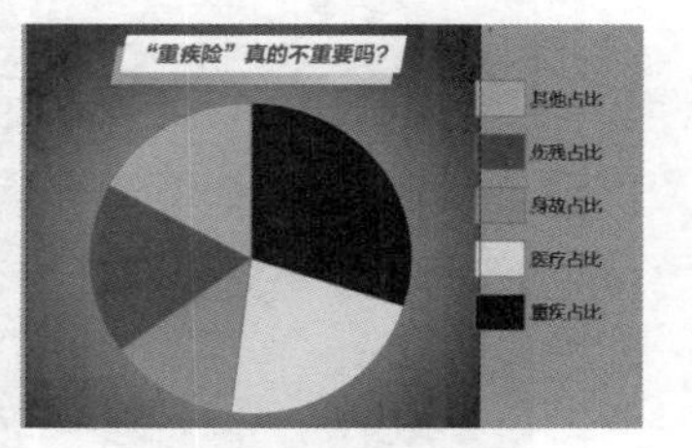

图6-61　查看创建的饼图

3. 美化图表

米拉发现默认创建的图表超出了放置图表的区域，需要调整其大小，并且图表的颜色呈现为灰白黑色，看起来不太美观。米拉考虑采用鲜明的颜色来美化图表，并完善图表的数据信息，具体操作如下。

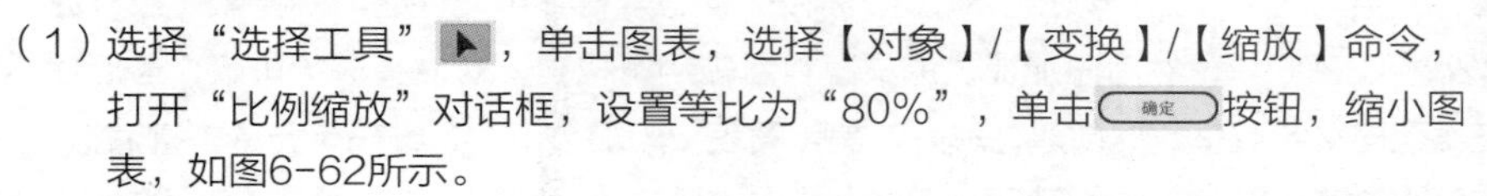

（1）选择“选择工具”，单击图表，选择【对象】/【变换】/【缩放】命令，打开“比例缩放”对话框，设置等比为“80%”，单击按钮，缩小图表，如图6-62所示。

（2）选择“直接选择工具”，按住【Shift】键单击“其他占比”“伤残占比”图例内容，将它们移动到饼图下方，继续移动其他图例到饼图下方，注意排列整齐；继续等比例缩小所有图例为原来的“80%”，效果如图6-63所示。

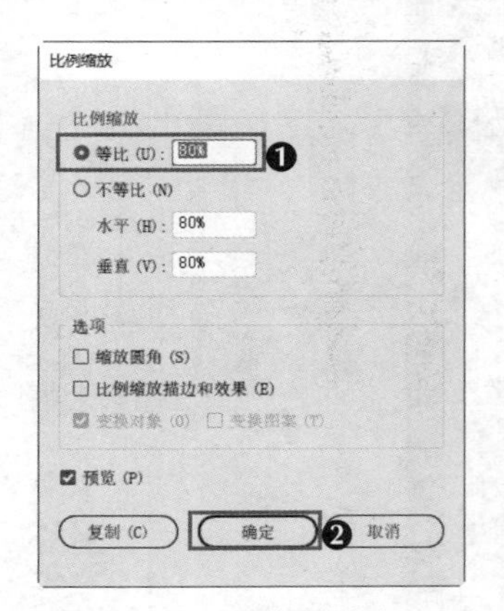

图6-62　调整图表大小

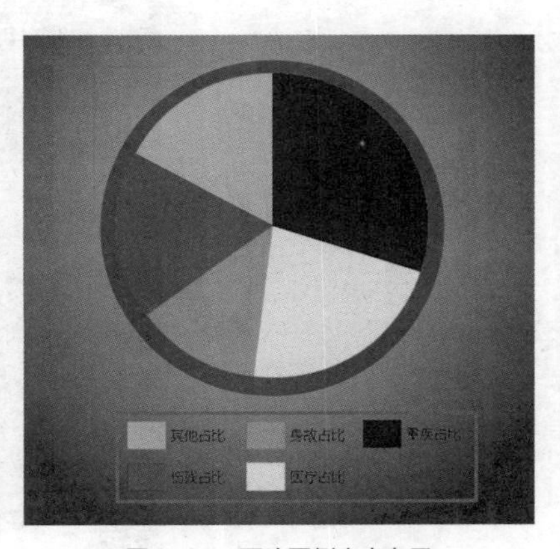

图6-63　更改图例内容布局

（3）选择“直接选择工具”，按住【Shift】键单击图例中的文字内容，设置文字颜色为“#FFFFFF”，字体为“方正兰亭粗黑简体”，继续设置饼图颜色，除了白色以外，分别将其他板块设置为红色、橙色、黄色、青色。注意设置板块颜色时，应将对应图例内容中的色块同时设置成相同颜色，效果如图6-64所示。

（4）选择“文字工具”，输入占比信息、表名信息文字，设置文字属性为“#244F99、方正兰亭粗黑简体”，通过字体大小对比突出“重疾险占比30%”文字；利用圆角矩形修饰表名、“重疾险占比30%”文字，渐变圆角矩形的填充效果可以用“吸管工具”吸取“险种”文字的渐变填充效果得到，效果如图6-65所示，保存文件。

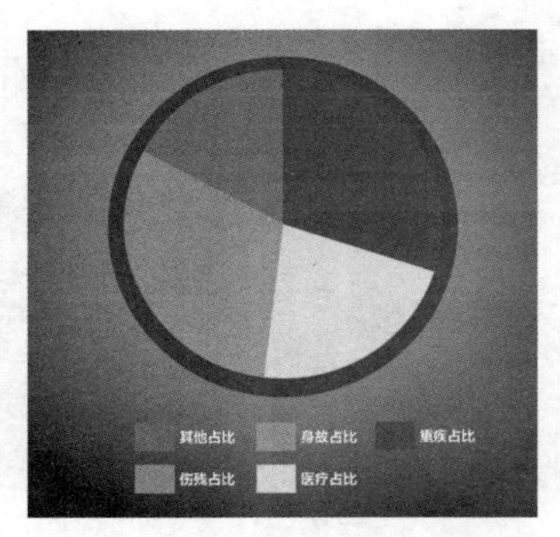

图6-64 调整图表和图例色块的色彩

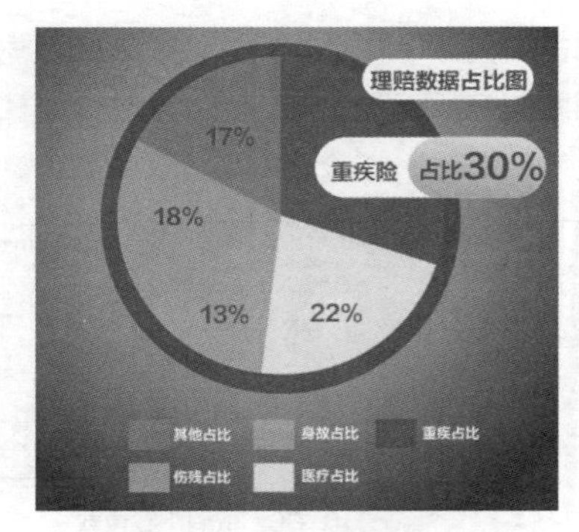

图6-65 完善数据信息的效果

课堂练习

设计金融理财海报

某理财公司需要设计师设计一张金融理财海报，用于公众号推文中。已提供海报文案、各类型理财收益率数据、金币图标和二维码素材，可先创建渐变背景，尺寸为1242px×2208px；然后添加提供的文案，编辑字符格式，对文案进行排版；最后根据各类型理财收益率数据创建柱形图，美化图表，添加金币、二维码等元素丰富海报。本练习的参考效果如图6-66所示。

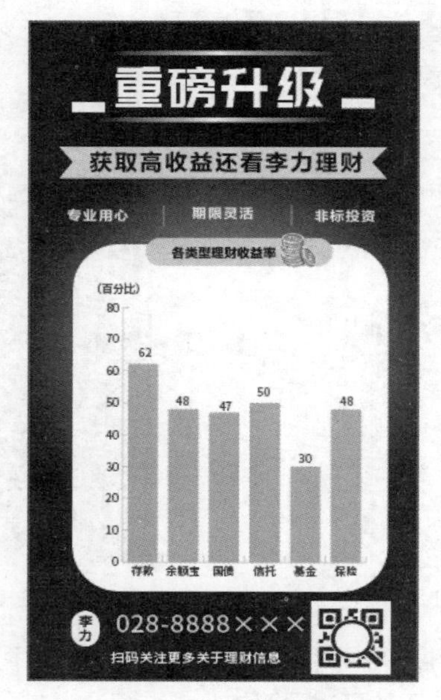

图6-66 金融理财海报参考效果

素材位置：素材\项目6\金融理财文案.txt、金币.ai、二维码.ai

效果位置：效果\项目6\金融理财海报.ai

综合实战 设计房地产营销长图

老洪新接到的很多设计任务都涉及了大量数据，由于时间紧迫，米拉制作的“保险营销海报”又获得了客户的肯定，因此老洪继续将“房地产营销长图”设计任务交给米拉来完成。米拉接过任务，首先充分了解客户提供的房地产营销文案，通过分析“得房率”数据，将“更高得房率 更大空间”作为营销核心卖点，再通过饼图将“高层”“洋房”得房率进行直观展示，并为营销长图设计橘红色的渐变背景，以营造温馨的氛围。

实战描述

实战背景	营销长图类似于营销海报，但其展示的内容比营销海报多，营销长图经常出现在朋友圈和公众号推文中，常用于介绍产品或者宣传活动。营销长图相比乏味的文字说明更加清晰直观，更能让浏览者快速锁定关键内容。某房地产品牌委托公司制作一张精美的营销长图，用于发布微信朋友圈，促进房产的销售。目前已完成文案拟定，需要设计师运用提供的文案设计营销长图
实战目标	① 制作尺寸为800px×2000px，分辨率为72像素/英寸（1英寸=2.54厘米）的营销长图
	② 将数据创建为图表，美化图表，使数据可视化
	③ 营销长图包含文案、数据信息等，内容简洁明了，具有说服力
	④ 颜色、字体搭配和谐，主色调一般不超过3种
知识要点	“字符”面板、文字工具组、图表工具组、“图表数据”对话框等

本实战的参考效果如图6-67所示。

图6-67 房地产营销长图参考效果

素材位置： 素材\项目6\房地产营销文案.txt、二维码.ai、房地产图标.ai

效果位置： 效果\项目6\房地产营销长图.ai

思路及步骤

设计房地产营销长图时，米拉考虑采用渐变背景增强创意，又考虑到直接使用文字说明会显得非常苍白，难以达成营销的目的和效果，所以决定使用饼图来表现得房，率更加直观；然后布局文字和图表，美化文字和图表，使整体呈现效果更佳。本例的设计思路如图6-68所示，参考步骤如下。

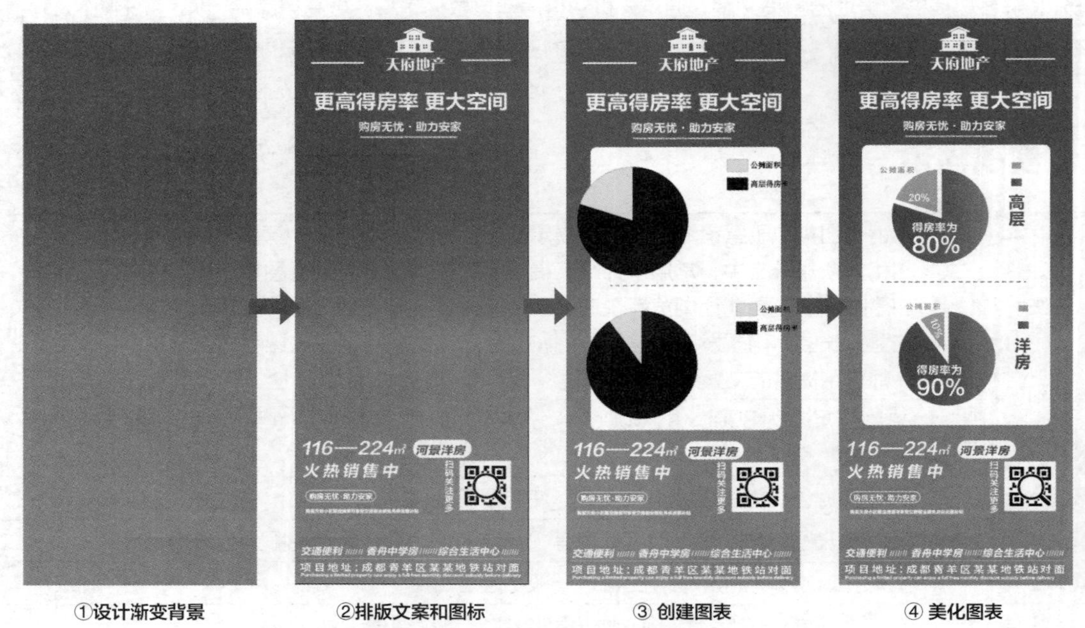

图6-68　设计房地产营销长图的思路

(1) 新建名称为“房地产营销长图.ai”的文件，绘制与画板大小相同的矩形。选择矩形，选择【窗口】/【渐变】命令，打开“渐变”面板，单击“线性渐变”按钮，设置渐变色为“#E7925B”“#DE5322”。

(2) 打开并复制“房地产图标.ai”文件中的图标到长图顶端，将填充色更改为“#FFFFFF”，绘制白色线条装饰。打开并复制“房地产营销文案.txt”文件中的文案到长图中，拖动文字四角，快速调整文字大小，设置文字颜色为“#FFFFFF”，分别设置字体为“方正兰亭粗黑简体”“思源黑体 CN Medium”。

(3) 调整文案在长图中的位置，注意对齐方式。绘制线条、圆角矩形修饰字符，为部分字符设置倾斜效果。

(4) 选择“圆角矩形工具”，在长图中间绘制圆角矩形，设置填充色为“#FFFFFF”，取消描边，用于放置图表。

(5) 选择“饼图工具”，在中心绘制放置图表的区域，打开“图表数据”对话框，将“房地产营销文案.txt”文件中的得房率相关数据输入“图表数据”对话框中，单击“应用”按钮，确认输入的数据并生成图表，单击按钮关闭“图表数据”对话框。

(6) 选择“选择工具”，单击图表，选择【对象】/【变换】/【缩放】命令，在打开的对话框中根据需要设置合适的缩放比例，单击按钮。

(7) 选择“直接选择工具”，分别选择图表的各个部分，设置填充、描边、字体、字体大小等属性，美化图表，最后保存文件。

课后练习 设计基金营销长图

某基金品牌委托公司制作一张精美的营销长图，用于发布微信朋友圈，以此促进基金的销售。目前已完成文案拟定与数据分析，需要设计师运用提供的文案、数据设计营销长图。要求尺寸为800px×2000px，主题突出、主次分明，数据展示直观、清晰。米拉接过该任务，浏览客户提供的相关文案后，提取了关键文案、数据信息，然后通过设置文字属性、排版文案，增强文案的可读性；使用"条形图工具"将基金数据可视化，再设置图表的大小、颜色、布局等以美化条形图，参考效果如图6-69所示。

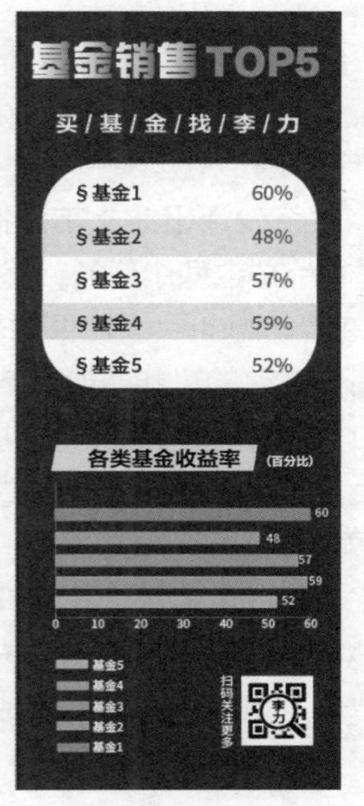

图6-69 基金营销长图参考效果

素材位置： 素材\项目6\基金营销文案.txt、二维码.txt

效果位置： 效果\项目6\基金营销长图.ai

项目7
变形与混合对象

情景描述

最近，老洪将设计扭曲文字海报、毛绒感IP形象的任务交给了米拉，并告诉她要完成这两个任务，就要避免循规蹈矩，要敢于打破规则，寻求创新与变化。Illustrator提供的变形和混合功能为平面设计提供了更多实现创新与变化的可能，如文字不仅可以设置大小、粗细、颜色等属性，还可以制作拧转、膨胀、扭曲、混合效果；简单的单个图形通过变形或多种角度结合在一起，可以得到复杂的创意图形，如为星形添加“粗糙化”效果可以得到毛绒效果。

米拉听了老洪的讲解后，开始研究图形变化技巧，综合运用不同的变形及混合功能，以碰撞出更多火花，激发更多的设计创意，使之后的设计作品在契合主题和行业特点的同时，更具有视觉吸引力。

学习目标

知识目标	● 掌握变形工具组中工具的使用方法 ● 掌握“变形”效果组中效果的使用方法 ● 掌握“扭曲和变换”效果组中效果的使用方法 ● 掌握封套的使用方法 ● 掌握混合功能的使用方法
素养目标	● 运用逆向思维去思考和处理问题 ● 培养良好的沟通和表达能力

任务7.1 设计扭曲文字海报

为增加会员人数，促使会员消费，提升交易额，某企业展开“会员享 充100元送100元”活动，委托公司设计该活动的文字海报，老洪将该任务分配给了米拉。米拉接过任务，首先向企业确定了文字海报需包含的活动内容，然后展开文字海报的设计。米拉考虑采用红色作为背景色，以渲染活动的氛围，文字则采用白色，与背景对比鲜明；然后通过字体、字体大小、矩形底纹突出文字信息。为增强创意性，米拉还准备对文字进行膨胀和扭曲变形设计，增强文字的动感，使其更具设计感和装饰性。

任务描述

任务背景	文字海报是指主要由文字组成的海报，该类型的海报能清楚、直观地传达信息，而且文字排版效果会直接影响海报信息的传达效果和视觉美观性。某企业为拓展业务，刺激消费，委托公司设计一张以“会员享充100元送100元”为主题的文字海报，要求创意十足，信息传达准确
任务目标	① 制作尺寸为1080px×1920px，分辨率为72像素/英寸（1英寸=2.54厘米）的扭曲文字海报
	② 文案层次结构清晰，排版美观
	③ 背景和文案颜色区分明显，文案字体易于阅读，扭曲效果不影响文字的辨识度，提高文案的可读性
知识要点	变形工具组、“变形”效果组、“封套扭曲”变形等

本任务的参考效果如图7-1所示。

高清彩图

图7-1 扭曲文字海报参考效果

素材位置： 素材\项目7\褶皱.tiff

效果位置： 效果\项目7\扭曲文字海报.ai

知识准备

米拉发现，对简单的图形和文字进行变形处理，使其呈现扭曲、膨胀、上升、弧形、拱形、凸出等效果，可以得到复杂、视觉夸张的设计元素，在设计作品中添加这些设计元素，能有效提升作品的视觉吸引力。要想变形图形和文字，熟悉并掌握变形工具组、“变形”效果组、“封套扭曲”变形的使用方法就十分重要。

1. 变形工具组

Illustrator提供了一组关于对象的变形工具，如图7-2所示，变形工具组中各工具的具体介绍如下。

- **“宽度工具”**：将鼠标指针放到对象的适当位置，按住鼠标左键不放并拖曳鼠标，可以随意地调整对象路径上各部分的描边宽度。该工具可用于制作粗细不一的线条，如图7-3所示。
- **“变形工具”**：将鼠标指针放到对象的适当位置，按住鼠标左键不放并拖曳鼠标，可以扭曲变形对象，如图7-4所示。

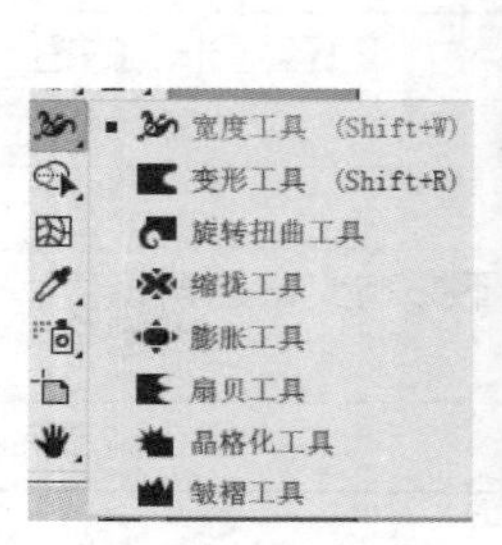

图7-2　变形工具组

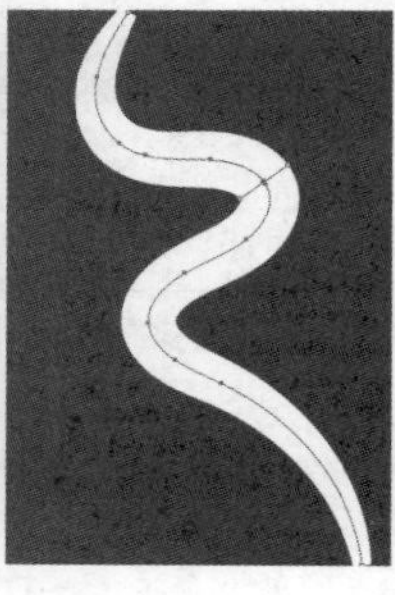

图7-3　使用“宽度工具”

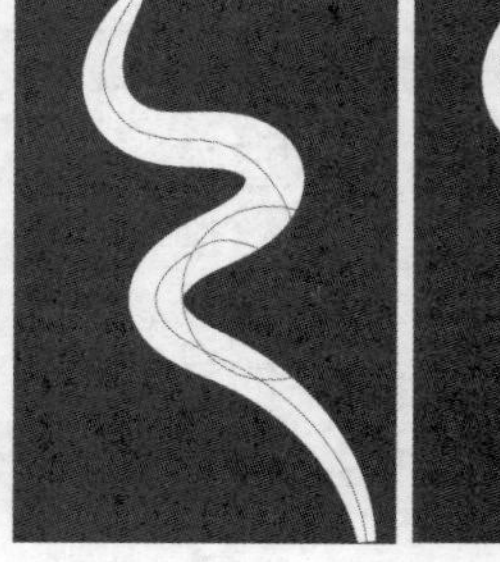
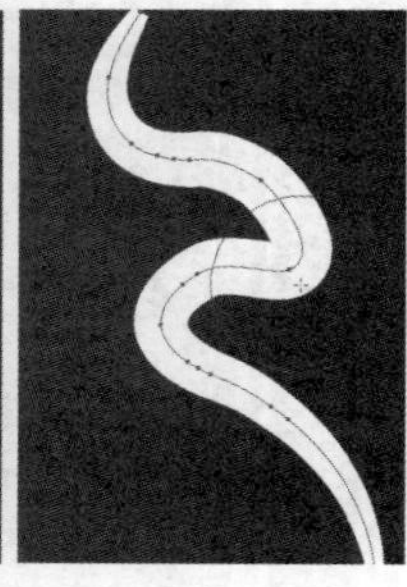

图7-4　使用“变形工具”

- **“旋转扭曲工具”**：将鼠标指针放到对象的适当位置，单击可使对象产生旋转扭曲的变形效果，如图7-5所示。
- **“缩拢工具”**：将鼠标指针放到对象的适当位置，单击可使对象产生向内缩拢的变形效果，如图7-6所示。

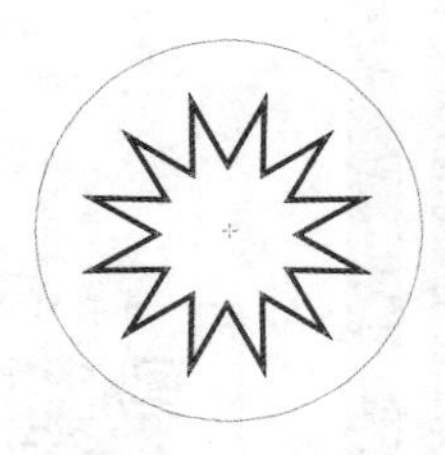

图7-5　使用“旋转扭曲工具”

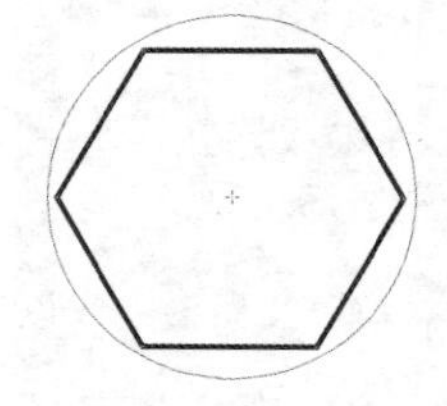

图7-6　使用“缩拢工具”

- **“膨胀工具”**：将鼠标指针放到对象的适当位置，单击可使对象产生向外膨胀的变形效果，如图7-7所示。
- **“扇贝工具”**：将鼠标指针放到对象的适当位置，单击可使对象产生锯齿形状的变形效果，如图7-8所示。

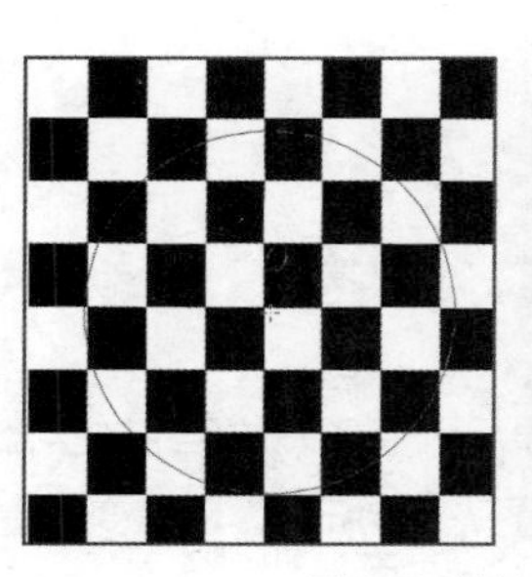

图7-7　使用“膨胀工具”

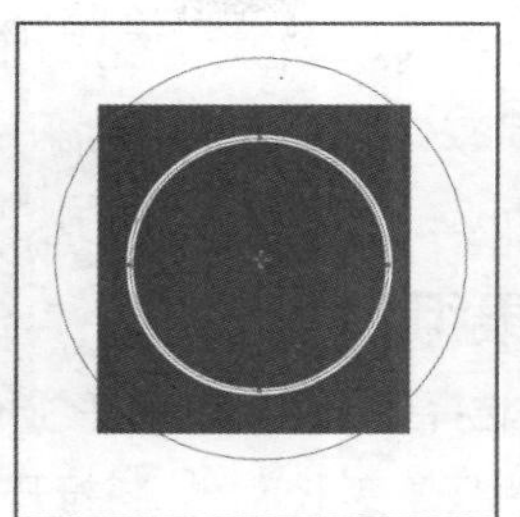

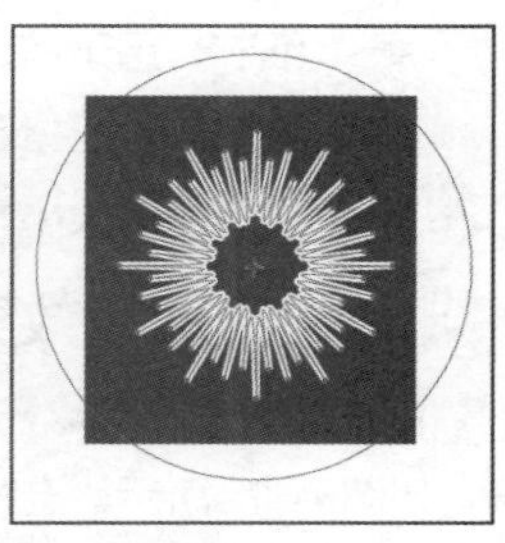

图7-8　使用“扇贝工具”

- **“晶格化工具”** ：将鼠标指针放到对象的适当位置，单击可使对象产生由内向外推拉延伸的变形效果，如图7-9所示。
- **“皱褶工具”** ：将鼠标指针放到对象的适当位置，单击可使对象边缘处产生皱褶样式的变形效果，如图7-10所示。

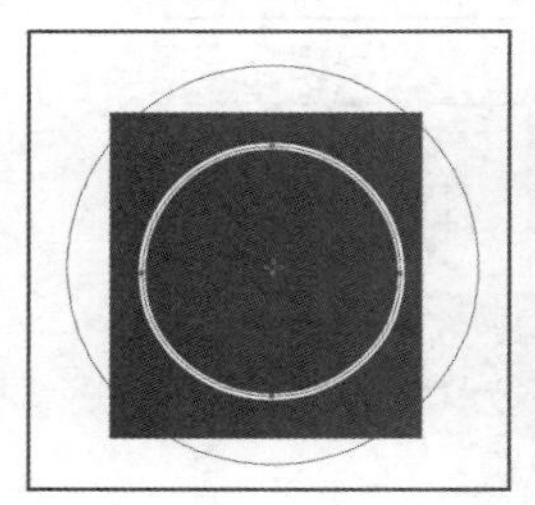

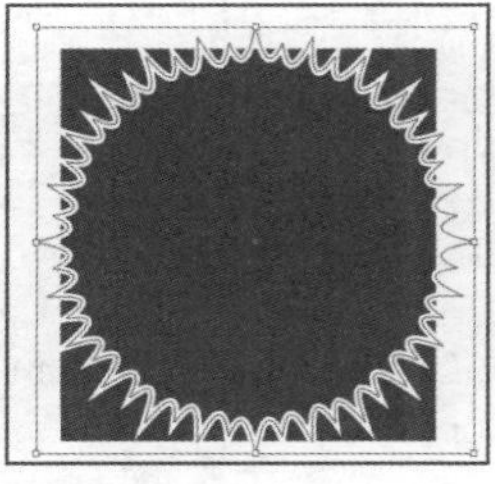

图7-9　使用“晶格化工具”

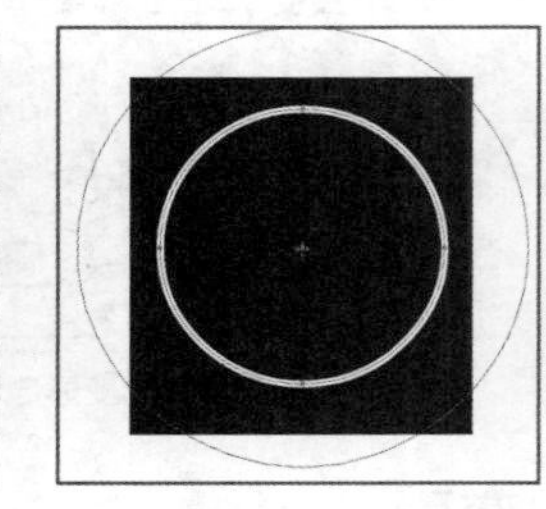

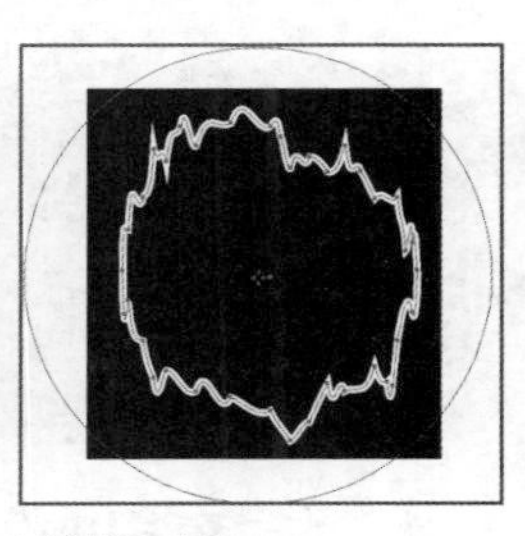

图7-10　使用“皱褶工具”

知识补充

变形技巧

除“宽度工具” 、“变形工具” 外，变形时，需要将变形区域包含在内，单击可实现一次变形，单击多次可实现多次变形，按住鼠标左键不放可持续变形到合适效果，释放鼠标则结束变形。

2. “变形”选项

除了“宽度工具” ，双击变形工具组的其他变形工具，都会打开对应的对话框。图7-11所示为双击“旋转扭曲工具” 打开的“旋转扭曲工具选项”对话框，在其中可设置全局画笔尺寸和其他参数，具体介绍如下。

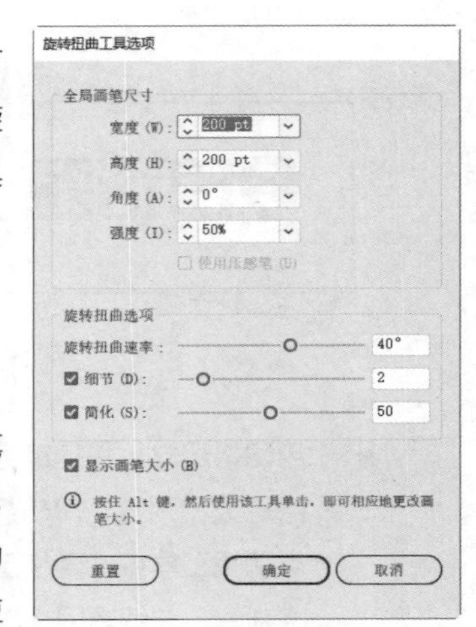

图7-11　旋转扭曲工具选项

- **宽度、高度：** 用于控制鼠标指针的大小。
- **角度：** 用于控制鼠标指针的方向。
- **强度：** 用于指定扭曲的变化速度。值越大变化速度越快。
- **使用压感笔：** 不使用“强度”值，而使用来自写字板或书写笔的输入值。如果没有附带的压感写字板，此选项将显示为灰色。
- **旋转扭曲速率：** 指定旋转扭曲的速率。取值范围为-180°～180°，负值会顺时针旋转扭曲对象，而正值则逆时针旋转扭曲对象。输入的值越接近-180°或180°，对象旋转扭曲的速度越快。若要慢慢旋转扭曲，请将其指定为接近于0°的值。

- **细节：** 用于指定引入对象轮廓的各点间的距离，值越大，间距越小。
- **简化：** 用于指定减少多余点的数量，不会影响形状的整体外观。
- **显示画笔大小：** 选中该复选框，使用“旋转扭曲工具” 时可以显示画笔大小。

3. “变形”效果组

选择画板上的对象，选择【效果】/【变形】命令，打开的子菜单中将显示“变形”效果组的全部效果，如图7-12所示。选择任意变形效果，将打开“变形选项”对话框，如图7-13所示，设置变形参数后，单击 确定 按钮，可将设置好的变形效果应用到选定的对象中。图7-14所示为文字应用“膨胀”变形效果。

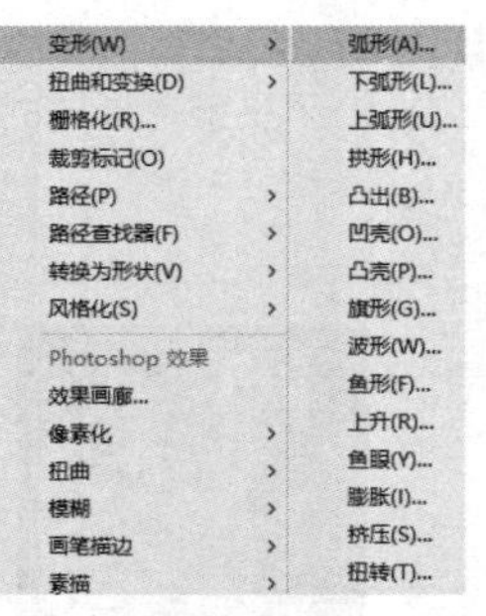

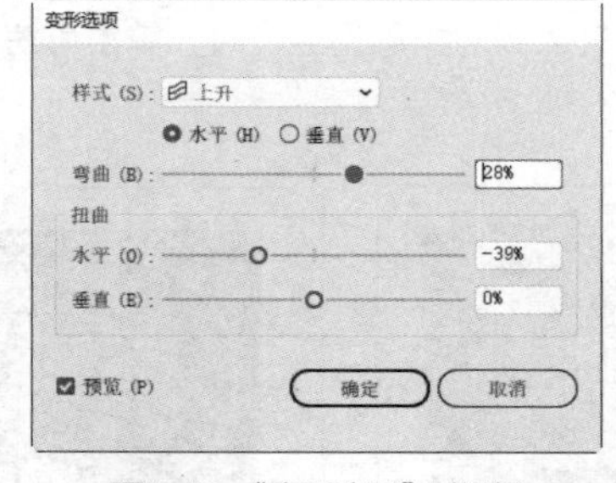

图7-12 “变形”效果组　　图7-13 “变形选项”对话框　　图7-14 为文字应用“膨胀”变形效果

4. “封套扭曲”变形

封套是指对选定对象进行扭曲和形状改变的对象。设计师可以利用画板上的对象来制作封套，或把预设的变形形状或网格作为封套。创建封套后，还可以编辑封套和封套中的内容，使其满足设计需要。

（1）创建封套

选择【对象】/【封套扭曲】命令，弹出的子菜单中有3种建立封套的命令。

- **用变形建立：** 快捷键为【Alt+Shift+Ctrl+W】，选择该命令，将打开“变形选项”对话框，选择变形样式，设置变形参数，单击 确定 按钮，可将设置好的封套应用到选定的对象中。图7-15所示为使用“用变形建立”命令为文字创建“弧形”变形封套前后的对比效果。

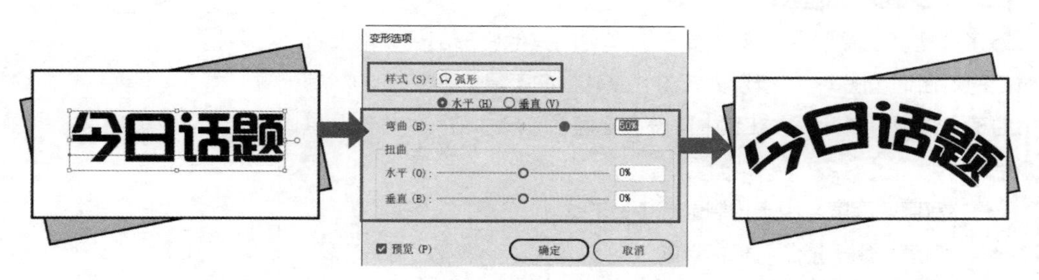

图7-15 使用“用变形建立”命令

- **用网格建立：** 快捷键为【Alt+Ctrl+M】，选择该命令，将打开“封套网格”对话框，设置网格的行数和列数，单击 确定 按钮，设置完成的网格封套将应用到选定的对象中，此时通过锚点编辑工具或“网格工具” 编辑网格可实现变形。图7-16所示为给文字和白色矩形创建网格封套，并编辑网格封套外观的效果。

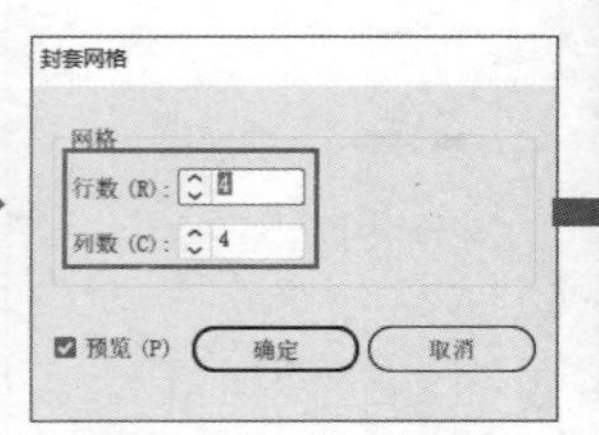

图7-16 创建网格封套并编辑网格封套外观

- **用顶层对象建立：** 同时选择对象和对象上层的封套，选择该命令（快捷键为【Alt+Ctrl+C】)，对象将置于顶层封套内，并产生变形效果，以适应封套。图7-17所示为使用顶层对象为文字建立封套的效果。

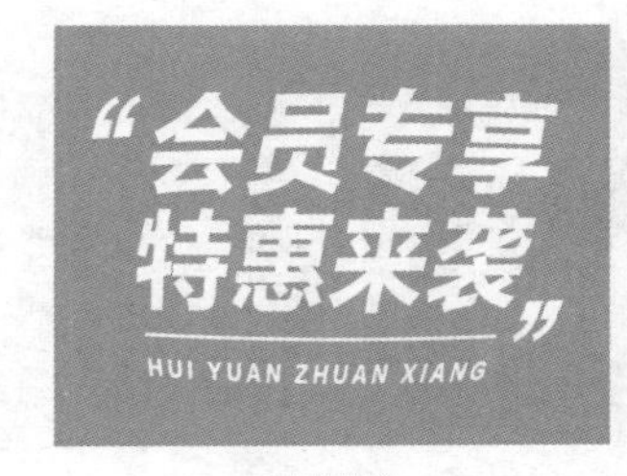

下层对象 顶层对象 封套效果

图7-17 用顶层对象为文字建立封套的效果

知识补充

重置封套

创建封套后，选择【对象】/【封套扭曲】/【用变形重置】命令或【用网格重置】命令，都可以从预设的形状或网格中重新建立封套，也可以编辑封套形状或封套内的对象，以满足设计需求。

（2）编辑封套

选择封套扭曲对象，选择【对象】/【封套扭曲】/【封套选项】命令，打开“封套选项”对话框，在其中可以设置封套选项，单击 确定 按钮，如图7-18所示。“封套选项”对话框中各参数的介绍如下。

- **消除锯齿：** 用于消除封套变形图形边缘的锯齿，保持图形的清晰度。
- **剪切蒙版：** 用于以封套创建剪切蒙版。
- **透明度：** 用于设置封套的不透明度。
- **保真度：** 用于设置对象适合封套的保真度。
- **扭曲外观：** 选中该复选框，将激活“扭曲线性渐变填充”和“扭曲图案填充”复选框，从而设置扭曲对象的线性渐变填充或图案填充效果。

（3）编辑封套中的内容

选择封套扭曲对象，在控制栏中单击“编辑内容”按钮，或选择【对象】/【封套扭曲】/【编辑内容】命令，或按【Shift+Ctrl+V】快捷键，对象将会显示原来的选择框，此时可以修改封套中的内容。图7-19所示为修改封套中的文字内容。完成内容编辑后，可在控制栏中单击“编辑封套”按钮，或选择【对象】/【封套扭曲】/【编辑封套】命令恢复封套编辑状态。

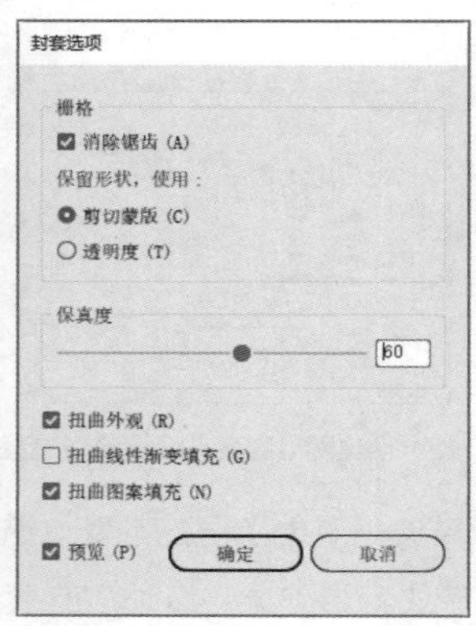

图7-18 “封套选项”对话框

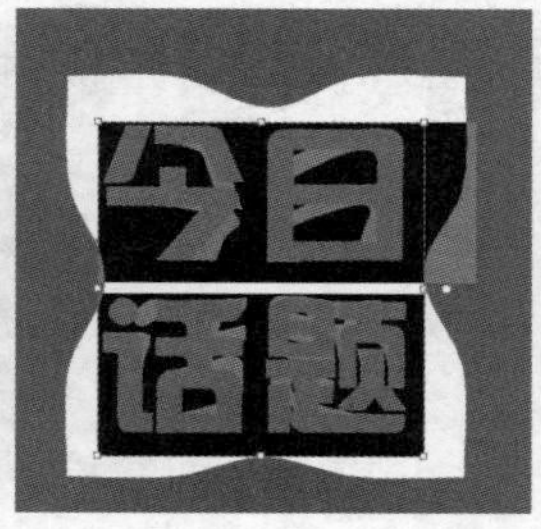

图7-19 编辑封套中的文字内容

任务实施

1. 创建“膨胀”变形

“变形”效果组中有很多种变形效果，如弧形、拱形、波形、鱼眼、膨胀和扭转等，使用这些效果可达到理想的扭曲形态、扭曲方向和扭曲程度，而且文字可以随时改变字体。米拉考虑为“会员专享 特惠来袭”标题文字添加“膨胀”效果，增加标题的创意性，具体操作如下。

（1）新建名称为“扭曲文字海报.ai”的文件，选择“文字工具”T，插入定位点，输入“‘会员专享特惠来袭 HUI YUAN ZHUAN XIANG’”文字，设置字体为“方正兰亭粗黑_GBK”，调整字体大小并绘制直线段，然后进行组合排版，效果如图7-20所示。

（2）框选文字，按【Ctrl+G】快捷键组合文字，选择【效果】/【变形】/【膨胀】命令，打开“变形选项”对话框，设置弯曲为“25%”，“水平”“垂直”扭曲为“0%”，单击确定按钮，效果如图7-21所示。

图7-20 排版标题文字

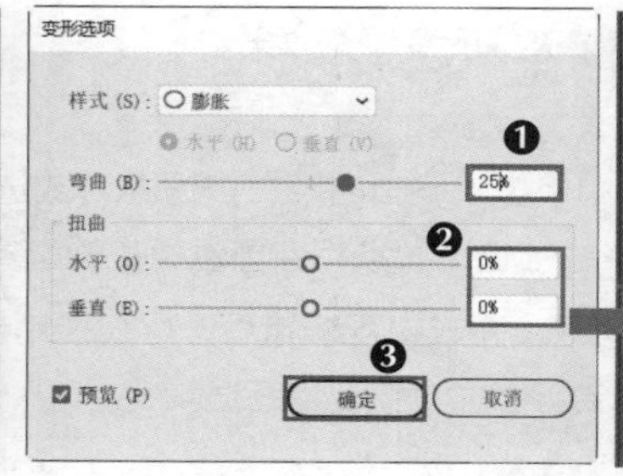

图7-21 添加“膨胀”效果

2. 创建封套扭曲

在设计优惠文案效果时，米拉考虑为其创建网格封套，以模拟褶皱扭曲效果，扭曲程度不能影响到文字的辨识度。将扭曲文字结合褶皱素材，可以让画面更立体，能很大程度地提升其视觉表现力，具体操作如下。

（1）使用“矩形工具”绘制白色矩形。选择“文字工具”，输入“会员享 HUIYUANXIANG 充100元送100元”文字，设置字体为“方正兰亭特黑简体”，调整字体大小，再进行文案排版，然后设置“充”“送”文字的描边粗细为“3 pt”，再将其加粗显示，在“元”下层绘制黑色圆形。

（2）选择“圆角矩形工具”，为“会员享 HUIYUANXIANG ”绘制圆角矩形边框，设置描边色为“#000000”，描边粗细为“4 pt”，如图7-22所示。

（3）选择白色矩形以及其上的对象，按【Ctrl+G】快捷键，选择【对象】/【封套扭曲】/【用网格建立】命令，打开“封套网格”对话框，设置网格的行数和列数为“5”，单击 确定 按钮，创建网格封套，如图7-23所示。

图7-22 绘制圆角矩形边框

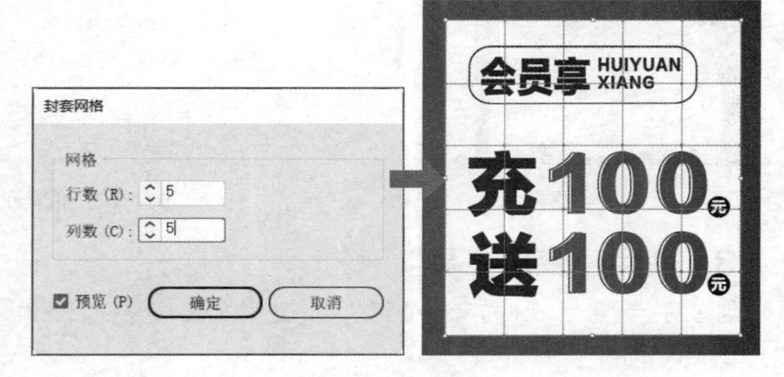

图7-23 创建网格封套

（4）选择“网格工具”，拖动网格点以编辑网格封套，形成褶皱变形效果，如图7-24所示。

（5）按住【Alt】键拖曳网格封套对象进行复制，选择复制的网格封套对象，选择【对象】/【扩展】命令，打开“扩展”对话框，选中“对象”“填充”复选框，单击 确定 按钮，此时网格消失，变形效果依然存在，如图7-25所示。

图7-24 编辑网格封套

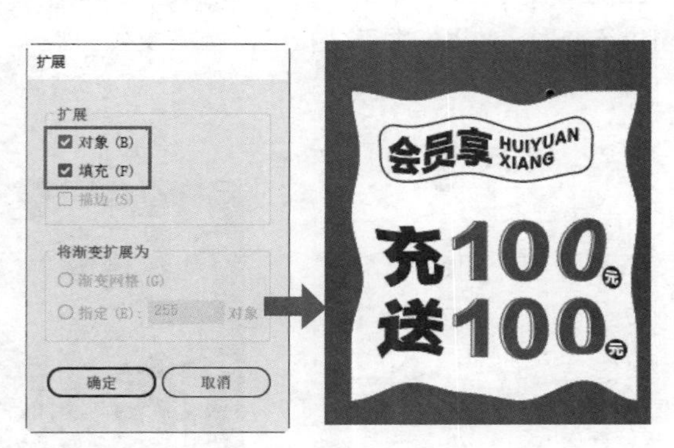

图7-25 扩展变形效果

知识补充

扩展对象

想要修改对象的外观属性及其中特定元素的其他属性时，就需要扩展对象。扩展是指把复杂对象拆分成最基本的路径。

（6）选择扩展后的对象，按【Shift+Ctrl+G】快捷键取消组合，删除文字，仅保留变形后的白色矩形，置入“褶皱.tiff”文件，调整其大小。选择白色变形矩形，按【Shift+Ctrl+]】快捷键将其置于顶层，同时选择褶皱图片和白色变形矩形，单击鼠标右键，在弹出的快捷菜单中选择“建立剪切蒙版”命令，将褶皱图片限制在白色变形矩形中显示，效果如图7-26所示。

（7）将褶皱图片放置在优惠文案上层，选择【窗口】/【透明度】命令，打开“透明度”面板，设置混合模式为“变暗”，不透明度为“80%”，增强褶皱效果，如图7-27所示。

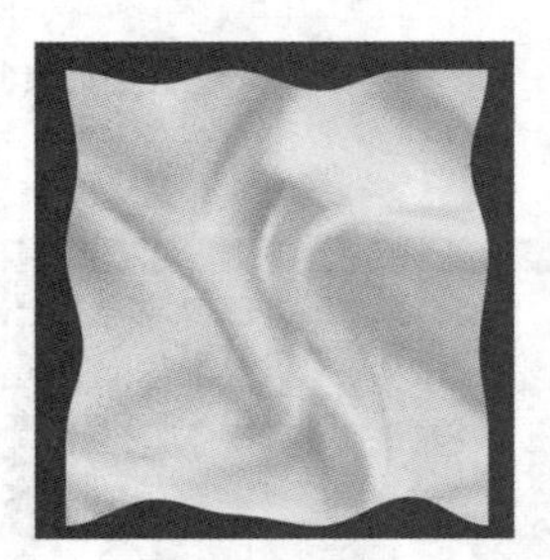

图7-26　创建剪切蒙版效果

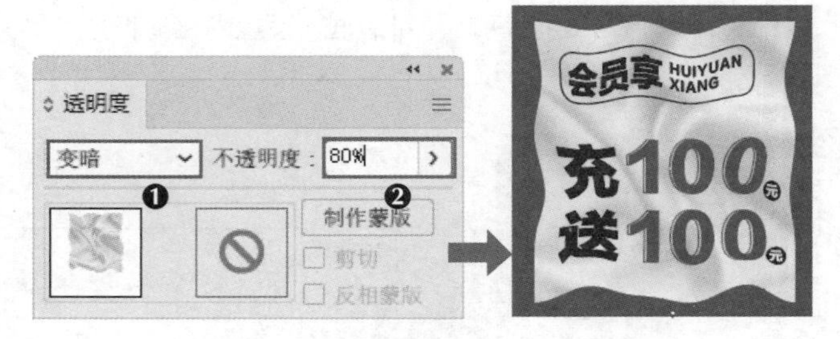

图7-27　设置混合模式和不透明度

3. 使用“变形工具”

创建网格封套后，米拉考虑使用“变形工具”调整变形效果，使整体更加美观，具体操作如下。

（1）选择优惠文案部分和褶皱图片，按【Ctrl+G】快捷键组合，双击“变形工具”，打开“变形工具选项”对话框，设置宽度和高度均为“300 px”，强度为“100 %”，细节为“1”，简化为“50”，单击（确定）按钮，如图7-28所示。

（2）向左拖曳“充100”中的“1”，对其进行变形，继续拖动其他文字进行变形，位图中的褶皱也可进行变形，效果如图7-29所示，保存文件。

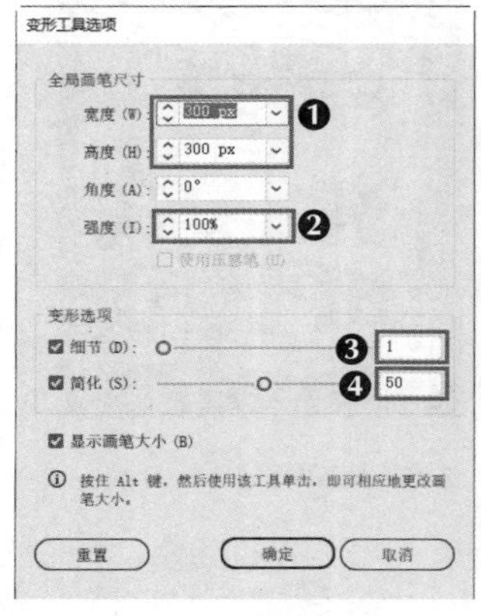

图7-28　设置变形工具选项

图7-29　变形文字

课堂练习

设计创意扭曲招聘海报

某广告设计公司需要招聘一名设计总监，为此需要设计一份招聘设计总监的海报，已提供文案、装饰元素。要求利用创意扭曲文字来营造夸张的视觉效果，合理排版文案，画面主次分明，尺寸为1080px×1920px。制作时，首先需要绘制蓝色背景，再排版文案，并添加“图标集.ai”文件中的图标或绘制一些图标装饰页面；组合需要变形的文案和白色矩形，为其创建网格封套，利用“网格工具”图拖动网格点以编辑网格封套，形成褶皱变形效果。本练习的参考效果如图7-30所示。

图7-30　创意扭曲招聘海报参考效果

素材位置：素材\项目7\招聘文案.txt、图标集.ai
效果位置：效果\项目7\创意扭曲招聘海报.ai

任务7.2　设计毛绒感IP形象

“可味鸡”品牌为提高大众对品牌的认知度，决定以小鸡为原型，委托公司设计“可味鸡”IP形象，并以海报和购物袋为例来应用IP形象。米拉从老洪手里接过该任务，为突出小鸡毛茸茸的效果，她考虑利用混合效果和“扭曲和变换”效果组中的“收缩和膨胀”效果、“粗糙化”效果来打造小鸡IP形象；并绘制眼睛、嘴巴图形，搭配“OK”手势，塑造乐观、开朗且充满自信的小鸡形象，再添加墨镜，为小鸡赋予幽默风趣。

任务描述

任务背景	IP形象通常可表现为一种人格化形象，具有可互动性、可延展性，并且能够让人产生情感共鸣。“可味鸡”品牌委托公司设计IP形象，要求结合品牌名称，能够提高大众对品牌的认知度，让品牌更好地贴近大众，并配合“福利来袭”文案，制作IP形象海报，并将IP形象应用到购物袋上
任务目标	① 制作尺寸为810px×1200px的IP形象海报，以及800px×800px的购物袋，分辨率皆为300像素/英寸（1英寸=2.54厘米），颜色模式皆为CMYK
	② IP形象要与品牌名称相关联，赋予IP形象独特的性格
	③ IP形象内容丰富，有持久的吸引力和话题性，以保证品牌和IP形象的传播热度
	④ 购物袋沿用海报中的元素，使两者具有统一性
知识要点	“变换”效果、“扭转”效果、“收缩和膨胀”效果、扩展外观、混合效果、“粗糙化”效果等

本任务的参考效果如图7-31所示。

图7-31　毛绒感IP形象参考效果

素材位置：素材\项目7\眼镜.ai、购物袋.ai
效果位置：效果\项目7\毛绒感IP形象海报.ai、毛绒感IP形象购物袋.ai

知识准备

老洪告诉米拉Illustrator还提供了“扭曲和变换”效果组，也能用于快速制作各种变形和变换效果，得到丰富多彩的图形。此外，若将“扭曲和变换”效果组与“混合工具”结合使用，可以设计出风格突出、细节丰富、设计感十足的图形。

1. “扭曲和变换”效果组

选择【效果】/【扭曲和变换】命令，在弹出的子菜单中可以看到7种变形效果，具体介绍如下。

- **变换：**用于对对象进行缩放、移动、旋转、镜像等变换操作。选择该命令，在打开的“变换效果”对话框中还能设置副本数量，如图7-32所示。

- **扭拧：**用于将所选对象随机地向内或向外弯曲、扭曲。选择该命令，在打开的“扭拧”对话框中可设置水平扭拧或垂直扭拧效果，如图7-33所示。若选中“相对”单选项，将定义调整幅度为原数量的百分比；若选中“绝对”单选项，将定义调整幅度为具体的尺寸。

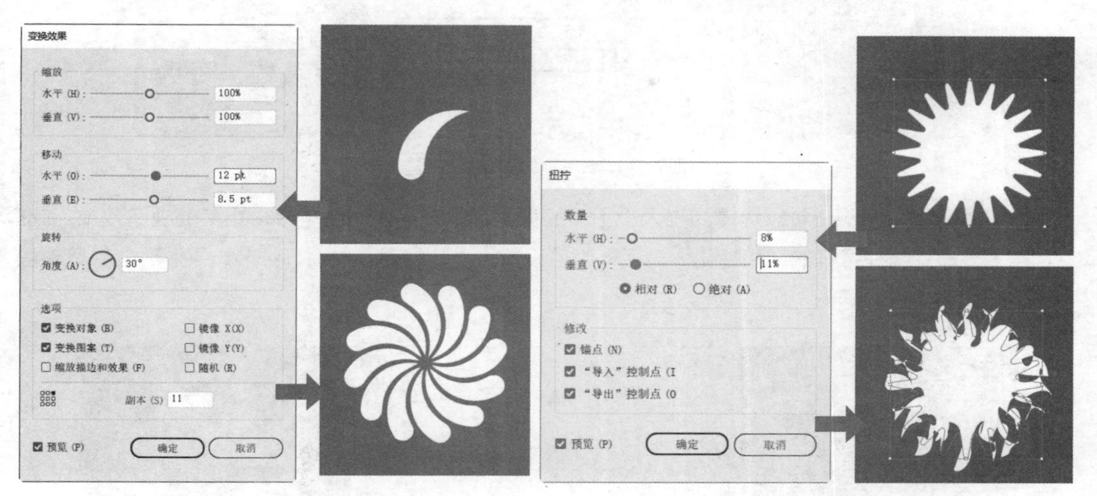

图7-32　使用“变换”命令　　图7-33　使用“扭拧”命令

- **扭转：**用于顺时针或逆时针扭转对象。选择该命令，在打开的“扭转”对话框中可设置扭转的角度，如图7-34所示。

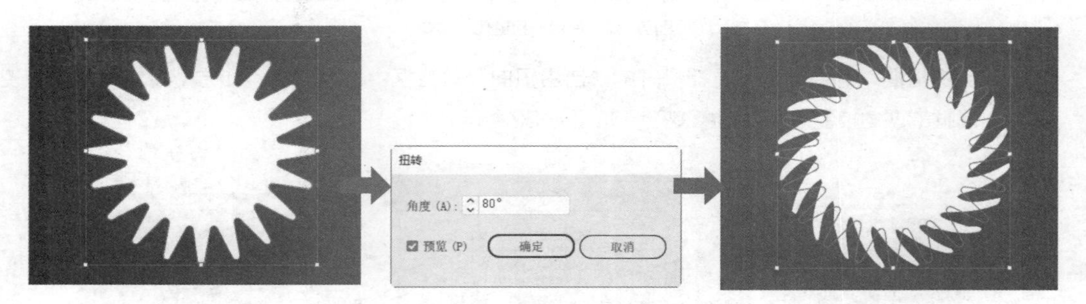

图7-34　使用“扭转”命令

- **收缩和膨胀：**用于以对象中心为基点，对所选对象进行收缩或膨胀变形。选择该命令，在打开的“收缩和膨胀”对话框中可设置收缩或膨胀强度，如图7-35所示。

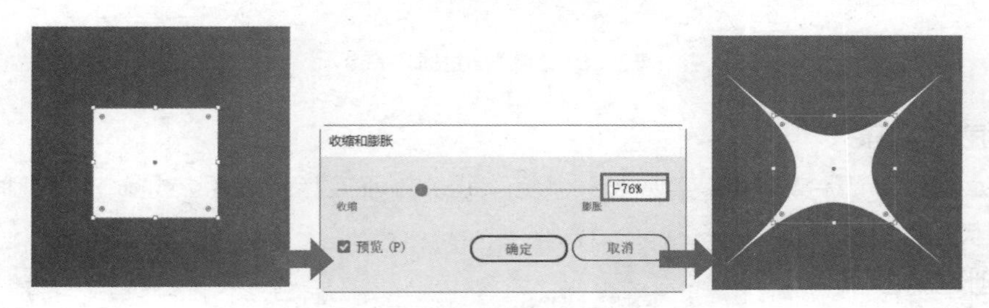

图7-35　使用“收缩和膨胀”命令

- **波纹效果：**用于使路径边缘产生波纹状扭曲效果。选择该命令，在打开的“波纹效果”对话框中可定义波纹大小、每段隆起数、平滑、尖锐等参数，如图7-36所示。

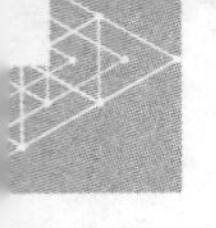

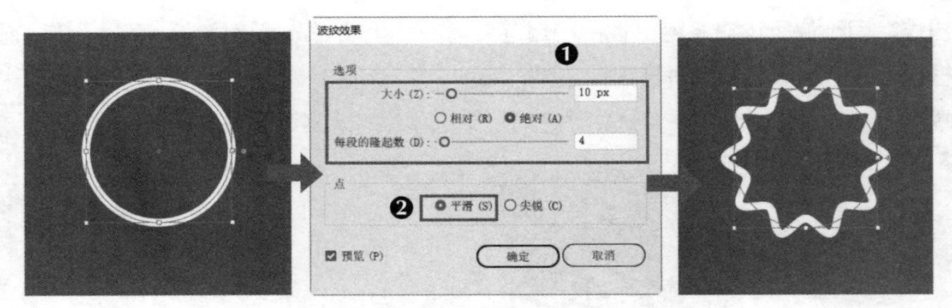

图7-36　使用“波纹效果”命令

- **粗糙化：**用于使对象边缘产生大小不一的锯齿形状，给人凹凸不平、粗糙的视觉效果。选择该命令，在打开的“粗糙化”对话框中可设置大小、相对、绝对、细节、平滑、尖锐等参数，如图7-37所示。

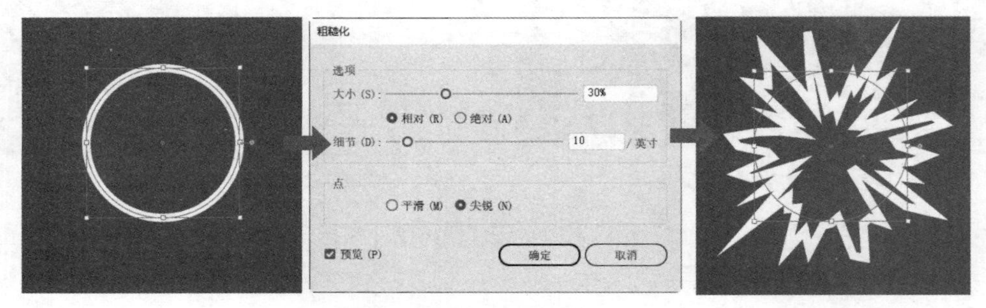

图7-37　使用“粗糙化”命令

- **自由扭曲：**选择该命令，在打开的“自由扭曲”对话框中将为对象添加方形控制框，调整控制框的四角控制点可使对象变形，如图7-38所示。

图7-38　使用“自由扭曲”命令

2. 混合功能

Illustrator提供的混合功能可以实现图形、颜色、线条之间的混合，在两个或多个对象之间生成一系列色彩与形状连续变化的对象。

（1）创建混合

创建混合有以下3种方式。

- **使用工具：**选择“混合工具”，在两个需要混合的对象上分别单击。图7-39所示为在两条曲线上建立混合的效果。

图7-39 使用“混合工具”建立混合

- **使用命令：** 选择需要混合的两个对象，选择【对象】/【混合】/【建立】命令。
- **使用快捷键：** 选择需要混合的两个对象，按【Alt+Ctrl+B】快捷键。

在混合对象上添加混合对象

创建混合对象后，还可以继续添加其他混合对象，只需选择“混合工具”，将鼠标指针移至混合对象中最后一个混合路径的锚点上单击，接着在想要添加的其他路径的锚点上单击。

（2）修改混合效果

若自动创建的混合效果不符合需要，可以选择创建的混合对象，再选择【对象】/【混合】/【混合选项】命令，打开“混合选项”对话框，设置混合参数后，单击确定按钮修改混合效果。“混合选项”对话框中主要参数的介绍如下。

- **间距：** 用于设置对象之间的混合方式。其中，“平滑颜色”选项可以自动计算混合步数，能够实现颜色的平滑过渡，如图7-40所示；“指定的步数”选项用于设置混合开始对象与结束对象之间的步骤数，如图7-41所示；“指定的距离”选项用于设置混合对象各步骤之间的距离，如图7-42所示。

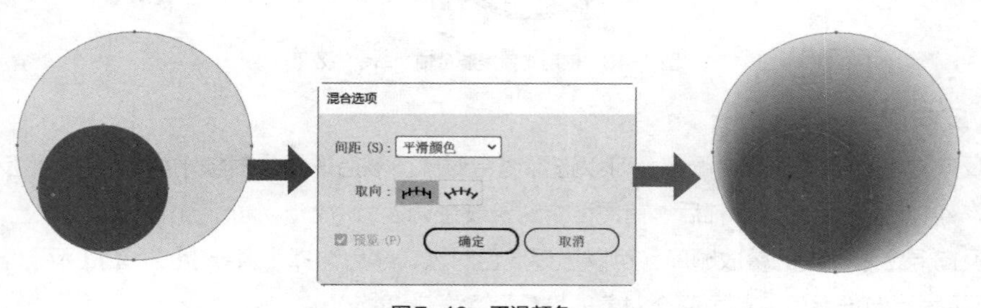

图7-40 平滑颜色

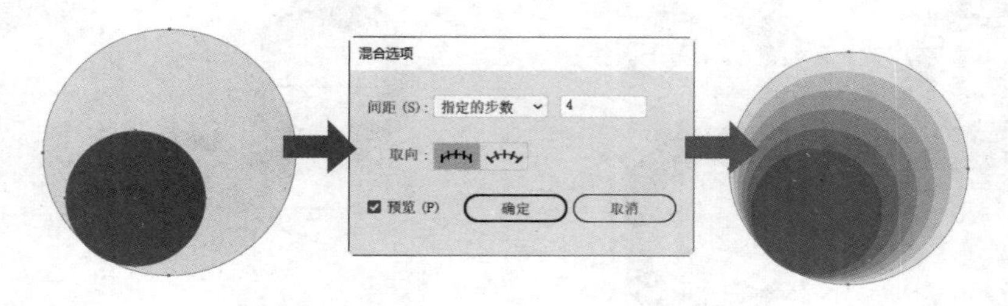

图7-41 指定的步数

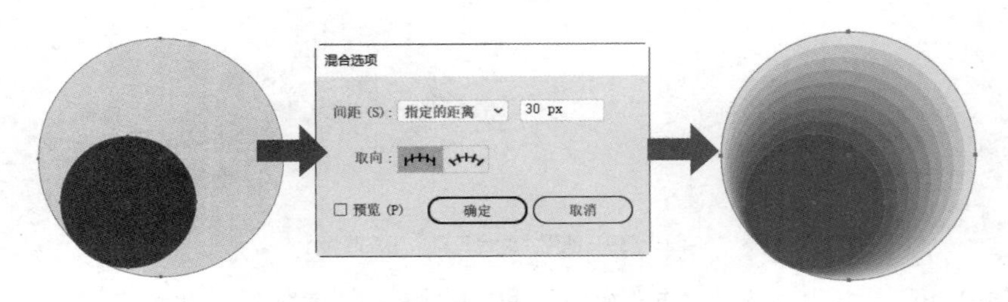

图7-42　指定的距离

- **取向：** 用于设置对象混合的方向。单击“对齐页面”按钮，可使混合垂直于页面的x轴；单击“对齐路径”按钮，可使混合垂直于路径。

除了可以通过修改混合参数来修改混合效果，还可使用“替换混合轴”命令达到该目的。混合轴又指混合路径，混合路径默认为直线路径，可以使用路径编辑工具对混合路径进行编辑，也可同时选取混合对象和单独的路径。具体操作方法为：选择【对象】/【混合】/【替换混合轴】命令，用现有路径替换混合对象中的混合路径，如图7-43所示。

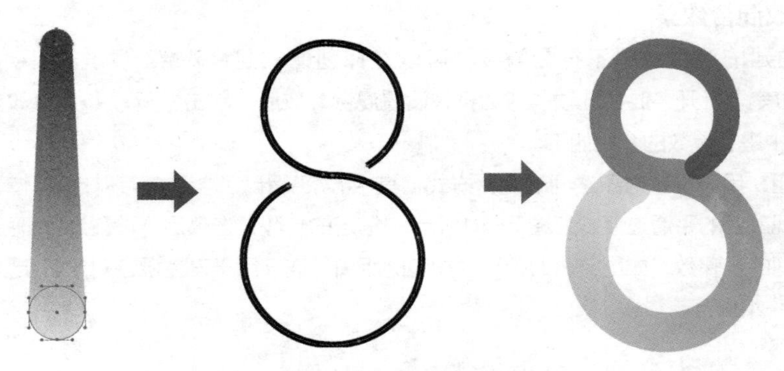

图7-43　使用“替换混合轴”命令的效果

（3）反向混合

若要反向混合路径上的混合顺序，可以选择混合对象，然后选择【对象】/【混合】/【反向混合轴】命令。图7-44所示为反向混合轴后，首尾两个对象发生调换。

若要反向混合路径上的叠放顺序，可以选择混合对象，然后选择【对象】/【混合】/【反向堆叠】命令。图7-45所示为反向堆叠后，首尾两个对象的堆叠层次发生调换。

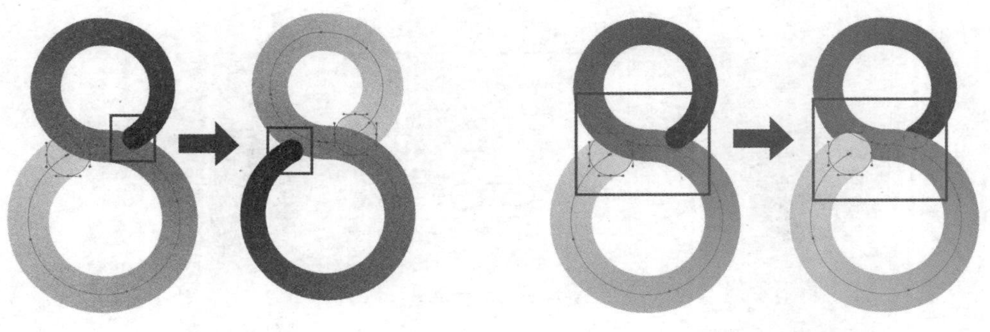

图7-44　反向混合轴

图7-45　反向堆叠

知识补充

在闭合路径上平均分布混合对象

混合对象适用于开放路径。若要在闭合路径上平均分布对象，可以使用“添加锚点工具”为闭合路径添加锚点，然后单击“在所选锚点处剪切路径”按钮将路径剪断，使其成为开放路径。

任务实施

微课视频
添加“变换”效果和“扭转”效果

1. 添加“变换”效果和“扭转”效果

为强化作品设计感，米拉考虑制作放射状的扭曲背景，先为绘制的三角形添加“变换”效果，旋转并复制图形，快速得到放射状图形，然后为放射状图形添加“扭转”效果，再将旋转扭曲效果剪切到矩形中，具体操作如下。

（1）新建名称为“毛绒感IP形象海报.ai”的文件，选择“矩形工具”，绘制与画板大小相同的矩形。选择“渐变工具”，在控制栏中单击“径向渐变”按钮，创建径向渐变效果，设置渐变色为“#B5641F”“#ECA127”，调整渐变位置，如图7-46所示。

（2）选择“钢笔工具”，绘制白色三角形，如图7-47所示。选择【效果】/【扭曲和变换】/【变换】命令，打开“变换效果”对话框，设置旋转角度为“20° ”，旋转基点为左下角基点，副本为“17”，单击确定按钮，如图7-48所示。

疑难解析

如何计算旋转变换一圈的副本数量？

要想使旋转变换的图形均匀分布一圈，除了不断调整变换的副本数量外，还可利用公式“360° ÷角度-1”快速得到所需的副本数量。

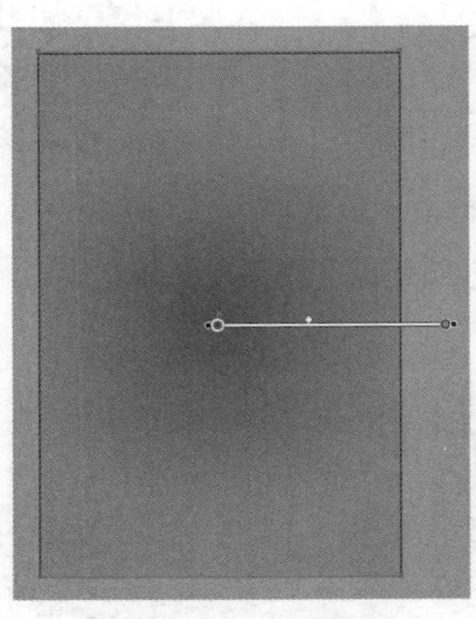
图7-46 创建径向渐变背景

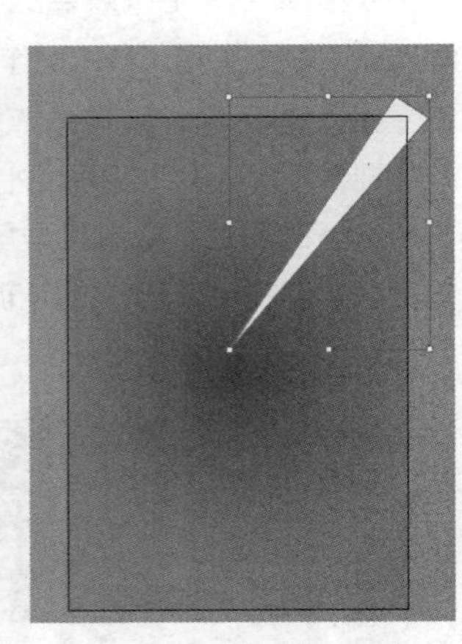
图7-47 绘制白色三角形

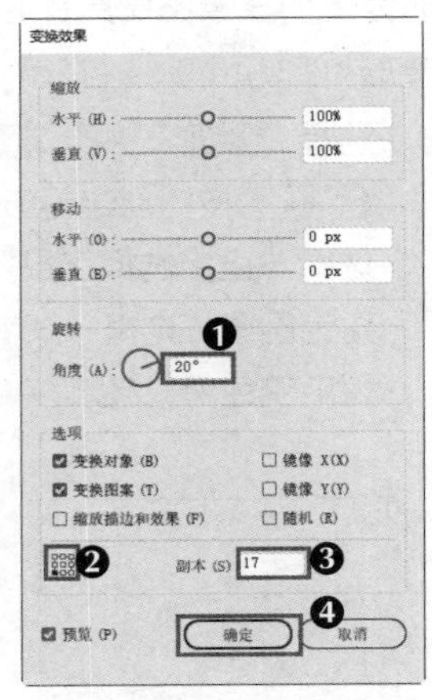

图7-48 设置变换效果

（3）查看变换效果，选择【对象】/【扩展外观】命令，将效果图形化，如图7-49所示。

（4）选择【效果】/【变形】/【扭转】命令，打开“变形选项”对话框，设置弯曲为“80%”，“水平”“垂直”扭曲为“0%”，单击确定按钮，扭转效果如图7-50所示。

（5）选择“矩形工具”，绘制与画板大小相同的矩形，同时选择扭转对象和矩形，单击鼠标右键，在弹出的快捷菜单中选择“建立剪切蒙版”命令，如图7-51所示。

图7-49　扩展变换效果

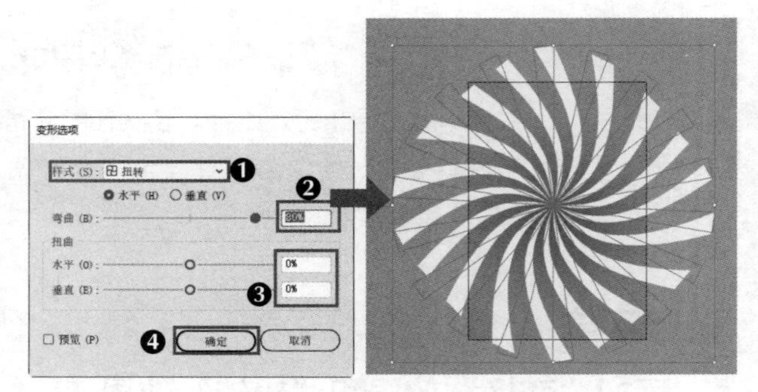

图7-50　添加“扭转”效果

（6）在控制栏中设置不透明度为“20%”，得到背景效果，如图7-52所示。

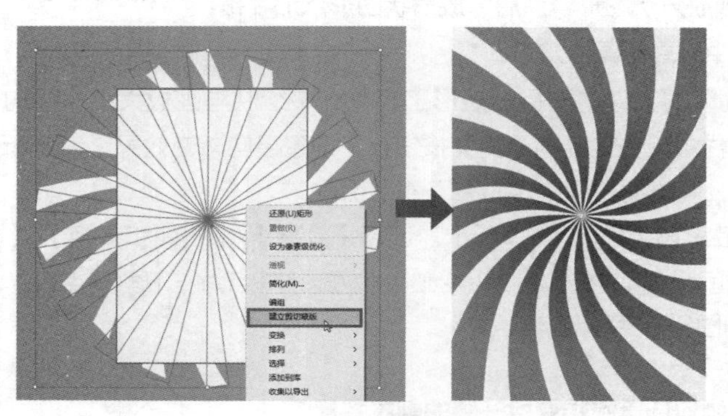

图7-51　创建剪切蒙版效果

图7-52　设置不透明度

2. 创建混合效果

由于毛绒图形的边缘具有类似锯齿的形状，米拉考虑在画板外用星形作为创建毛绒效果的基础图形。同时为使IP形象整体具有毛绒效果，而不是边缘才有毛绒效果，米拉考虑混合中心的星形和外侧星形，并在两个星形之间创建100个星形，具体操作如下。

微课视频

创建混合效果

（1）选择“星形工具”，打开“星形”对话框，设置角点数为“50”单击确定按钮创建星形，如图7-53所示，将其移动到画板外。

（2）选择“直接选择工具”，选择绘制好的星形，拖曳其边角构件，将其角设置为圆角；选择“渐变工具”，在控制栏中单击“径向渐变”按钮，创建径向渐变效果，设置渐变色为“#D57A0E”“#FFFFFF”，如图7-54所示。

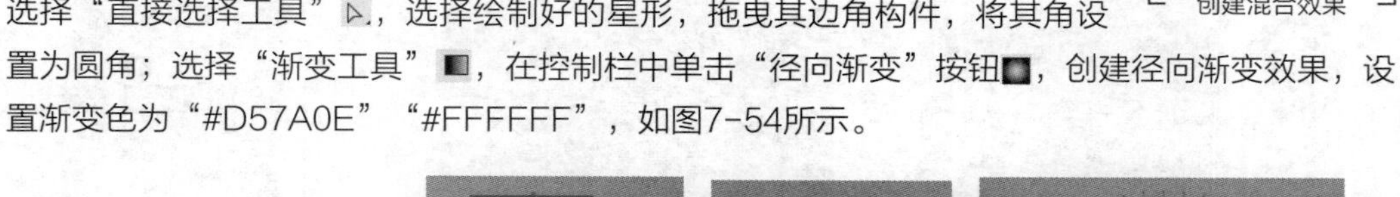

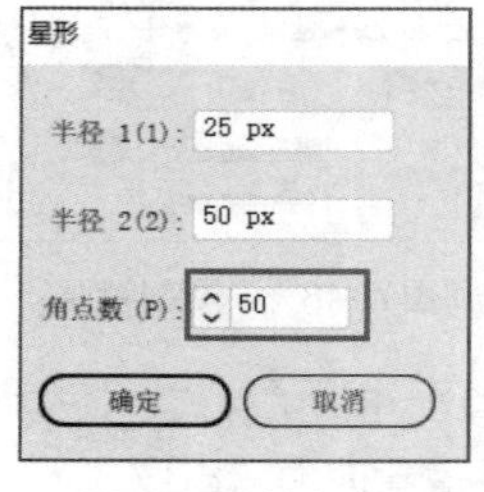

图7-53　创建星形

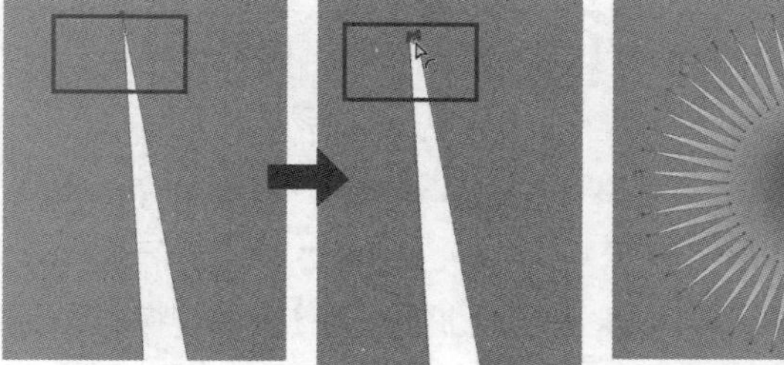

图7-54　设置圆角并添加径向渐变

（3）按【Ctrl+C】快捷键和【Ctrl+F】快捷键原位复制渐变星形，按住【Shift+Alt】快捷键拖动星形四角，使其缩小到中心，选中两个星形，如图7-55所示。

（4）双击“混合工具”，打开“混合选项”对话框，设置间距为“指定的步数”，步数为“100”，单击 确定 按钮，如图7-56所示。按【Alt+Ctrl+B】快捷键创建混合效果，如图7-57所示。

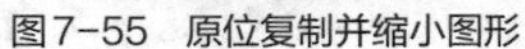
图7-55　原位复制并缩小图形

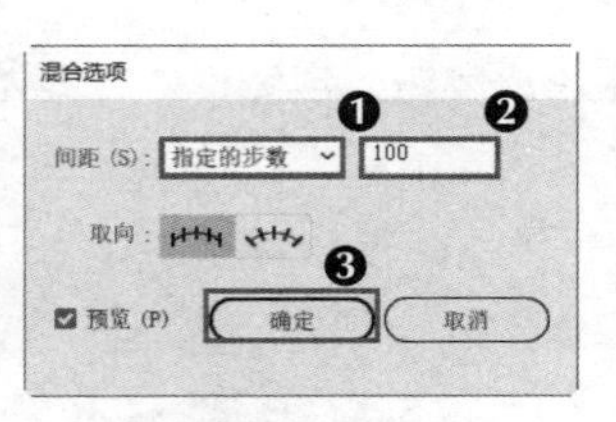

图7-56　设置混合选项

图7-57　创建混合效果

3. 添加“收缩和膨胀”效果与“粗糙化”效果

添加“收缩和膨胀”效果与“粗糙化”效果

混合对象后，米拉考虑用“收缩和膨胀”效果和“粗糙化”效果将锯齿处理成毛绒效果，具体操作如下。

（1）选择混合星形对象，选择【效果】/【扭曲和变换】/【收缩和膨胀】命令，打开“收缩和膨胀”对话框，设置数值框中的值为“-20%”，单击 确定 按钮，如图7-58所示。

（2）选择混合对象，选择【效果】/【扭曲和变换】/【粗糙化】命令，打开“粗糙化”对话框，设置大小为“28%”，选中“相对”“平滑”单选项，再设置细节为“0”，单击 确定 按钮，如图7-59所示。

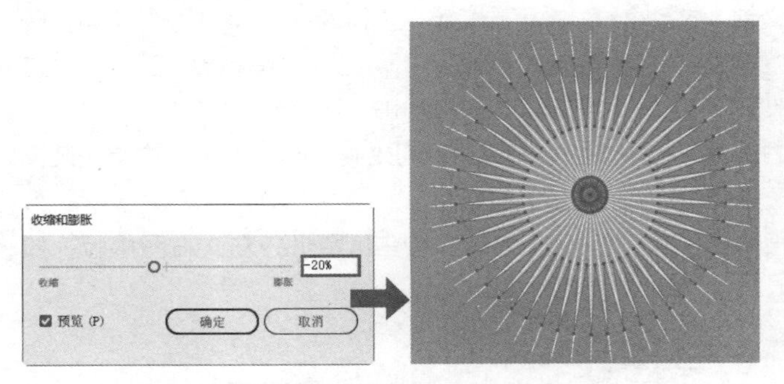

图7-58　添加“收缩和膨胀”效果

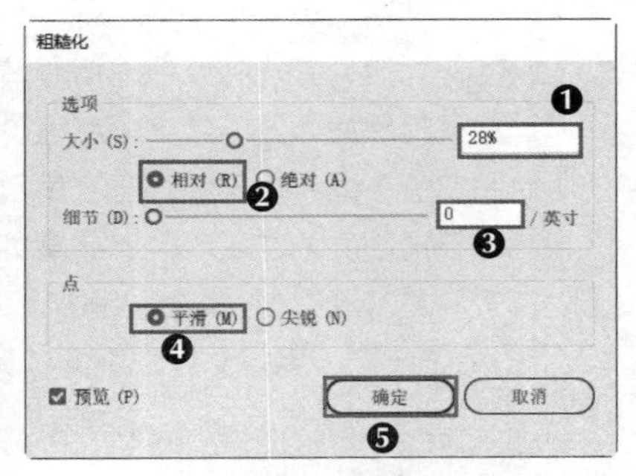

图7-59　添加“粗糙化”效果

（3）选择“直接选择工具”，选择中心的小星形，向上拖曳鼠标进行变形，效果如图7-60所示。

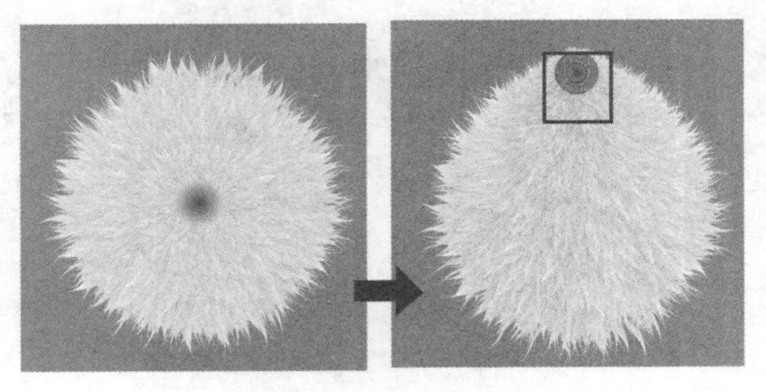
图7-60　变形毛绒效果

4. 塑造与应用IP形象

米拉考虑在毛绒图形上添加眼睛、嘴巴、手、眼镜图形，塑造一个活泼、有趣的“可味鸡”IP形象，再将该形象应用到海报和购物袋上，具体操作如下。

（1）打开“眼镜.ai”文件，复制眼镜到毛绒图形上，调整其位置和大小，如图7-61所示。

（2）选择“钢笔工具”，绘制眼睛、嘴巴、手图形，效果如图7-62所示。框选IP形象元素，按【Ctrl+G】快捷键组合。

图7-61 添加眼镜

图7-62 绘制眼睛、嘴巴、手

（3）选择“椭圆工具”，绘制椭圆形。选择“吸管工具”，单击径向渐变背景以吸取其径向渐变属性。选择“渐变工具”，将外侧的色标的不透明度设置为“0”，向下拖动渐变控制圈上方的控制点，使渐变圈呈椭圆状显示，调整渐变位置，制作投影效果，如图7-63所示。将画板外的IP形象移动到投影上，调整其位置和大小。

（4）选择“文字工具”，单击插入定位点，依次输入“‘可味’鸡 福利来袭 FULILAIXI”文案，调整字体大小，并进行文字排版，依次设置字体为“方正彩云简体”“方正兰亭粗黑_GBK”“方正兰亭特黑简体”，文字颜色为“#FFFFFF”，设置倾斜度为“10°”。

（5）绘制白色小圆，用于装饰左上角和右下角，在控制栏中设置“福利来袭 FULILAIXI”文字和装饰圆的不透明度为“80%”，效果如图7-64所示，保存文件。

（6）打开“购物袋.ai”文件，利用海报中的文字、IP形象和装饰圆在其中进行左文右图排版，如图7-65所示，另存文件，重命名为“毛绒感IP形象购物袋”。

图7-63 制作投影效果

图7-64 毛绒感IP形象海报效果

图7-65 毛绒感IP形象购物袋效果

课堂练习

设计毛绒感数字儿童节海报

六一儿童节是孩子们的节日，也是家长们关注孩子成长的重要日子。某商场委托公司设计一张儿童节海报。用于张贴在商场中，以传递节日的祝福和对孩子们的关爱。现已提供文案、插画素材，要求合理搭配文案，主题突出，尺寸为810px×1200px。综合利用混合效果、“收缩和膨胀”效果、“粗糙化”效果来设计毛绒感数字“6”，再添加插画素材，使用文字工具组中的工具添加文案，使用形状工具组中的工具、线条工具、“宽度工具”绘制并变形装饰图形。本练习的参考效果如图7-66所示。

图7-66 毛绒感数字儿童节海报参考效果

素材位置： 素材\项目7\棒棒糖.ai

效果位置： 效果\项目7\毛绒感数字儿童节海报.ai

综合实战 设计海鲜火锅Banner

最近公司又接到了许多餐饮业的设计任务，由于海鲜火锅Banner设计任务临近交稿，老洪将该任务交给米粒，并要求她尽快完成。

实战描述

实战背景	某外卖平台的“海鲜火锅”店铺委托公司为“海鲜火锅”产品制作Banner，要求通过精美且富有创意的画面提高销售额。目前已完成文案拟定、图片拍摄，需要设计师运用提供的文案和图片设计Banner
实战目标	① 制作尺寸为750px×390px，分辨率为72像素/英寸（1英寸=2.54厘米）的海鲜火锅Banner
	② 利用波纹元素、图形素材等制作Banner背景，渲染氛围
	③ 梳理文字信息的层级，突出主题
	④ 塑造独特、有创意的画面视觉效果
知识要点	“变换”效果、“扭转”效果、“波纹效果”效果、扩展外观、混合效果、“自由扭曲”效果等

本实战的参考效果如图7-67所示。

图7-67　海鲜火锅Banner参考效果

素材位置：素材\项目7\海浪.ai、海鲜火锅.png
效果位置：效果\项目7\海鲜火锅Banner.ai

思路及步骤

设计海鲜火锅Banner时，米拉考虑先利用“变换”效果和“扭转”效果设计旋转扭曲的背景，增强画面动感，然后利用混合效果制作海浪，营造“海鲜”中的“海”的氛围；利用“自由扭曲”效果制作部分文案效果，最后添加卖点文字、海鲜火锅、波浪素材，以完善海报内容，完成本实战的制作。本实战的设计思路如图7-68所示，参考步骤如下。

（a）设计旋转扭曲的背景

（b）制作并混合波浪线条

（c）设计自由扭曲文案

（d）完善海报内容

图7-68　设计海鲜火锅Banner的思路

（1）新建名称为“海鲜火锅Banner.ai”的文件，绘制与画板大小相同的矩形，取消描边，为其设置径向渐变效果，渐变色为“#E8887F”“#D7422C”。

（2）使用“钢笔工具” 绘制白色三角形，选择【效果】/【扭曲和变换】/【变换】命令，打开“变换效果”对话框，设置旋转角度、副本数量和旋转基点。

（3）选择【对象】/【扩展外观】命令，将变换效果图形化。选择【效果】/【变形】/【扭转】命令，打开“变形选项”对话框，设置弯曲为“-80%”，单击 确定 按钮，设置旋转扭曲图形的不透明度，并绘制矩形，为旋转扭曲图形创建剪切蒙版。

设计海鲜火锅Banner

（4）绘制白色线条，选择【效果】/【扭曲和变换】/【波纹效果】命令，打开“波纹效果”对话框，设置波纹大小为“25px”，每段的隆起数为“12”，选中“平滑”单选项，单击 确定 按钮，将直线转换为波浪线。

（5）选择波浪线，选择【对象】/【扩展外观】命令，将波浪线图形化，复制波浪线，使用“形状生成器工具”为两条波浪线之间的区域创建蓝色图形，设置填充色为“#1B2C77”。

（6）继续绘制两条与前两条波浪线效果一样的波浪线，与前两条波浪线拉开距离。选择“选择工具”，框选两条波浪线，双击“混合工具”，打开“混合选项”对话框，设置间距为“指定的步数”，设置合适的步数，单击 确定 按钮。按【Alt+Ctrl+B】快捷键建立混合效果，设置不透明度，通过波纹制作海浪效果。

（7）使用“文字工具”T输入“海鲜”“火锅”“打开你的味蕾”文字，为文字添加“扭曲和变换”效果组中的“自由扭曲”效果，根据扭曲文字绘制装饰图形。

（8）使用“文字工具”T输入“新鲜食材”“口感丰富”文字，设置文字属性，并绘制图形修饰文字。添加“海浪.ai”文件中的图案素材，置入“海鲜火锅.png”图片，调整大小和位置，最后保存文件。

课后练习　设计美味鸡排Banner

某外卖平台的快餐店铺委托公司以“美味鸡排”为主题制作Banner，以提升该产品的销售量。目前已提供图片素材，以及“口味出众/鲜嫩可口”“挑选新鲜食材/鲜嫩多汁/美味不可挡”广告文案，需要设计师以此设计美味鸡排Banner 。要求尺寸为750px×390px，主题突出、画面美观且富有创意。米拉接过该任务，考虑以橙色和蓝色为主题色，首先使用“变换”效果和“建立剪切蒙版”命令设计放射状的背景，然后绘制立体矩形来装饰主题文案，使用“自由扭曲”效果增强主题文案的立体效果；再添加图片与广告文案，Banner下边利用大写字母和图形进行修饰，完成后的参考效果如图7-69所示。

图7-69　美味鸡排Banner参考效果

素材位置： 素材\项目7\鸡排.png、鸡排2.png

效果位置： 效果\项目7\美味鸡排Banner.ai

项目8 图像描摹与风格化

情景描述

米拉发现Illustrator中的效果十分丰富，为提升设计作品的视觉效果，可以将一些效果应用到平面设计中，如风格化效果。米拉考虑将其应用到最近接到的“渔小馆”品牌Logo、节能灯泡淘宝主图设计任务中。但是老洪告诉米拉，利用Illustrator中的效果，虽然可以营造出独特的视觉效果，但效果并不能随意使用，需要契合主题或与作品主题相关，他建议米拉先研究透彻再进行运用。

学习目标

知识目标	● 掌握描摹图像的方法 ● 掌握“风格化”效果组中各效果的使用方法
素养目标	● 具备独特的视觉感知能力和审美眼光 ● 具备自主学习能力和探索能力 ● 思维灵活，善于钻研、挖掘

任务8.1　设计“渔小馆”品牌Logo

“渔小馆”品牌委托公司进行Logo设计，老洪将该任务交给米拉。米拉接过该任务，开始与客户进行沟通，了解“渔小馆”品牌的相关信息后，拟定以“鱼”为主题，在得到客户认可的情况下，才开始进行Logo的设计工作。

任务描述

任务背景	Logo能起到品牌识别和推广的作用，一个出色的Logo不仅能在有限的空间内准确传达出品牌的特点，甚至还能在消费者的心中留下深刻的记忆。“渔小馆”是一家主营鱼类美食的餐饮品牌，委托公司设计符合品牌文化、新颖别致的Logo来推广品牌，能够使人们深刻地记住“渔小馆”这一品牌的形象
任务目标	① 制作尺寸为500px×500px，分辨率为300像素/英寸（1英寸=2.54厘米），颜色模式为CMYK的“渔小馆”品牌Logo
	② Logo“渔小馆”中包括其中英文名称，以及中文名称拼音，方便各国消费者识别
	③ Logo视觉冲击力强，便于识别、记忆
	④ Logo符合行业特征，有引导、促进消费以及产生美好联想的作用
知识要点	描摹图像、扩展结摹、“素描”效果等

本任务的参考效果如图8-1所示。

图8-1　“渔小馆”品牌Logo参考效果

素材位置：素材\项目8\鱼.png
效果位置：效果\项目8\“渔小馆”品牌Logo.ai

知识准备

米拉在设计“渔小馆”Logo时，为更加直观地表现鱼的形象，考虑采用素描的方式来写实地表现形象。米拉正打算利用绘图工具与参考图稿进行绘制，此时，老洪告诉米拉要获取“素描”风格的图稿，除了可以利用绘图工具绘制，还可以通过描摹功能，轻松地在参考图稿的基础上设计新图稿。此外，“素描”效果也可实现素描效果，不同的是，描摹图稿得到的是矢量图，可以随意更改，而使用“素描”效果得到的仍然是位图。

1. 认识图像描摹

图像描摹功能可以将JPEG、PNG、PSD 等格式的位图转换成矢量图。其具体操作方法为：选择图像后，选择【对象】/【图像描摹】/【建立】命令，采用默认方式快速描摹图像。若要编辑描摹后的图像，需要选择描摹对象，单击控制栏中的扩展按钮，或选择【对象】/【图像描摹】/【扩展】命令，将描摹对象转换为路径。扩展后的对象通常为编组对象，选中并在该对象上单击鼠标右键，在弹出的快捷菜单中选择"取消编组"命令，然后更改各个部分的填充、描边等属性。图8-2所示为描摹像素图标，将其转换为矢量图，然后扩展描摹结果，更改填充色，输入文字和绘制装饰线，最终设计出Logo的效果。

图8-2 使用图像描摹功能设计Logo

知识补充

释放图像描摹

在描摹对象未被扩展前，选择描摹对象，选择【对象】/【图像描摹】/【释放】命令可恢复描摹对象的位图状态。

若需要制作其他描摹效果，选择图像后，在控制栏中单击图像描摹按钮右侧的按钮，弹出的菜单中提供了多种预设的描摹效果选项，大致划分为以下3类。

- **彩色描摹：**包括高保真度照片、低保真度照片、3色、6色、16色这5种预设描摹效果，图像的颜色数量越多，描摹后生成的矢量图的保真度越高。其中高保真度照片显示的颜色数量最多，也最逼真。5种描摹效果如图8-3所示。

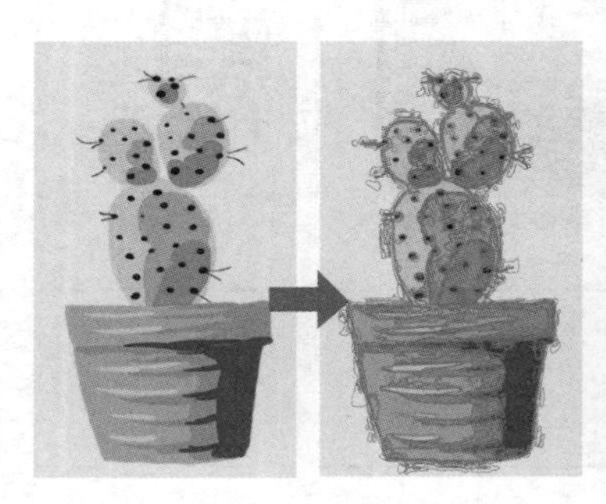

原图　高保真度照片　低保真度照片　3色　6色　16色

图8-3 彩色描摹

- **灰度描摹：**只有灰阶一种预设描摹效果，该效果以黑色为基准色，采用不同饱和度的黑色来显示图像，如图8-4所示。
- **黑白描摹：**包括黑白徽标、素描图稿、剪影、线稿图、技术绘图5种预设描摹效果。图8-5所示为这5种描摹效果在画板外的显示效果，其中，黑白徽标、素描图稿、剪影的效果相似，不同的是，黑白徽标将背景转换为白色，素描图稿和剪影将背景转换为透明状态，线稿图、技术绘图以线条的方式表现图稿，背景也为透明状态。

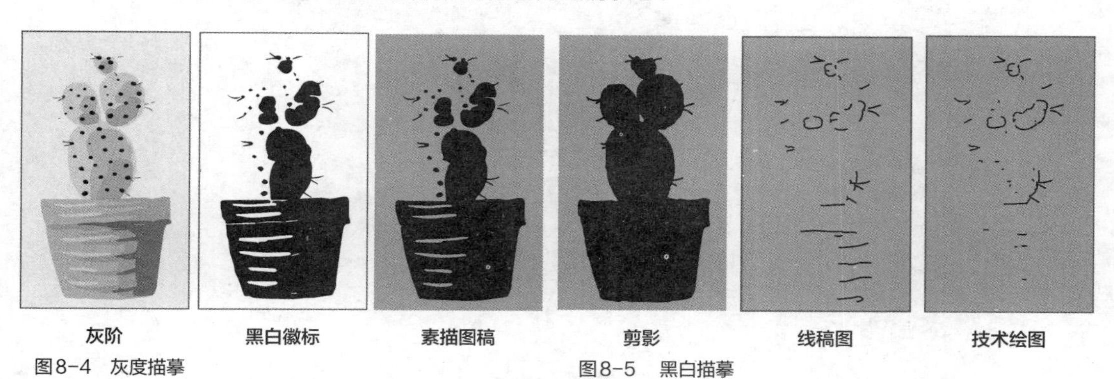

图8-4　灰度描摹

图8-5　黑白描摹

“栅格化”效果

图像描摹可以将位图转换成矢量图，而“栅格化”效果可以将矢量图转换为位图，只需选择矢量图，再选择【对象】/【栅格化】命令即可。栅格化效果不可逆，只能撤销操作。选择对象后再选择【效果】/【栅格化】命令，也可将对象栅格化，通过“外观”面板可清除栅格化效果，从而还原对象。

2.“图像描摹”面板

选择图像后，选择【窗口】/【图像描摹】命令，将打开“图像描摹”面板，如图8-6所示，该面板有一些基本选项，如预设、视图、模式、调板等。单击“高级”左侧的▸按钮可显示更多的选项，如路径、边角、杂色、方法、创建、描边等，用于修改图像描摹效果。“图像描摹”面板中主要参数的介绍如下。

- **按钮组：**分别对应自动着色、高色、低色、灰度、黑白、轮廓6种预设描摹效果，选择图像后单击对应按钮可实现图像描摹。
- **预设：**其中的选项与在控制栏中单击图像描摹按钮右侧的按钮后弹出的菜单中提供的预设描摹效果选项相同。
- **视图：**用于设置描摹对象的视图方式，包括描摹结果、描摹结果（带轮廓）、轮廓、轮廓（带源图像）和源图像5个选项，单击图标可在源图像上叠加所选视图。图8-7所示为描摹结果（带轮廓）的视图效果。
- **模式：**用于设置描摹结果的颜色模式，包括彩色、灰度和黑白3个选项。设置描摹结果的颜色模式为彩色时，可设置颜色有限或全色调颜色，以及颜色的数量。图8-8所示为原图、8色、30色的彩色描摹效果。设置描摹结果的颜色模式为灰度时，可设置灰色值。设置描摹结果的颜色模式为黑白时，拖曳“阈值”滑块可以生成黑白描摹结果，阈值越大，黑色区域越多，比阈值亮的像素将转换为白色，而比阈值暗的像素将转换为黑色。图8-9所示为原图，以及阈值为“60”“120”的描摹效果。

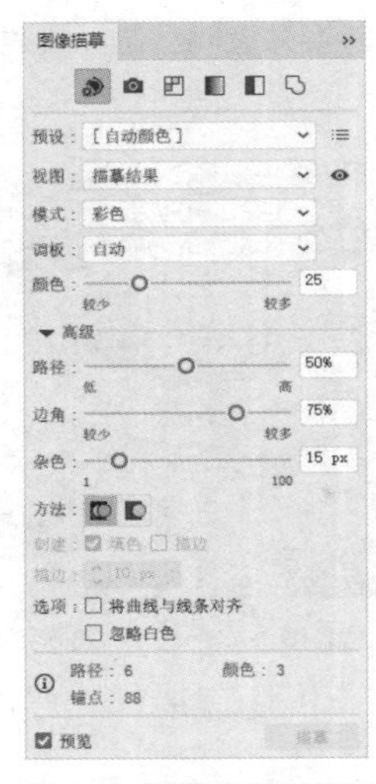

图8-6 “图像描摹”面板

图8-7 原图、描摹结果（带轮廓）的视图效果

图8-8 原图、8色、30色的彩色描摹效果

图8-9 原图、阈值为“60”“120”的黑白描摹效果

- **路径：**用于设置控制描摹形状和原始像素形状间的差异，较小的值将创建较疏松的路径拟和效果，而较大的值将创建较紧密的路径拟和效果。
- **边角：**用于设置边角以及弯曲处变为角点的可能性，值越大则角点越多。
- **杂色：**用于设置描摹时忽略的区域，值越大杂色越少。对于高分辨率图像，可将杂色设置为更大的值；对于低分辨率图像，可将杂色设置为更小的值。
- **方法：**用于设置一种描摹方法。单击“邻接”按钮将创建木刻路径，各个路径的边缘与其相邻路径的边缘完全重合；单击“重叠”按钮将创建堆积路径，各个路径与其相邻路径稍有重叠。

- **创建：**在黑白描摹模式下，该设置被激活。选中“填色”复选框，在描摹结果中创建填色区域；选中“描边”复选框，在描摹结果中创建描边路径。
- **描边：**在黑白描摹模式下，可激活“描边”复选框。该复选框用于设置原始图像中可描边特征的最大宽度，若大于最大宽度，其在描摹结果中将成为轮廓区域。
- **将曲线与线条对齐：**描摹几何图稿或源图像中稍微发生旋转的形状时，选中该复选框，稍微弯曲的线条将被替换为直线，接近 0° 或 90° 的线条将被调整为 0° 或 90° 的线条。
- **忽略白色：**选中该复选框，在描摹图像时白色区域将被忽略。

3. “素描”效果

除了使用“图像描摹”命令能得到黑白素描效果的图形，还可选择【效果】/【素描】命令，在弹出的子菜单中为图像添加多种素描风格的效果，如图8-10所示。选择对象，选择一种素描命令可以打开效果设置对话框，在其中设置相关参数，单击确定按钮可得到对应的素描效果。

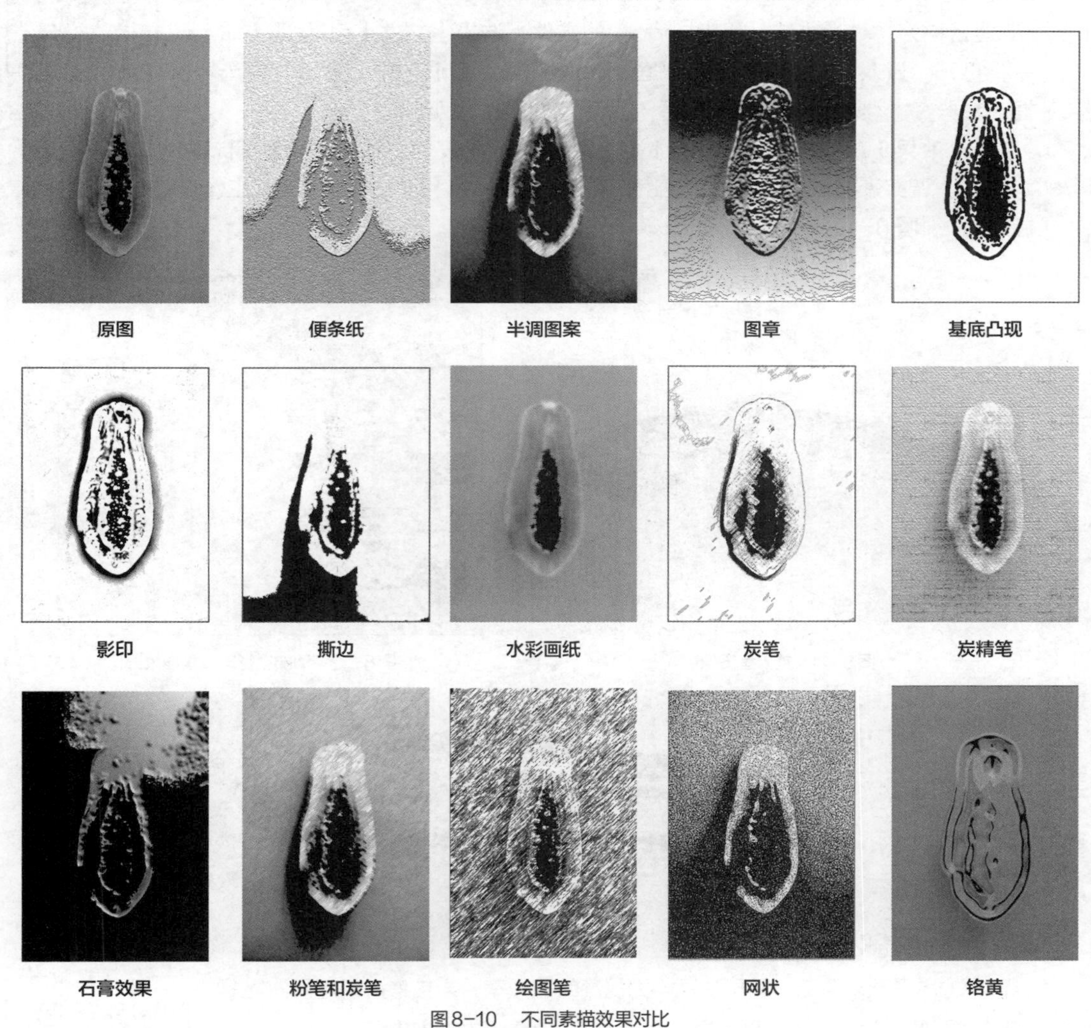

图8-10　不同素描效果对比

知识补充

修改素描效果

若想要修改素描效果，可以选择要应用素描效果的对象，在“外观”面板中双击效果名称右侧的 fx 图标，将重新打开效果设置对话框，修改相关参数后单击 确定 按钮，修改后的效果即刻生效。

任务实施

1. 添加素描效果

米拉准备直接对搜集的鱼图像进行黑白描摹，但由于细节缺失严重，得到的效果并不理想。于是老洪告诉米拉可以先为该图像添加“影印”素描效果，然后再进行黑白图像描摹，这样效果更佳，细节更丰富，具体操作如下。

微课视频

添加素描效果

（1）新建名称为“‘渔小馆’品牌Logo”的文件，选择【文件】/【置入】命令，打开“置入”对话框，选择“鱼.png”图像，取消选中“链接”复选框，单击 置入 按钮，拖曳鼠标以置入图像，如图8-11所示。

（2）选择【效果】/【素描】/【影印】命令，打开效果设置对话框，设置细节为“9”，暗度为“38”，调整素描效果，单击 确定 按钮，如图8-12所示。返回工作界面查看添加的素描效果，如图8-13所示。

图8-11　置入鱼图像

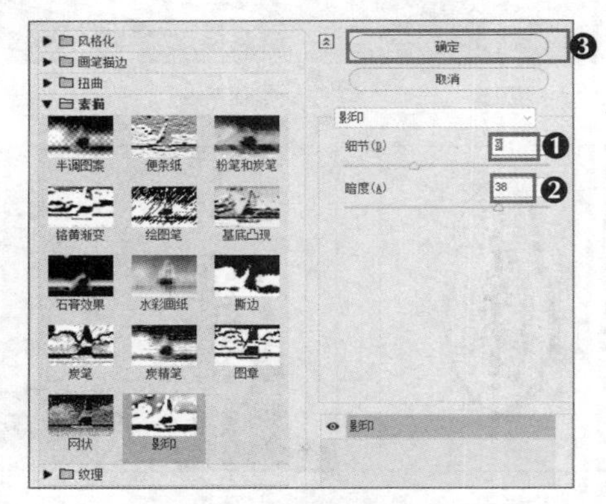

图8-12　添加“影印”素描效果

图8-13　素描效果

2. 描摹图像

Logo中的图形要求简洁、易于识别。为提高绘图效率，米拉考虑采用黑白描摹的方式描摹鱼图像，然后扩展描摹结果，修改图形颜色，具体操作如下。

微课视频

描摹图像

（1）选择置入的鱼图像，在控制栏中单击 图像描摹 按钮右侧的 ⌄ 按钮，在弹出的菜单中选择“黑白徽标”命令，如图8-14所示。

（2）此时，描摹对象的细节不丰富，需要增加细节。选择描摹对象，选择【窗口】/【图像描摹】命令，打开“图像描摹”面板，设置阈值为“128”，展开“高级”栏，设置路径为“100%”，边角为“75%”，杂色为“1px”，选中“忽略白色”复选框，如图8-15所示。

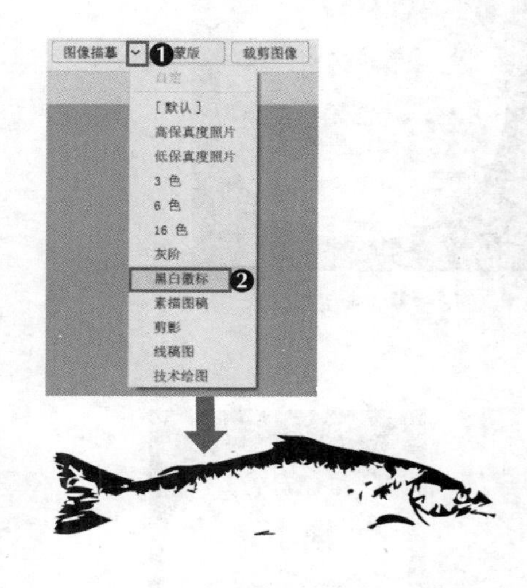

图8-14 快速描摹鱼图像效果

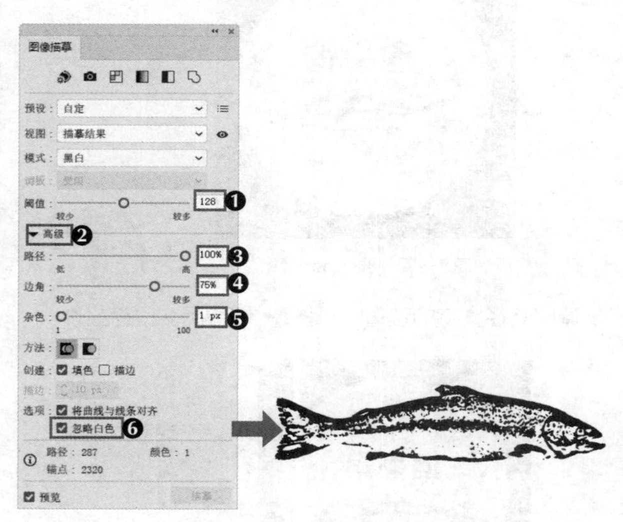

图8-15 增加描摹细节

（3）选择描摹对象，选择【对象】/【图像描摹】/【扩展】命令，将描摹对象转换为路径，设置填充色为“#045E95”，如图8-16所示。

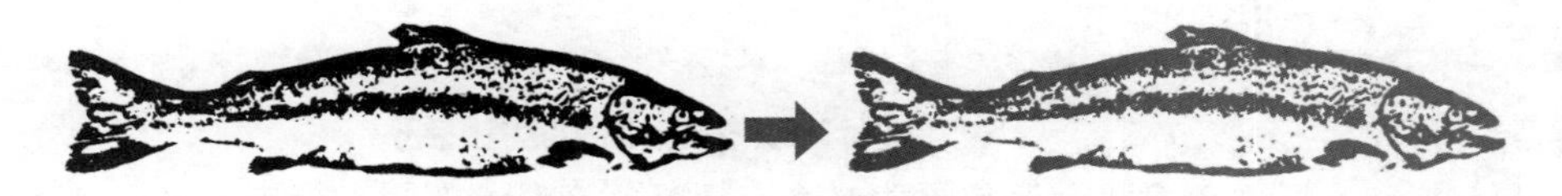

图8-16 修改描摹对象颜色

3. 创建路径文字

米拉考虑创建路径文字，使文字环绕鱼图像，以增强画面的视觉效果，具体操作如下。

（1）选择“矩形工具”，绘制与画板大小相同的矩形，取消描边，设置填充色为“#101722”。选择“椭圆工具”，按住【Shift】键绘制圆形，设置填充色为“#FFFFFF”，将鱼图像放置到圆中，调整其大小和位置；输入“渔小馆”文字，设置字体为“方正粗黑宋简体”，文字颜色为“#DA2117”，调整文字大小，效果如图8-17所示。

（2）选择“椭圆工具”，在白色圆形中心绘制圆形路径，选择“路径文字工具”，在路径上输入品牌名称的中文拼音，设置字体为“方正小标宋_GBK”，调整文字大小，设置文字颜色为“#DA2117”。

（3）使用“直接选择工具”选中路径文字，拖曳蓝色“|”形符号，沿路径移动文字，使其位于路径上半部分的中间位置，如图8-18所示。

（4）使用“椭圆工具”绘制圆形路径，使用“路径文字工具”输入品牌英文名称，设置字体为“方正小标宋_GBK”，文字颜色为“#045E95”，调整文字大小。选择路径文字，选择【文字】/【路径文字】/【路径文字选项】命令，打开“路径文字选项”对话框，选中“翻转”复选框，单击 确定 按钮。

图8-17 图形Logo效果

图8-18 移动路径文字

（5）调整路径文字的位置，如图8-19所示。保存文件。

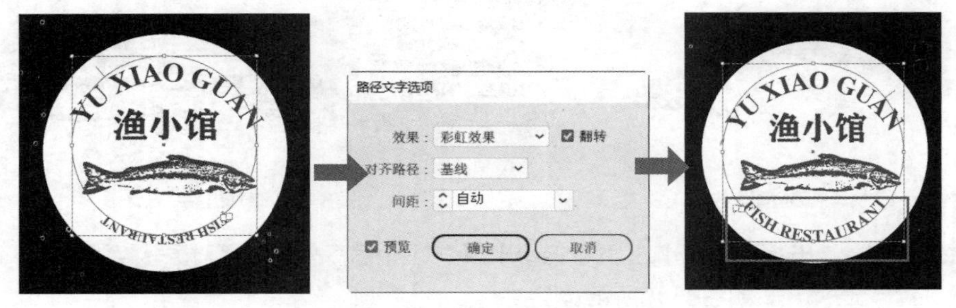

图8-19 调整输入的路径文字

设计冻虾标志和包装盒贴纸

课堂练习

某海鲜食品品牌需要为“冷冻红虾”产品制作圆形标志和包装盒贴纸，要求简洁美观、具有较强的实用性，尺寸为500px×500px。设计师需要运用“素描”效果及图像描摹的相关知识设计冻虾形象；然后利用圆形、路径文字排版标志信息，利用线条与图形修饰圆形标志；最后重新排版文案和冻虾形象，制作包装盒贴纸。本练习的参考效果如图8-20所示。

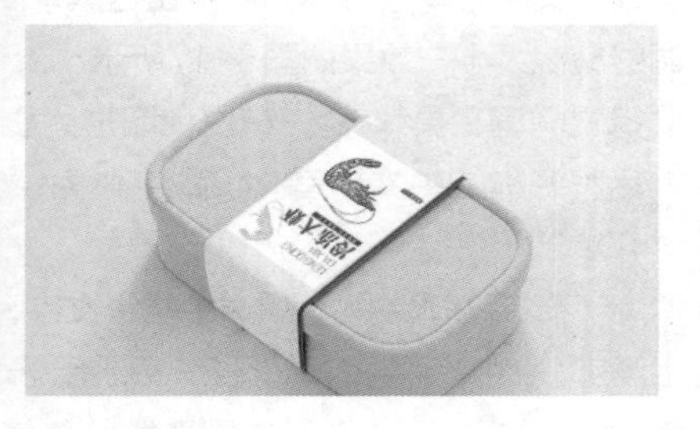

图8-20 冻虾标志与包装盒贴纸参考效果

素材位置： 素材\项目8\虾.png
效果位置： 效果\项目8\冻虾标志.ai、冻虾包装盒贴纸.ai

任务8.2 设计节能灯泡淘宝主图

通过不断努力，米拉的设计能力得到了明显提升，老洪放心地将设计节能灯泡淘宝主图的任务资料交给她。米拉拿到节能灯泡淘宝主图资料后，开始仔细浏览与分析，从中挑选出高清、视觉独特、细节精美、纹理清晰的节能灯泡素材作为主图，然后根据客户提供的商品信息，构思主图中需要展示的文案，再设计发光背景，完成淘宝主图的制作。

任务描述

任务背景	某五金店铺流量较少，因此委托公司对销售较好的节能灯泡淘宝主图进行优化设计，以提高节能灯泡的销售量，从而为店铺内其他商品引流
任务目标	① 制作尺寸为800px×800px，分辨率为72像素/英寸（1英寸=2.54厘米）的主图
	② 优化、精细处理节能灯泡图像，提升节能灯泡的视觉吸引力
	③ 突出节能灯泡特性、卖点，画面简洁美观
知识要求	“外发光”效果、“羽化”效果、“内发光”效果等

本任务的参考效果如图8-21所示。

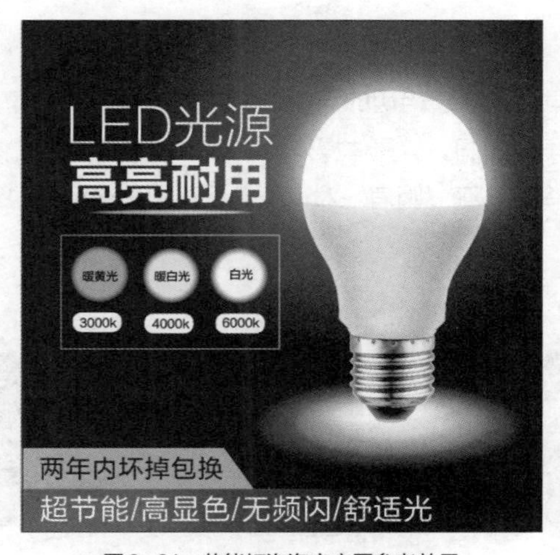

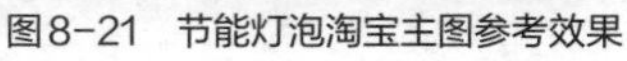
图8-21 节能灯泡淘宝主图参考效果

素材位置： 素材\项目8\节能灯泡.png
效果位置： 效果\项目8\节能灯泡淘宝主图.ai

知识准备

米拉在分析客户提供的节能灯泡图像时，发现未提供灯泡的发光效果图，她考虑使用“内发光”效果来增强灯泡整体的光影效果，利用“外发光”效果来设计灯泡的发光效果，并利用发光背景渲染氛围。这些效果都被放置在Illustrator中的“风格化”效果组中。选择【效果】/【风格化】命令，弹出的子菜单中有内发光、圆角、外发光、投影、涂抹和羽化6个效果命令。

1.“内发光”效果

“内发光”效果可以在对象的内部边缘或中心位置创建发光效果。其具体操作方法为：选中要添加“内发光”效果的对象，选择【效果】/【风格化】/【内发光】命令，打开“内发光”对话框，设置内发光参数，单击确定按钮，如图8-22所示。“内发光”对话框中主要参数的介绍如下。

- **模式：** 用于设置发光的混合模式。
- **不透明度：** 用于设置发光的不透明度。
- **模糊：** 用于设置发光的模糊程度，值越大，发光效果的范围越大，颜色越浅，视觉效果也越模糊。
- **中心：** 选中该单选项，光晕从中心向外发散。
- **边缘：** 选中该单选项，光晕从边缘处向内发散，如图8-23所示。

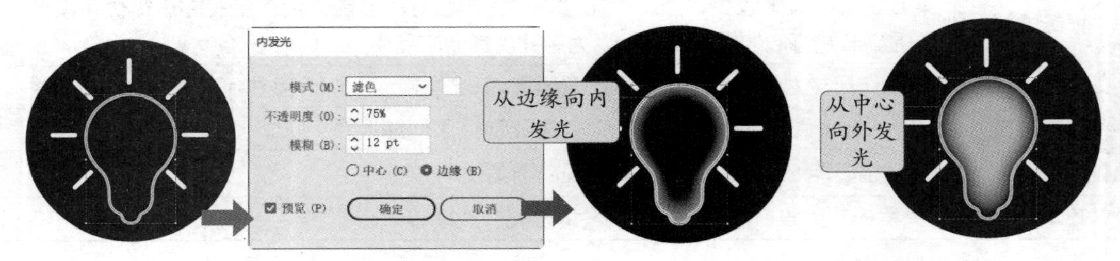

图8-22　添加“内发光”效果　　图8-23　中心“内发光”效果

2.“圆角”效果

圆角是指用一段与一个角的两条边相切的圆弧替换原来的角，而圆角半径就是指该段圆弧的半径，“圆角”效果可以使对象的棱角变圆润。其具体操作方法为：选中要添加“圆角”效果的对象，选择【效果】/【风格化】/【圆角】命令，打开“圆角”对话框，设置圆角半径为“25pt”，单击确定按钮，如图8-24所示。

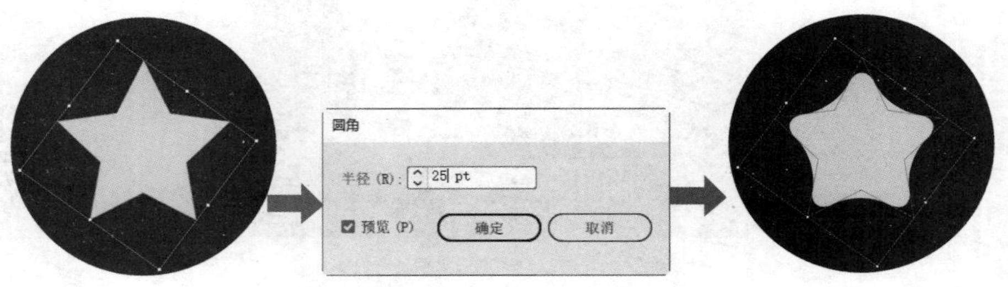

图8-24　添加“圆角”效果

3.“外发光”效果

“外发光”效果可以在对象外部创建发光效果。其具体操作方法为：选中要添加“外发光”效果的对象，选择【效果】/【风格化】/【外发光】命令，打开“外发光”对话框，设置外发光参数，单击确定按钮，对象的“外发光”效果如图8-25所示。

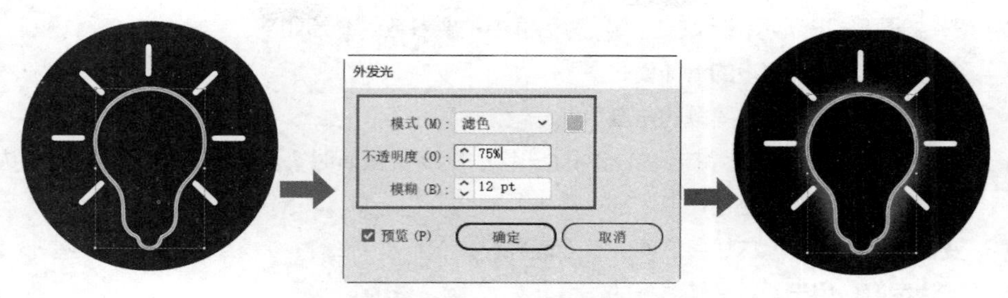

图8-25　添加“外发光”效果

4. “投影”效果

“投影”效果用于为对象添加投影，使对象更加立体、逼真。选中要添加投影的对象，选择【效果】/【风格化】/【投影】命令，打开“投影”对话框，设置投影参数，单击确定按钮，如图8-26所示。“投影”对话框中主要参数的介绍如下。

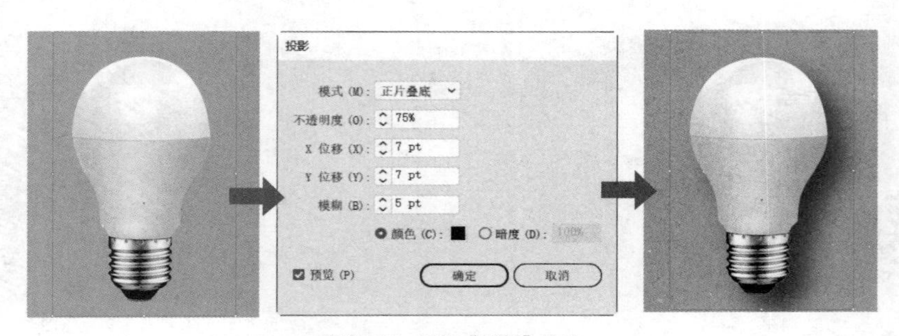

图8-26　添加“投影”效果

- **模式：**用于设置投影的混合模式。
- **不透明度：**用于设置投影的不透明度。
- **X位移、Y位移：**用于设置投影偏移对象的距离，负值表示向左或向上偏移，正值表示向右或向下偏移。
- **模糊：**用于设置模糊程度，值越大，投影的范围越大，颜色越浅，视觉效果也越模糊。图8-27所示为模糊值为2、20时的对比效果。

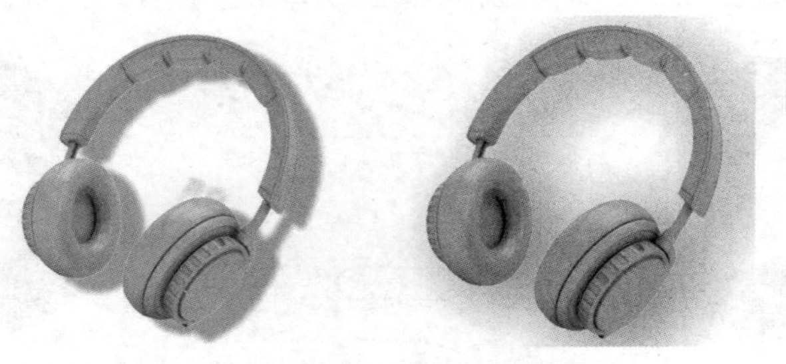

图8-27　模糊值为2、20时的对比效果

- **颜色：**选中该单选项，单击其右侧的色块可设置投影的颜色。
- **暗度：**选中该单选项，可为投影设置不同百分比的黑色效果。

5. “涂抹”效果

“涂抹”效果可以为对象添加可随意涂抹的外观效果。其具体操作方法为：选中要添加“涂抹”效果的对象，选择【效果】/【风格化】/【涂抹】命令，打开“涂抹选项”对话框，设置涂抹参数，单击

（确定）按钮，如图8-28所示。“涂抹选项”对话框中主要参数的介绍如下。

- **设置：** 用于选择预设的涂抹模式。
- **角度：** 用于设置涂抹笔触的角度。
- **路径重叠：** 用于控制涂抹线条与对象边缘的距离。正值时，涂抹线条将出现在对象边缘；负值时，涂抹线条在路径边缘内部。
- **变化：** 用于控制涂抹线条之间的长度差异。
- **描边宽度：** 用于设置涂抹线条的宽度。
- **曲度：** 用于设置涂抹线条在改变方向前的曲度。
- **（曲度）变化：** 用于设置涂抹线条彼此之间的曲度差异。
- **间距：** 用于设置涂抹线条之间的折叠距离。
- **（间距）变化：** 用于设置涂抹线条彼此之间的间距差异。

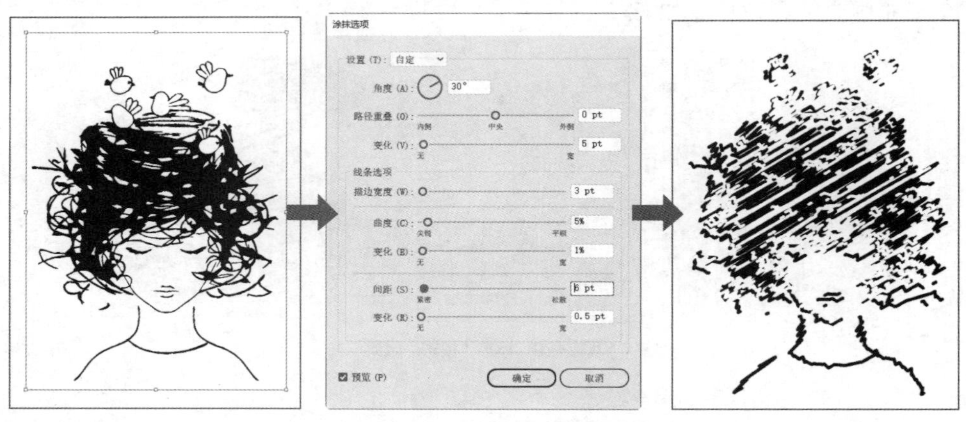

图8-28　添加“涂抹”效果

6. “羽化”效果

“羽化”效果可以将对象的边缘从具体颜色逐渐过渡为无色，可用于制作商品图片投影、高光、阴影等效果。其具体操作方法为：选中要羽化的对象，选择【效果】/【风格化】/【羽化】命令，打开“羽化”对话框，设置羽化半径参数，值越大，羽化效果越强烈，单击（确定）按钮，如图8-29所示。

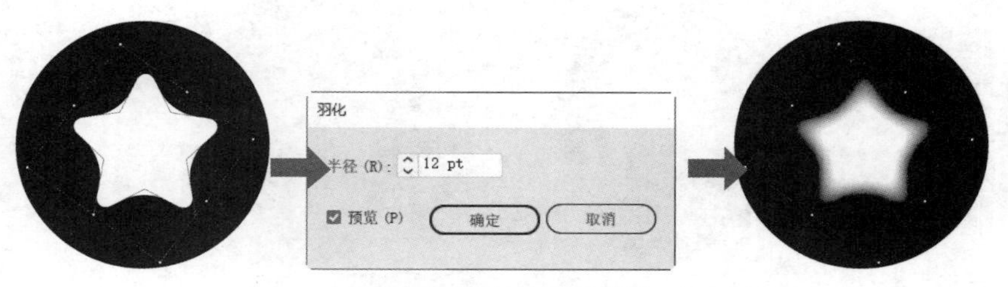

图8-29　添加“羽化”效果

任务实施

1. 制作发光背景

在设计与电子商品相关的作品时，为渲染科技感，经常需要制作炫彩的发光效果。因此，米拉在设计节能灯泡淘宝主图时，考虑使用径向渐变效果来突出高光部分，绘制并羽化白色椭圆形，得到白色发光效果；通过叠加与更改发光颜色，通过复制、缩小与叠加操作营造发光效果的层次感，具体操作如下。

微课视频

制作发光背景

（1）新建名称为“节能灯泡淘宝主图.ai”的文件，选择“矩形工具”，绘制与画板大小相同的矩形。选择“渐变工具”，在控制栏中单击“径向渐变”按钮，创建径向渐变效果，设置渐变色为“#3E7F9B”“#02273A”，调整渐变位置，如图8-30所示。

（2）选择“椭圆工具”，绘制椭圆形，设置填充色为“#FFFFFF”，取消描边。选择椭圆形，选择【效果】/【风格化】/【羽化】命令，打开“羽化”对话框，设置半径为“50px”，单击确定按钮，为椭圆形添加“羽化”效果，如图8-31所示。

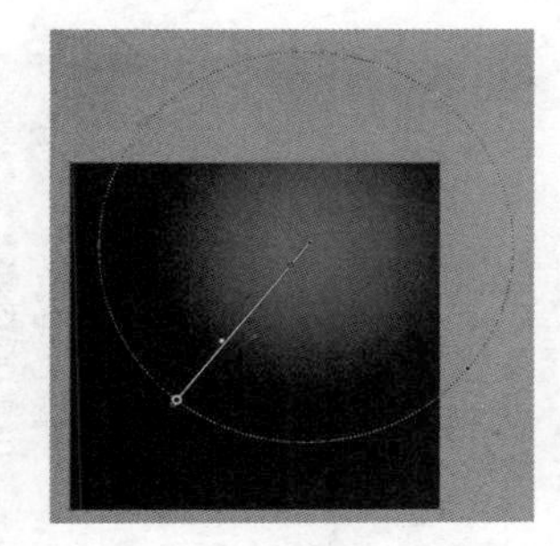

图8-30　制作渐变填充背景

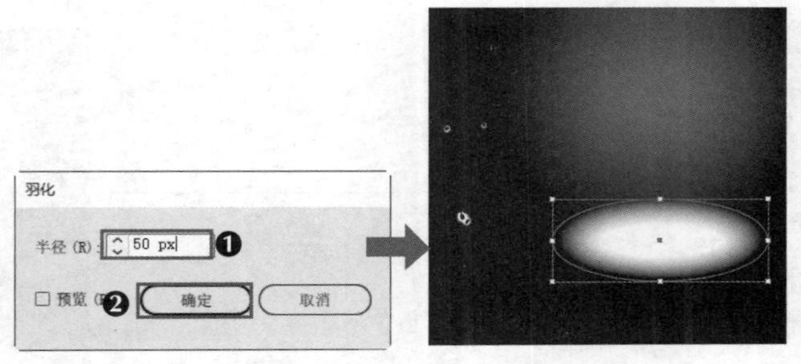

图8-31　为椭圆形添加“羽化”效果

（3）选择【窗口】/【透明度】命令，打开“透明度”面板，设置图形的混合模式为“叠加”，如图8-32所示。多次复制并缩小图形，得到图8-33所示的逐步变亮的发光效果。

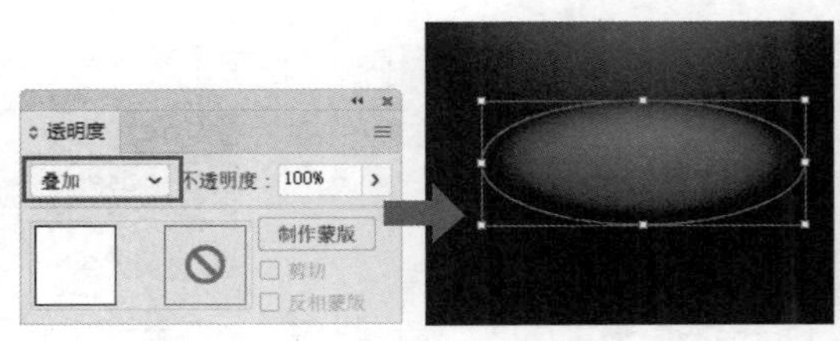

图8-32　设置混合模式

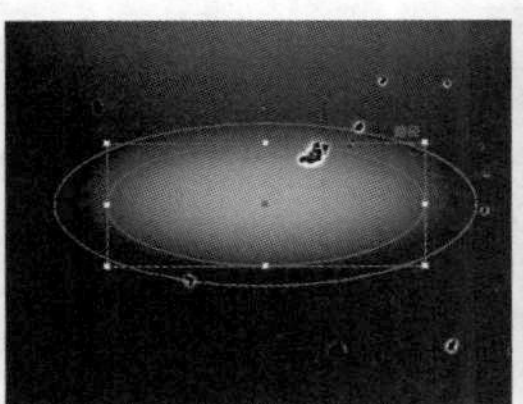

图8-33　制作逐步变亮的发光效果

2. 设计灯泡发光效果

使用灯泡图像时通常需要呈现出光感，从而增强氛围感，由于灯泡素材不具有发光效果，米拉考虑为灯泡添加“内发光”效果和“外发光”效果，具体操作如下。

微课视频

设计灯泡发光效果

（1）选择【文件】/【置入】命令，打开“置入”对话框，选择“节能灯泡.png”素材，取消选中“链接”复选框，单击置入按钮，拖曳鼠标以置入灯泡，调整灯泡大小和位置，如图8-34所示。

（2）选择灯泡，选择【效果】/【风格化】/【内发光】命令，打开“内发光”对话框，设置模式为“变亮”，不透明度为“75%”，模糊为“25pt”，单击确定按钮，为灯泡添加“内发光”效果，如图8-35所示。

（3）选择“钢笔工具”，绘制灯泡发光的部分，设置填充色为“#FFFFFF”，如图8-36所示。

（4）选择绘制的图形，选择【效果】/【风格化】/【外发光】命令，打开“外发光”对话框，设置模式、不透明度、模糊为“变亮、100%、25pt”，单击确定按钮，为灯泡添加“外发光”效果，如图8-37所示。

图8-34　置入素材

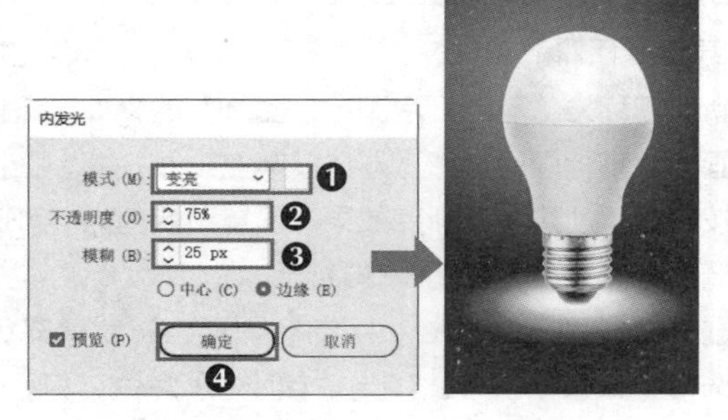

图8-35　添加“内发光”效果

图8-36　绘制图形

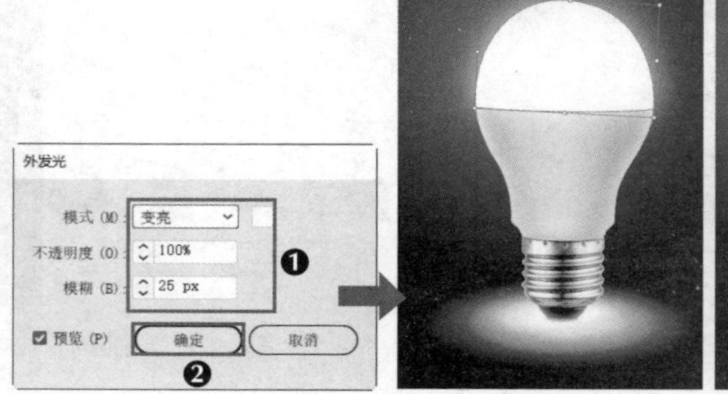

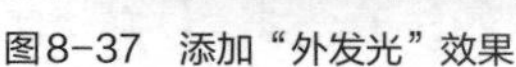

图8-37　添加“外发光”效果

3. 排版主图文案

微课视频

排版主图文案

完成灯泡发光效果的设计后，主图左侧空白部分较多，可在该区域添加并排版文案。为增加设计感，米拉考虑用光感线条装饰文字，并利用“羽化”效果来表现暖黄光、暖白光、白光3种类型的光源，具体操作如下。

（1）使用“文字工具” T输入“LED光源 高亮耐用”文字，分别设置字体为“方正兰亭刊黑简体”“方正兰亭粗黑简体”，文字颜色为“#FFFFFF”，调整文字大小，绘制线条，设置描边粗细为“8 pt”，变量宽度配置文件为“ ”，羽化半径为“2px”；在“透明度”面板中设置混合模式为“叠加”。在线条上继续叠加一条描边粗细为“2pt”的白色羽化线条，制作发光线条效果，如图8-38所示。

（2）使用“矩形工具”绘制白色矩形边框，设置描边粗细为“1pt”。绘制3个圆形，设置3个圆形的填充色分别为“#F2BB73”“#F7F6DD”“#FFFFFF”，设置圆形的羽化值为“10px”，用于制作不同光源效果。使用“文字工具” T输入说明文案，文字颜色为“#032639”，字体为“方正兰亭黑简体”。绘制白色圆角矩形作为亮度信息底纹，效果如图8-39所示。

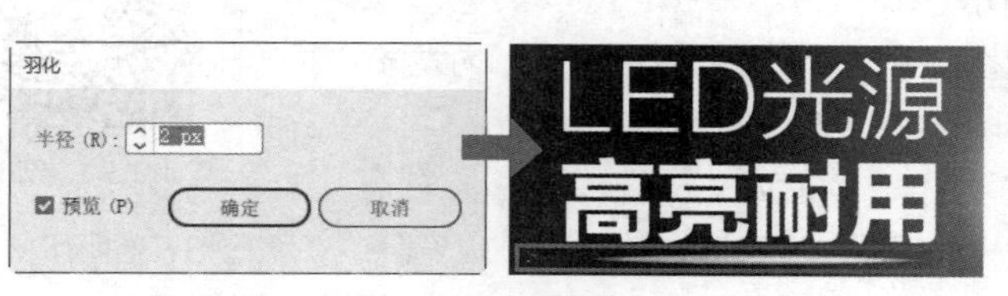

图8-38　叠加白色羽化线条

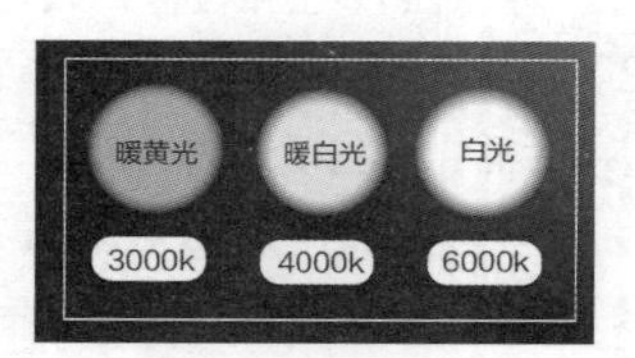

图8-39　绘制白色圆角矩形

（3）在主图底部绘制黄色图形，设置填充色为“#E1CD38”，在其上输入“两年内坏掉包换”文字，设置字体为“方正兰亭粗黑简体”，文字颜色为“#032639”，调整文字大小。在黄色图形下方绘制矩形，创建线性渐变填充，设置两个色标的填充色都为“#036EB8”，将末端色标的不透明度设置为“0”。输入“超节能/高显色/无频闪/舒适光”文字，设置字体为“方正兰亭粗黑简体”，文字颜色为“#FFFFFF”，调整文字大小，如图8-40所示，保存文件。

两年内坏掉包换
超节能/高显色/无频闪/舒适光

图8-40　添加并设置文字

课堂练习

设计手电筒淘宝主图

某淘宝店铺为提高手电筒的销售率，委托公司设计一张手电筒淘宝主图，已提供背景、文案、手电筒素材，要求合理进行色彩搭配，合理排版图片和文案，尺寸为800px×800px。设计师可先置入背景和手电筒素材，然后利用“羽化”效果、“外发光”效果和“内发光”效果设计手电筒发光效果，最后添加文案和渐变图形等美化主图。本练习的参考效果如图8-41所示。

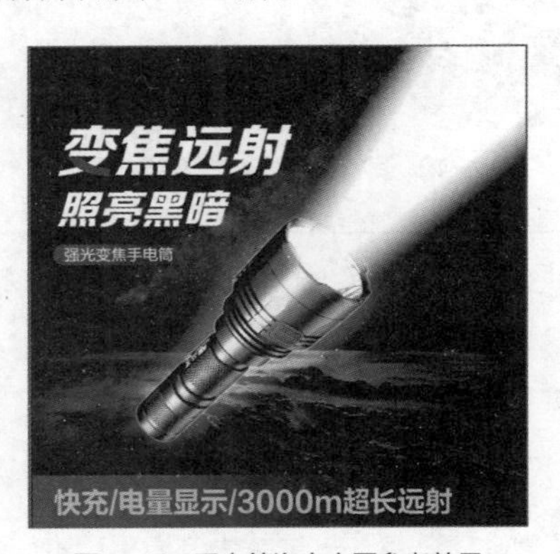

高清彩图

图8-41　手电筒淘宝主图参考效果

素材位置：素材\项目8\手电筒.png、黑夜.jpg

效果位置：效果\项目8\手电筒淘宝主图.ai

综合实战　设计耳机轮播图

数码类商品丰富，市场也十分广阔，老洪接到了许多数码类商品的设计任务，并将设计“耳机轮播图”的任务分配给了米拉。米拉接过任务，先与客户沟通确定了尺寸和风格，以及需要展示的文案、商品信息，然后展开耳机轮播图的设计。耳机属于数码类商品，采用具有科技感的蓝色作为主色，通过色彩分割的设计手法设计背景和文案，增强吸引力；挑选合适的耳机图片，放置到放大的文字上，再添加投影增加耳机的立体感；将耳机描摹成耳机图标并丰富其细节，修饰画面。

实战描述

实战背景	轮播图是一种常见的电商类设计作品，用于展示一系列图像或内容，使消费者看到更多的商品或者广告图片，从而起到对商品信息进行传播的作用。某淘宝店铺上新了一款耳机需要进行宣传，需要在轮播图区域中添加一张关于耳机的宣传轮播图。目前已完成耳机图片拍摄与处理、文案拟定，需要设计师运用提供的图片和文案设计轮播图
实战目标	① 轮播图色彩、字体搭配协调，内容简洁明了，视觉效果美观
	② 制作尺寸为950px×300px，分辨率为72像素/英寸（1英寸=2.54厘米）的耳机轮播图
	③ 商品光影合理，外观精美、清晰，能够吸引消费者
知识要点	创建投影效果、描摹图像、扩展描摹结果等

本实战的参考效果如图8-42所示。

高清彩图

图8-42　耳机轮播图参考效果

素材位置： 素材\项目8\耳机文案.ai、耳机.png

效果位置： 效果\项目8\耳机轮播图.ai

思路及步骤

设计耳机轮播图时，单调的背景缺乏创意，米拉首先考虑采用不同深浅的蓝色图形来分割背景，突出设计感；在制作主题文字时，同样采用分割效果与背景呼应，以此来增强设计感，并加宽字符间距，给人舒适的视觉感受。然后置入耳机素材，用投影效果增强其立体感；再次置入耳机素材，并采用图像描摹的方式得到耳机图标，用于丰富画面细节，修饰画面。本实战的设计思路如图8-43所示，参考步骤如下。

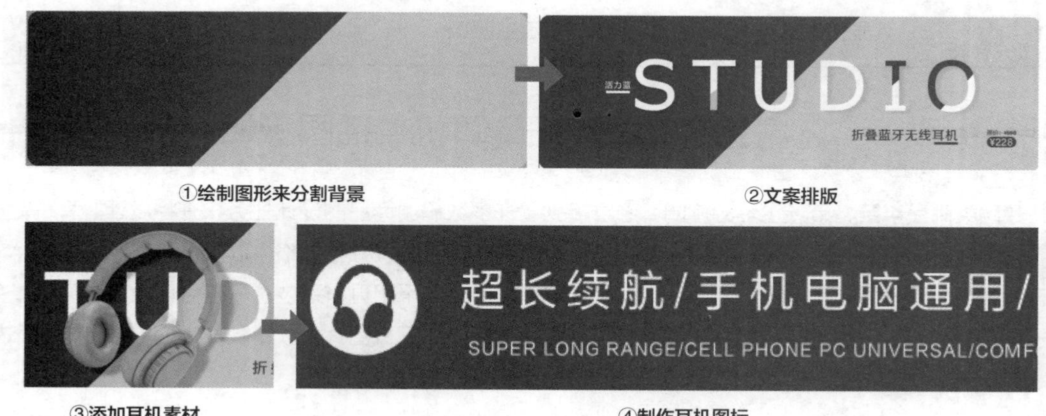

图8-43　设计耳机轮播图的思路

（1）新建名称为“耳机轮播图.ai”的文件，使用“钢笔工具”绘制两个梯形，分别设置填充色为“#303C95”“#7ECEF4”。

（2）打开“耳机文案.ai”文件，复制相关文字到文件中，设置文字属性，排版文案。利用“美工刀工具”进行文字笔画的分割，注意调整文字笔画的颜色，使文字具有设计感。

（3）选择【文件】/【置入】命令，打开“置入”对话框，选择“耳机.png”素材，取消选中“链接”复选框，单击置入按钮，拖曳鼠标以置入素材，调整素材大小和位置。

微课视频

设计耳机轮播图

（4）选择耳机图像，选择【效果】/【风格化】/【投影】命令，打开“投影”对话框，设置模式、不透明度、X位移、Y位移、模糊为“正片叠底、35%、18pt、11pt、2pt”，选中“暗部”单选项，单击确定按钮。

（5）再次置入耳机图像，在控制栏中单击图像描摹按钮右侧的按钮，在弹出的菜单中选择“剪影”命令，快速描摹耳机，得到黑色耳机图形。

（6）选择描摹对象，选择【对象】/【图像描摹】/【扩展】命令，将描摹对象转换为路径，将耳机图形的颜色更改为“#303C95”。

（7）绘制白色圆形，将描摹的耳机图形放置到圆形中，调整其大小和位置，组成图标，将图标放置到左上角文字的左侧作为装饰，最后保存文件。

课后练习　设计手表轮播图

某电商店铺预计在8月8日0点上新一款手表，并举办“前1小时购买立减50元”的优惠活动，委托公司设计一张用于宣传手表上新信息的轮播图，要求尺寸为950px×300px，主题突出、主次分明，采用科技风格。米拉接过任务，浏览客户提供的手表相关素材后，提取了文案、商品信息，以具有科技感的蓝色作为主色，设计径向渐变背景；通过羽化和叠加操作制作光圈效果，增强科技感；然后排版文案，将手表图像放置到轮播图中间的位置，突出主体地位，添加投影效果，以增强商品与背景的融合感，参考效果如图8-44所示。

图8-44　手表轮播图参考效果

素材位置：素材\项目8\手表.png

效果位置：效果\项目8\手表轮播图.ai

项目9 应用特殊效果

情景描述

米拉在互联网中浏览同行发布的设计作品时，发现他们的作品中存在3D元素，可以很好地提升作品的设计感，于是她也准备学习建模，但她并不熟悉3ds Max等3D建模软件。老洪告诉米拉，Illustrator“效果”菜单中的“3D”命令就能轻松实现3D建模效果，除此之外，Illustrator中还有Photoshop中部分常用的滤镜效果，可以制作出丰富的纹理和质感效果。米拉决定深入研究这些特殊效果，便于将它们应用到后面的设计任务中，以快速提升作品的质感。

学习目标

知识目标	● 掌握创建3D对象的方法 ● 掌握添加特殊效果的方法 ● 掌握使用“图形样式”面板的方法 ● 掌握使用“外观”面板的方法
素养目标	● 培养善于研究、勇于实践的精神 ● 善于模仿优秀的图形效果，并从模仿中创新 ● 弘扬“五四”精神，勇于追寻梦想，砥砺奋斗

任务9.1 设计3D易拉罐海报

某品牌委托公司进行果汁系列易拉罐海报设计，老洪接过该任务，为米拉分配了“草莓果汁”易拉罐海报设计任务。米拉接过任务，分析资料并与客户沟通设计要求，然后着手进行设计。米拉依据色彩的情感以及草莓的颜色，考虑采用粉红色作为主题色，利用方框、圆柱、叶子搭建立体背景；然后利用3D效果制作3D易拉罐，为部分元素添加投影，以加强其立体效果，完成3D易拉罐海报的设计。

任务描述

任务背景	易拉罐，尤其是铝制易拉罐具有较高的回收再使用价值，具有环保功能，是啤酒和碳酸饮料的常用包装形式。某品牌的果汁饮料也采用该包装形式进行销售，为推广品牌，委托公司设计海报以便张贴在商场。由于客户没有提供商品图片，需要设计师利用绘图功能绘制产品海报，要求场景简洁、产品突出，图片清晰逼真、立体感强
任务目标	① 制作尺寸为20cm×30cm，分辨率为300像素/英寸（1英寸=2.54厘米），颜色模式为CMYK的3D易拉罐海报
	② 在海报中制作3D效果，打破平面的约束，增强视觉效果
	③ 海报的色彩协调，主题清晰、突出
知识要点	“凸出和斜角”效果、“绕转”效果、3D贴图等

本任务的参考效果如图9-1所示。

图9-1 3D易拉罐海报参考效果

素材位置： 素材\项目9\草莓.png、易拉罐贴图.ai、叶子.ai

效果位置： 效果\项目9\3D易拉罐海报.ai

知识准备

在设计3D易拉罐海报时，需要用到3D易拉罐。老洪告诉米拉，3D效果中的“绕转”效果可以将

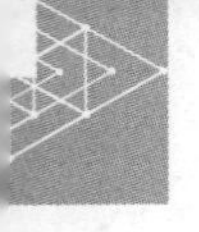

绘制的半边易拉罐平面图快速转换为可以旋转、打光和生成投影的3D易拉罐。此外，除了“绕转”效果，3D效果中还包含“凸出和斜角”“旋转”等效果。

1. “凸出和斜角”效果

“凸出和斜角”效果可以设置对象的厚度和角度，以此创建3D对象。其具体操作方法为：选择2D对象，选择【效果】/【3D】/【凸出和斜角】命令，打开“3D凸出和斜角选项”对话框，设置具体参数，单击 确定 按钮，如图9-2所示。

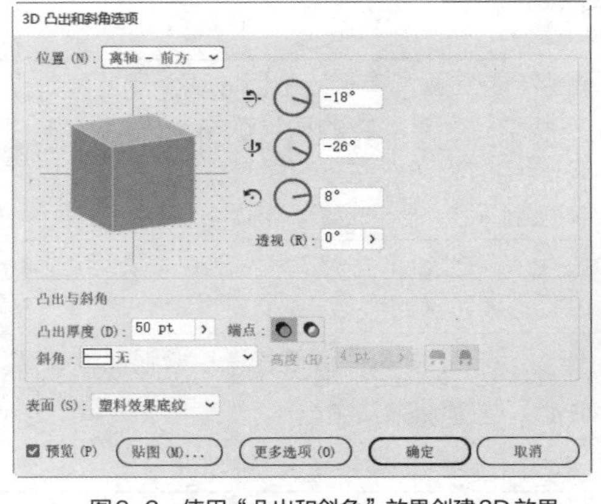

图9-2 使用“凸出和斜角”效果创建3D效果

“3D凸出和斜角选项”对话框中各参数的介绍如下。

- **位置：**用于选择预设的3D样式，包括离轴-前方、等角-左方、等角-上方等，效果分别如图9-3所示。

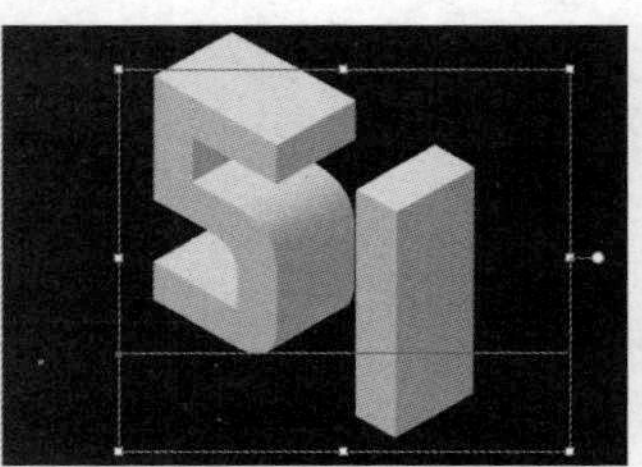

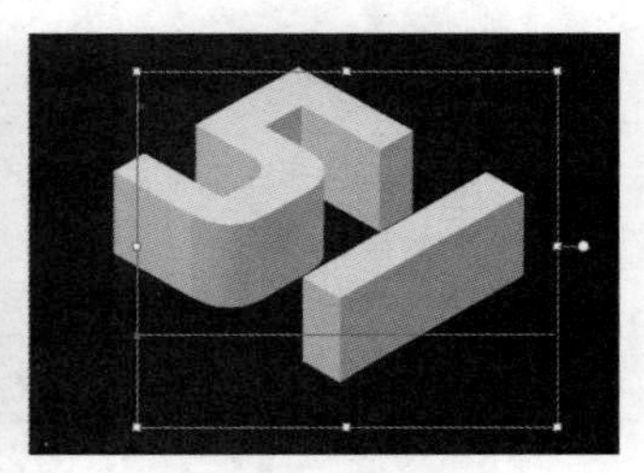

图9-3 3种3D样式的效果

- 、、：用于自定义对象绕x、y、z轴旋转的角度。
- **透视：**用于指定镜头扭曲度。
- **凸出厚度：**用于指定凸出厚度值，值越大3D效果越明显。
- **端点：**单击按钮，将开启端点功能，以便创建实心外观；单击按钮，将关闭端点功能，以便创建空心外观。
- **斜角：**用于设置斜角样式，在“高度”数值框中可设置斜角高度。单击“斜角外扩”按钮，将斜角添加至原始对象；单击“斜角内缩”按钮，将从原始对象上减去斜角。
- **表面：**用于设置渲染3D对象的方式，包括线框、无底纹、扩散底纹、塑料效果底纹。
- 更多选项 (O)：若设置渲染3D对象的方式为“扩散底纹”，单击该按钮，可以设置光源强度、环境光、混合步骤、底纹颜色等参数。若设置渲染3D对象的方式为“塑料效果底纹”，单击该按钮，还可设置高光强度、高光大小参数；在上拖动光源，可设置光源位置。图9-4所示为不同光源位置的对比效果。单击按钮可将光源移动到对象后方，单击按钮可添加光源，单击按钮可删除选中的光源。

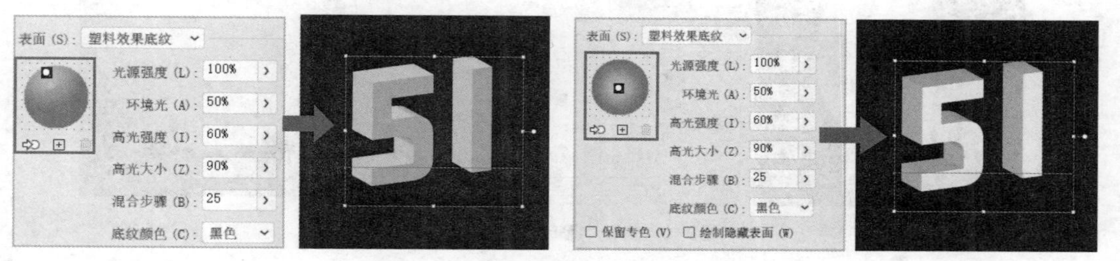

图9-4　不同光源位置的对比效果

- ：单击该按钮，可打开“贴图”对话框，选择贴图的表面，可以为3D对象表面添加符号。“符号”下拉列表中的选项与“符号”面板中的选项相同，因此在进行3D贴图前，需要将合适的符号添加到“符号”面板中。单击按钮，将符号缩放至适合整个对象。选中“贴图具有明暗调（较慢）”复选框，可以使贴图和对象更加融合；选中“三维模型不可见”复选框，可隐藏对象，仅显示贴图的三维效果。图9-5所示为添加贴图的效果。

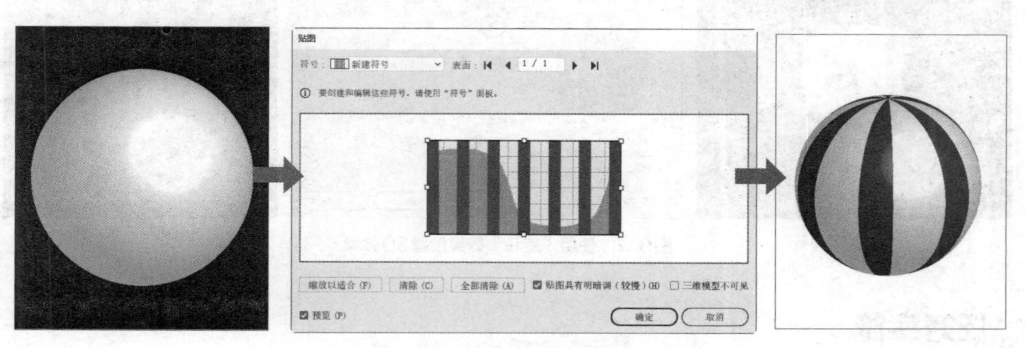

图9-5　为球体添加贴图的效果

知识补充

扩展3D外观效果

选择3D对象，选择【对象】/【扩展外观】命令，可以将3D外观效果转换成图形，从而进行颜色设置等操作。

2. “绕转”效果

“绕转”效果可以将图形沿自身的y轴绕转成3D立体对象。其具体操作方法为：选择2D对象，选择【效果】/【3D】/【绕转】命令，打开“3D绕转选项”对话框，设置位置，绕x、y、z轴旋转的角度，透视，绕转角度等参数，也可与“凸出和斜角”效果一样设置表面、贴图等参数，如图9-6所示，单击按钮。

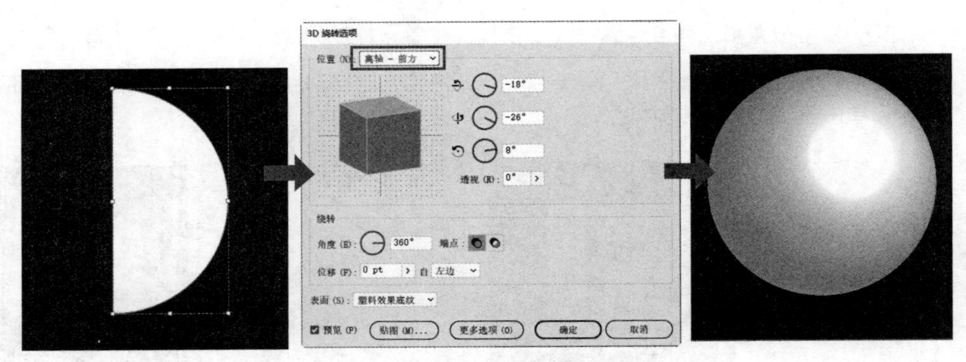

图9-6　使用“绕转”效果创建3D效果

3. “旋转”效果

“旋转”效果可以将图形在3D空间进行旋转。其具体操作方法为：选择3D对象，选择【效果】/【3D】/【旋转】命令，打开“3D旋转选项”对话框，设置位置，绕x、y、z轴旋转的角度，透视，单击 确定 按钮。图9-7所示为使用“旋转”效果创建3D效果。

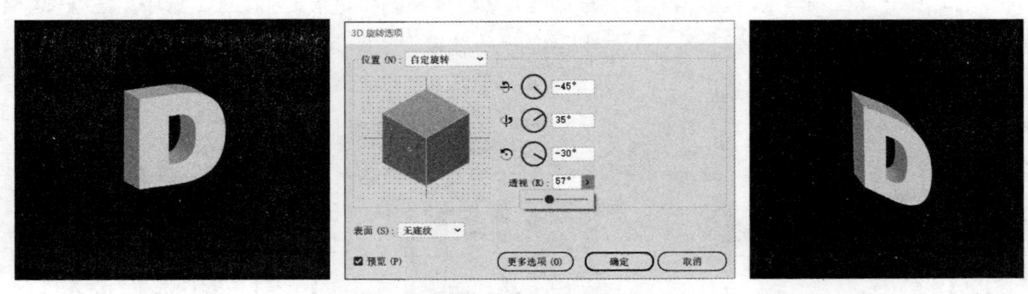

图9-7　使用“旋转”效果创建3D效果

任务实施

1. 设计3D场景

米拉考虑为易拉罐设计包含圆柱、叶子、立体方框等元素的3D场景，以提升图片的美观度，具体操作如下。

（1）新建名称为“3D易拉罐海报.ai”的文件，使用“矩形工具”绘制与画板大小相同的矩形。选择“渐变工具”，在控制栏中单击“线性渐变”按钮，从画板右下角向左上角拖曳鼠标，创建线性渐变填充效果，设置渐变颜色为“#DF8784”“#F8E4E6”，如图9-8所示。

（2）打开“叶子.ai”文件，复制叶子到“3D易拉罐海报.ai”文件中，设置填充色为“#DB9A96”。选择叶子图形，选择【效果】/【模糊】/【高斯模糊】命令，设置半径为“12”，单击 确定 按钮，模糊叶子，如图9-9所示。然后通过复制叶子，调整大小、位置、角度和不透明度等操作，制作一组叶子图形。

（3）选择“矩形工具”，绘制与画板大小相同的矩形，选择叶子和矩形，单击鼠标右键，在弹出的快捷菜单中选择“建立剪切蒙版”命令，将叶子显示在画板范围内，效果如图9-10所示。

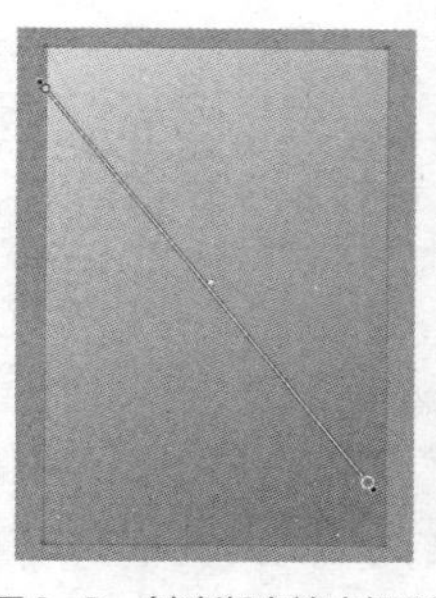
图9-8 创建渐变填充矩形

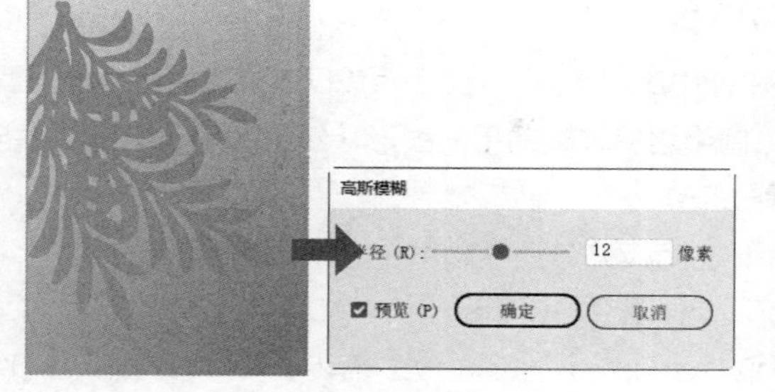

图9-9 设置“高斯模糊”效果

图9-10 创建剪切蒙版

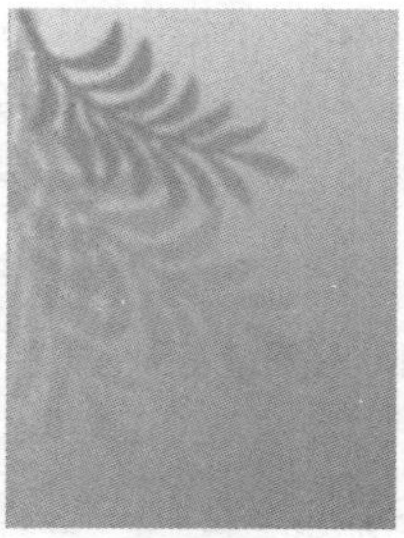

（4）使用“钢笔工具” 绘制边框，设置填充色为“#F3D1D1”，如图9-11所示。

（5）选择边框，选择【效果】/【3D】/【凸出和斜角】命令，打开“3D凸出和斜角选项”对话框，设置图9-12所示的参数。

（6）单击 更多选项 按钮，展开表面设置，将光源移动到左上角，设置底纹颜色为“自定”“#871B20”，单击 确定 按钮，如图9-13所示。

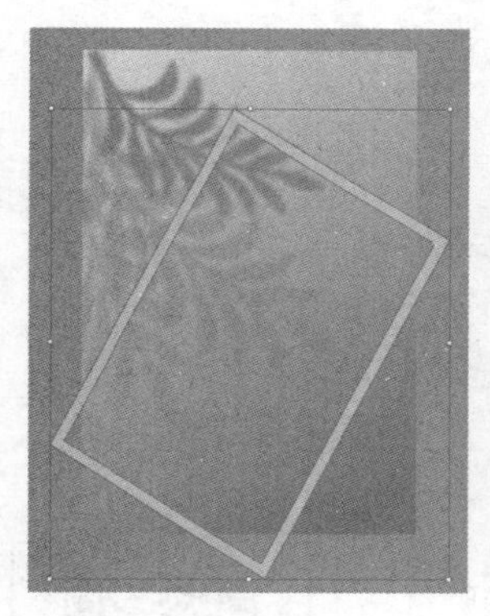
图9-11 填充颜色

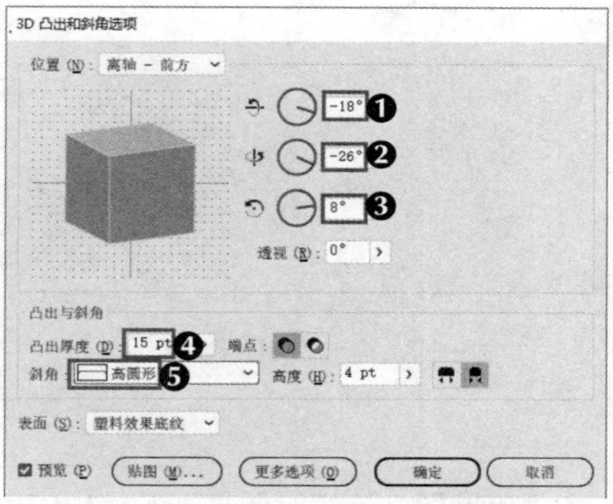

图9-12 设置“凸出和斜角”效果

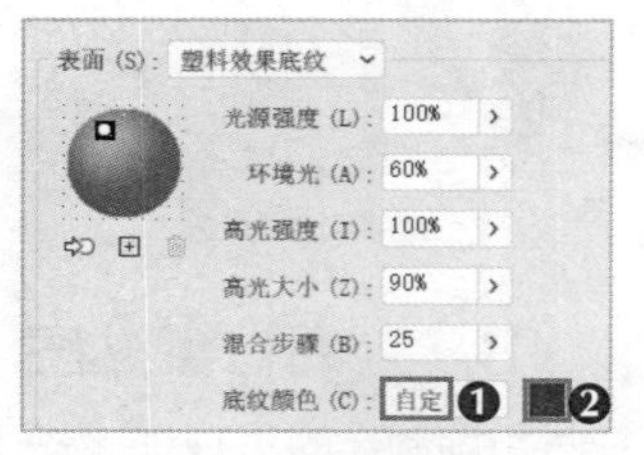

图9-13 设置“表面”参数

（7）使用“矩形工具” 绘制与画板大小相同的矩形，选择边框和矩形，单击鼠标右键，在弹出的快捷菜单中选择“建立剪切蒙版”命令，将边框显示在画板范围内，如图9-14所示。

（8）使用“矩形工具” 绘制矩形，选择“渐变工具” ，在控制栏中单击“线性渐变”按钮 ，在矩形左侧拖曳鼠标到右侧，矩形上将出现渐变条，添加色标，设置渐变颜色为“#C97B78”“#D39D9B”“#BA7A7C”“#A56365”“#A76265”“#B6787A”“#A76265”。使用“椭圆工具” 绘制椭圆形，其宽度与矩形宽度相同，为其设置线性渐变填充效果，填充色为“#C97B78”“#F3D0D1”，得到立体圆柱，如图9-15所示。

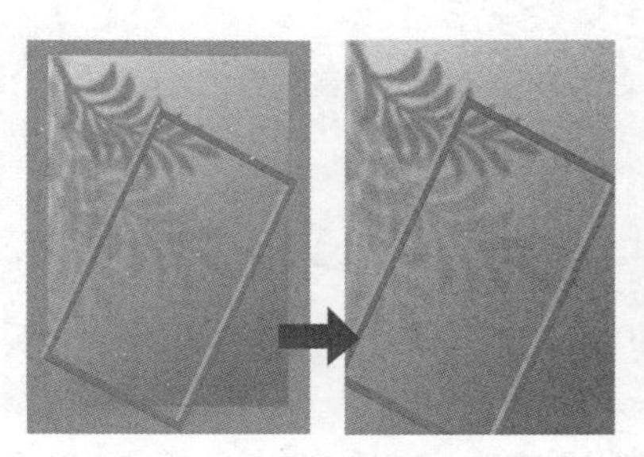
图9-14 为边框创建剪切蒙版

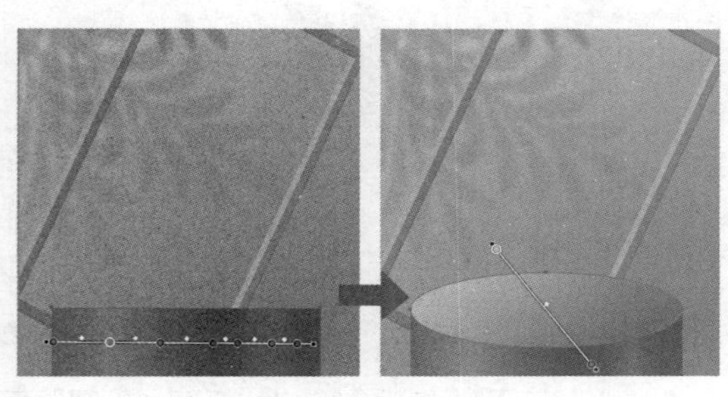
图9-15 绘制立体圆柱

2. 制作3D易拉罐

3D效果在平面包装设计中应用十分广泛，利用3D效果可以对各种类型的包装进行建模。米拉考虑先绘制半边易拉罐的平面图形，然后利用3D绕转功能来打造3D易拉罐效果，具体操作如下。

（1）使用“钢笔工具”在画板外分别绘制易拉罐半边的3个组成部分，设置填充色为“#FFFFFF”，如图9-16所示。

（2）选择绘制的图形，选择【效果】/【3D】/【绕转】命令，打开“3D绕转选项”对话框，设置绕x、y、z轴旋转的角度为“-14°”“-40°”“8°”，单击 确定 按钮，如图9-17所示。

（3）此时发现3D效果出现了错位现象，移动各个部分，再调整叠放层次得到3D易拉罐，如图9-18所示。

图9-16　绘制半边易拉罐

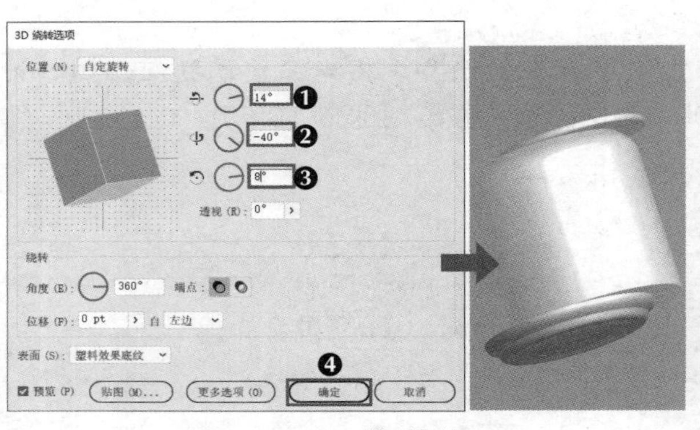

图9-17　应用“绕转”效果

图9-18　调整3D效果

3. 为易拉罐贴图

目前制作的3D易拉罐只是一个简单模型，米拉需要将客户提供的包装贴纸贴到易拉罐表面，这需要用到3D贴图功能，具体操作如下。

（1）打开“易拉罐贴图.ai”文件，将其复制到“3D易拉罐海报”文件中。选择【窗口】/【符号】命令，打开“符号”面板，框选并拖曳易拉罐贴纸到“符号”面板中，打开“符号选项”对话框，单击 确定 按钮，如图9-19所示。

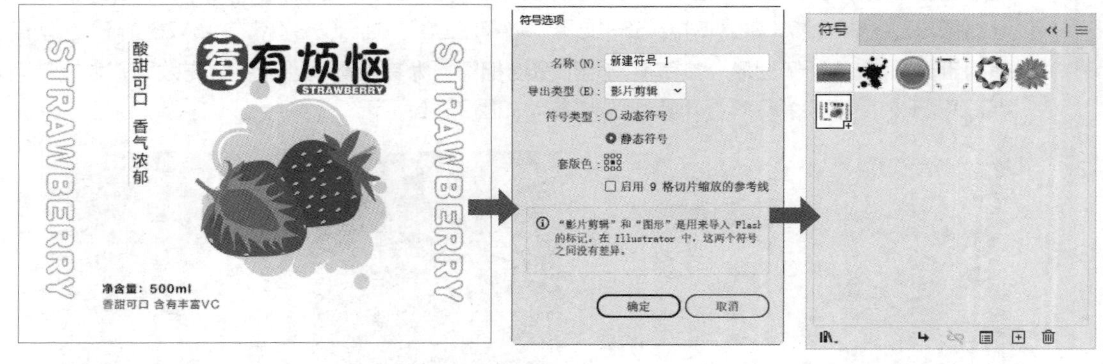

图9-19　创建符号

（2）选择【窗口】/【外观】命令，打开“外观”面板，选择易拉罐，在“外观”面板中双击3D绕转效果，再次打开“3D绕转选项”对话框，单击 贴图 (M)... 按钮。打开“贴图”对话框，单击▸按钮，设置表面"为3/4"，用红色网格显示贴纸区域，选择创建的符号，单击缩放以适合(F)按钮，拖曳控制框上的控制点，调整其宽度；选中"贴图具有明暗调（较慢）"复选框，单击确定按钮，如图9-20所示，应用贴纸。

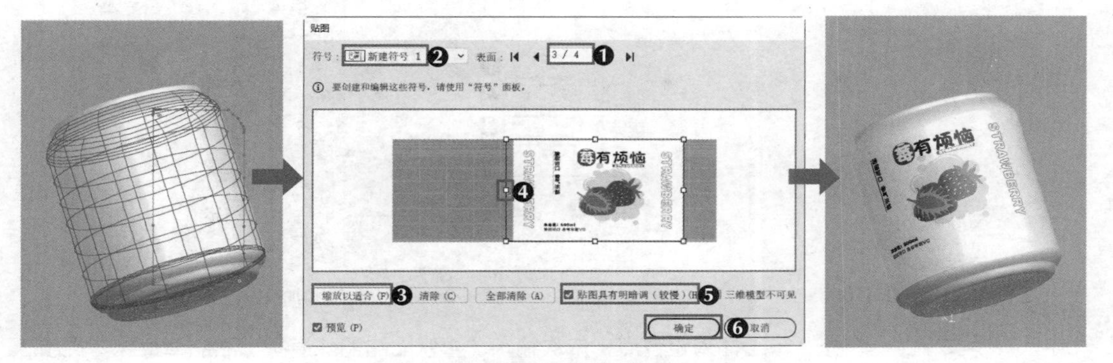

图9-20 易拉罐贴图效果

疑难解析

为什么有时候设置的贴图效果不可见？

在进行贴图时，若没有在"贴图"对话框中选择当前3D对象的表面，设置的贴图效果可能不可见，此时需要在"表面"栏中切换不同的面，同时观察画面中的3D对象，选中的表面上会出现红色网格。

4. 排版图文

完成前面的设计后，米拉需要将位于画板外的3D易拉罐放置到3D场景中，然后添加草莓素材和文字说明，并进行适当的排版。为增强作品的立体感，米拉考虑为各个元素设置投影效果，具体操作如下。

微课视频 排版图文

（1）选择"椭圆工具"，在立体圆柱上方绘制椭圆形，设置填充色为"#6B373B"，取消描边。选择【效果】/【风格化】/【羽化】命令，打开"羽化"对话框，设置半径为"30px"，单击确定按钮，如图9-21所示。

（2）查看羽化效果，在其上放置3D易拉罐，将羽化效果作为易拉罐的投影，如图9-22所示。

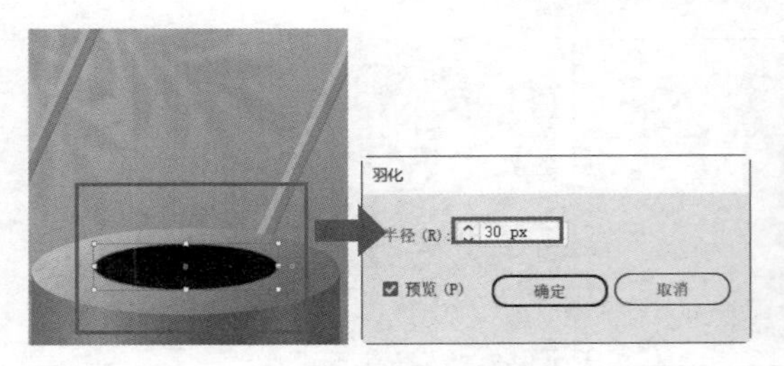

图9-21 羽化椭圆形

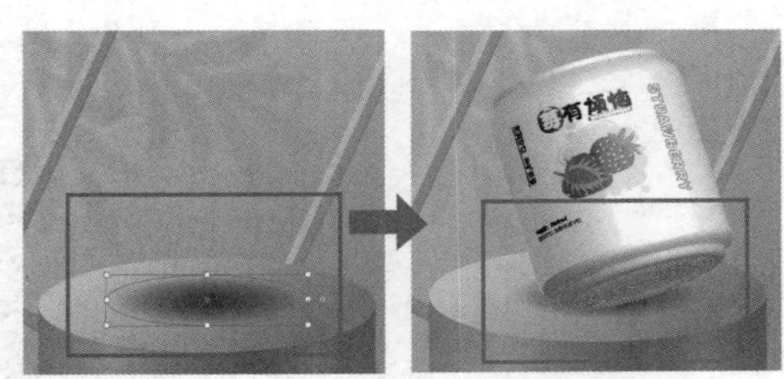

图9-22 放置3D易拉罐

（3）选择【文件】/【置入】命令，打开"置入"对话框，选择"草莓.png"素材，取消选中"链接"复选框，单击置入按钮，拖曳鼠标以置入素材，调整素材大小和位置，按【Ctrl+[】快捷键将其放置到3D易拉罐下层，如图9-23所示。

（4）选择草莓素材，选择【效果】/【风格化】/【投影】命令，打开"投影"对话框，设置不透明度、X位移、Y位移、模糊为"35%、0.28cm、0.2cm、0.03cm"，选中"颜色"单选项，设置颜色为“#470408”，单击确定按钮，如图9-24所示。

图9-23　置入并调整草莓素材

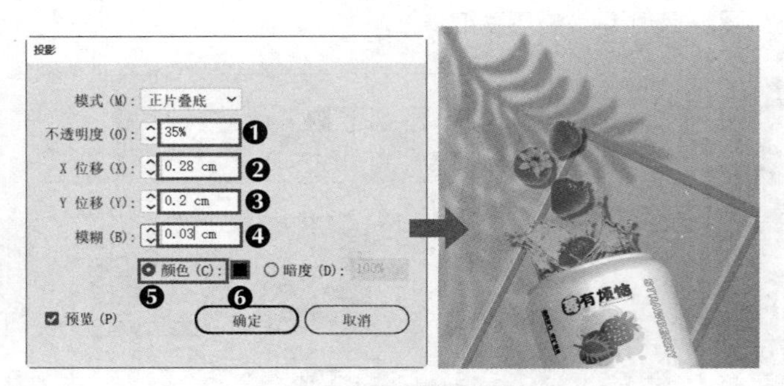

图9-24　为草莓素材添加投影

（5）选择“文字工具”T，单击插入定位点，依次输入“喜欢甜甜的味道”“甜甜草莓味”文字，调整文字大小，设置字体分别为“方正兰亭刊黑简体”“方正正大黑简体”，设置文字颜色为“#FFFFFF”，为“喜欢甜甜的味道”文字绘制填充色为“#DC6C67”的圆角矩形，如图9-25所示。

（6）选择“甜甜草莓味”文字，选择【对象】/【扩展】命令扩展文字，选择【对象】/【取消编组】命令取消组合，调整各个文字的角度，如图9-26所示。

图9-25　输入文字并绘制圆角矩形

图9-26　扩展并旋转文字

（7）选择“甜甜草莓味”文字，选择【效果】/【风格化】/【圆角】命令，打开“圆角”对话框，设置半径为“0.2cm”，单击确定按钮，如图9-27所示。

（8）为“甜甜草莓味”文字添加投影效果，设置不透明度、X位移、Y位移、模糊为“35%、0.07cm、0.15cm、0.03cm”，选中“颜色”单选项，设置颜色为“#470408”，如图9-28所示，保存文件。

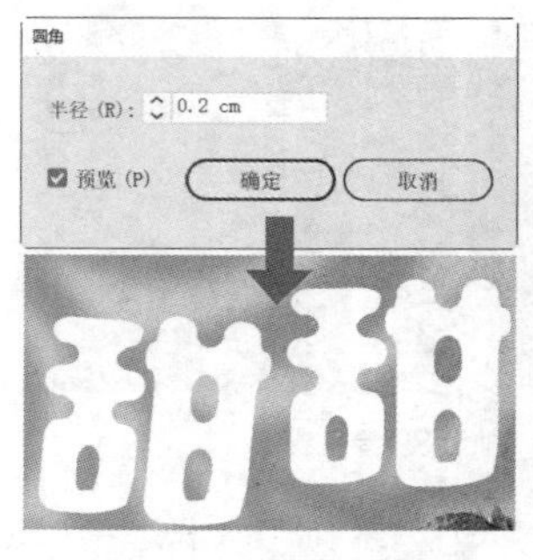

图9-27　设置圆角效果

图9-28　为文字添加投影效果

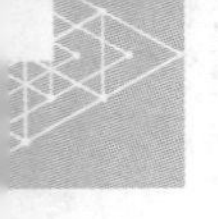

课堂练习

设计电风扇3D海报

某淘宝店铺需要为电风扇设计移动端详情页海报，已提供电风扇、文案素材，要求利用3D效果设计3D场景与“新品上市”立体标签，为电风扇添加投影，画面色彩搭配协调、自然，尺寸为750px×1100px。本练习的参考效果如图9-29所示。

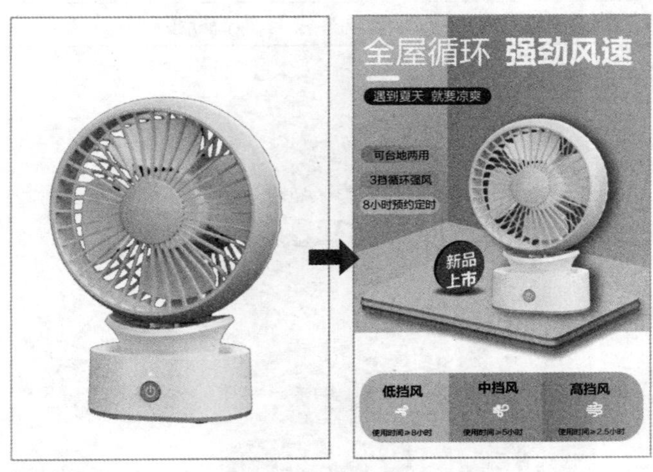

图9-29 电风扇3D海报参考效果

素材位置： 素材\项目9\电风扇.png
效果位置： 效果\项目9\电风扇3D海报.ai

任务9.2 设计沐浴露电商竖版海报

某洗护类店铺准备上新牛奶润肤沐浴露，委托公司为其设计竖版海报，以推广商品，吸引更多的潜在消费者，促进销售。老洪将该任务交给米拉，米拉分析该任务的资料，考虑将牛奶元素融入海报，通过设计玻璃质感的蓝色渐变背景，与白色的牛奶、文字、商品图搭配，提升牛奶润肤沐浴露的档次。为了使商品外观更加细致、精美，米拉考虑绘制沐浴露图形，通过渐变突出材质表面的光泽感，通过高光与阴影增强商品立体感，以此提高沐浴露电商竖版海报的吸引力。

 任务描述

任务背景	沐浴露是常见的、易消耗的清洁用品，在当今社会，消费者不单注意沐浴露的清洁功能，更注重沐浴露带来的清凉舒爽、滋润柔滑的感受。某店铺推出了一款针对女性消费者的牛奶滋润型沐浴露，要求以“香滑肌 洗出来”“牛奶润肤”为卖点来吸引消费者，委托公司设计一张沐浴露电商竖版海报

续表

任务目标	① 商品外观精美、无瑕疵，光影效果处理得当
	② 制作尺寸为1200px×1920px，分辨率为72像素/英寸（1英寸=2.54厘米）的沐浴露电商竖版海报
	③色彩搭配合理、字体样式统一，装饰元素与商品相呼应
知识要点	“涂抹棒”效果、“晶格化”效果、“玻璃”效果、“高斯模糊”效果等

本任务的参考效果如图9-30所示。

图9-30 沐浴露电商竖版海报参考效果

素材位置：素材\项目9\沐浴露图标.ai、牛奶.png
效果位置：效果\项目9\沐浴露电商竖版海报.ai

知识准备

老洪告诉米拉，在平面设计中，通过制作具有纹理和质感的图形、文字、图像可以让设计作品更加精致。通过Illustrator中的“效果”命令，可以轻松完成模糊、像素化、纹理、画笔描边等各种效果的制作，这些效果与Photoshop中的滤镜效果相似。米拉决定先熟悉这些效果，然后选择部分效果应用到沐浴露电商竖版海报中，以提升海报吸引力。

1. 效果画廊

选择【效果】/【效果画廊】命令，打开的对话框中集合了很多特殊效果，通过该对话框可以为对象同时添加多种效果。若选择任意一个效果组并将其展开，然后在该效果组中选择任意一种效果，在对话框左侧可以预览应用效果，在右侧面板中可以设置效果参数，设置完成后单击 确定 按钮。图9-31所示为展开“素描”效果组，应用“绘图笔”效果的例子。

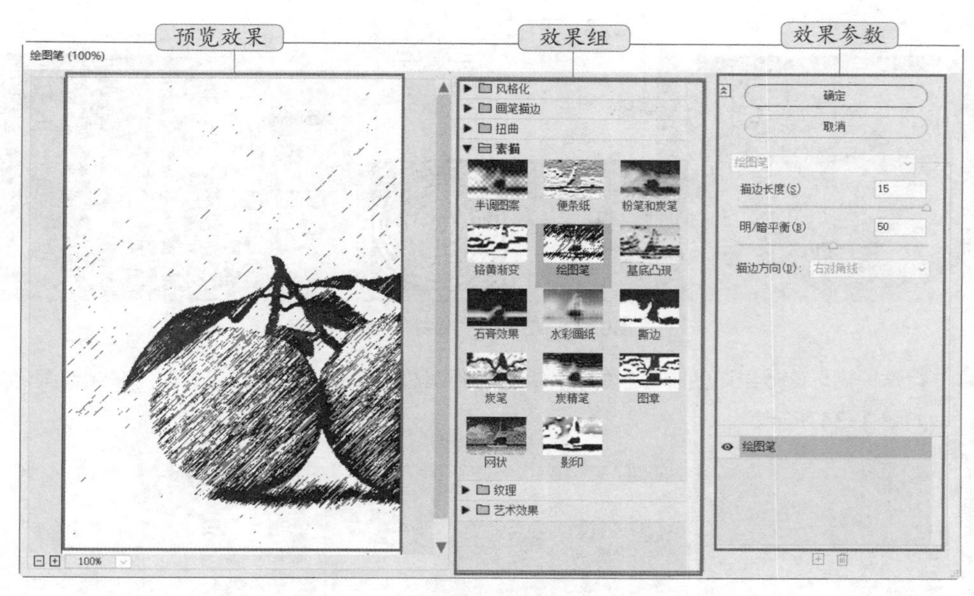

图9-31 应用效果

2. 像素化效果

选择【效果】/【像素化】命令，弹出的子菜单中有4种不同像素化风格的效果命令，包括彩色半调、晶格化、点状化、铜版雕刻。图9-32所示为对原图分别应用4种像素化效果的效果，其中铜版雕刻又包括10种不同的类型。

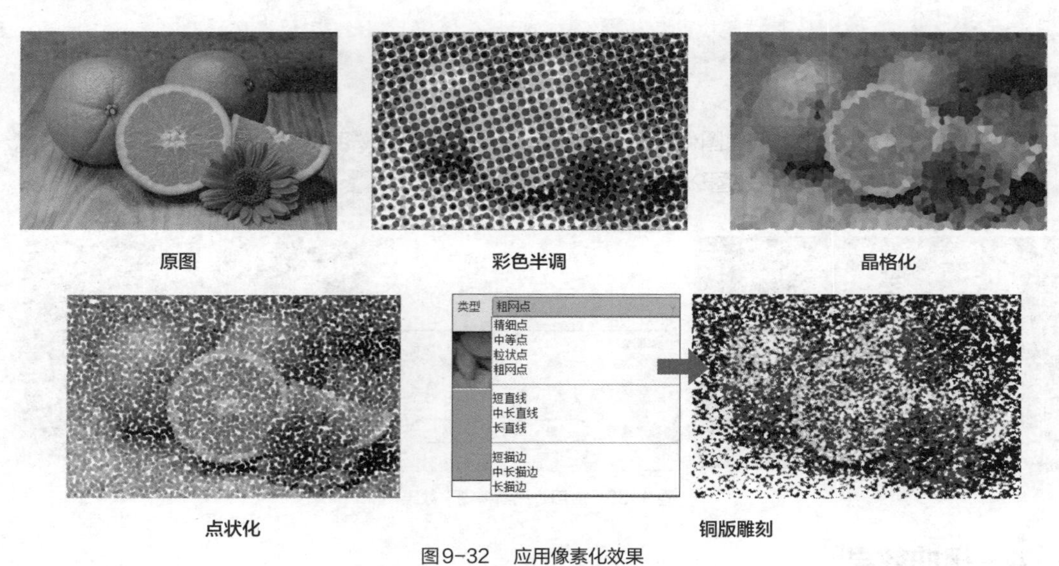

图9-32 应用像素化效果

3. 模糊效果

选择【效果】/【模糊】命令，弹出的子菜单中有3种模糊效果，包括径向模糊、特殊模糊、高斯模糊，选择任意效果将打开同名对话框，设置相关参数后，便可应用该效果。

- **径向模糊：**该效果以一个点为中心向四周（设置缩放选项）发散模糊，或以一个点为中心进行旋转（设置旋转选项）模糊，使图像产生旋转或运动的效果，如图9-33所示。

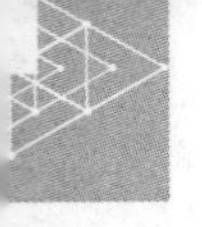

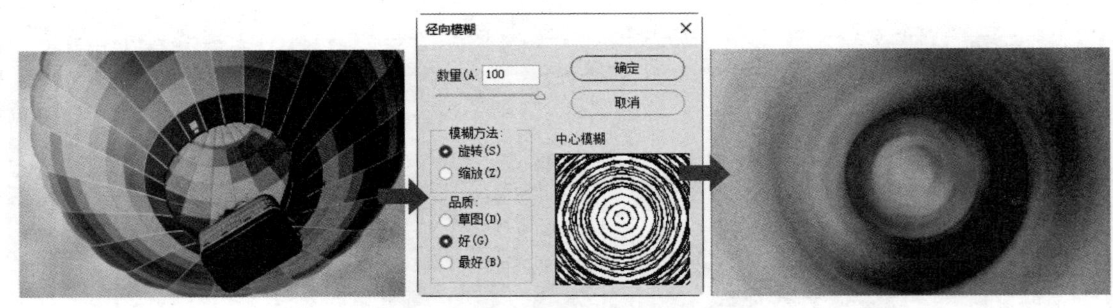

图9-33　应用“径向模糊”效果

- **特殊模糊：**该效果可使图像产生模糊效果，但其模糊效果不是很明显，常用来制作柔化效果，如图9-34所示。

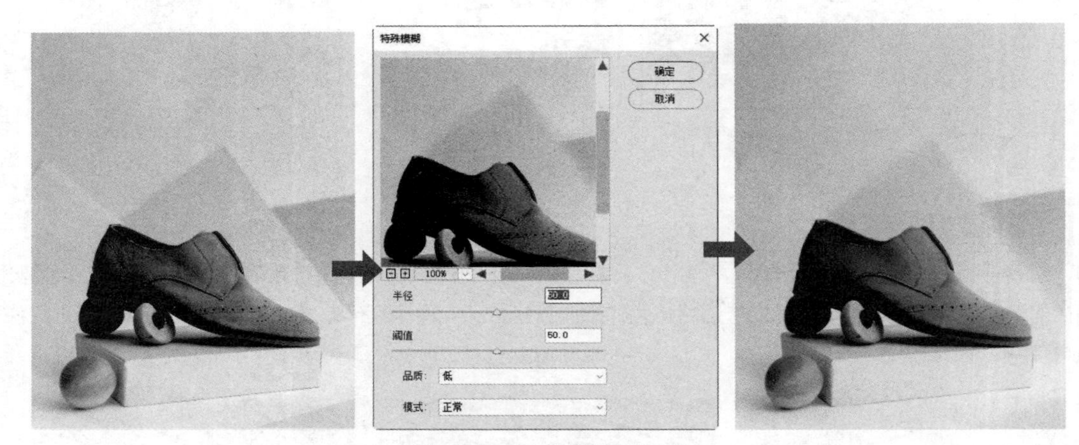

图9-34　应用“特殊模糊”效果

- **高斯模糊：**该效果可使图像呈现柔和的模糊效果，类似“羽化”效果，可以用来制作倒影、投影、高光、阴影，如图9-35所示。

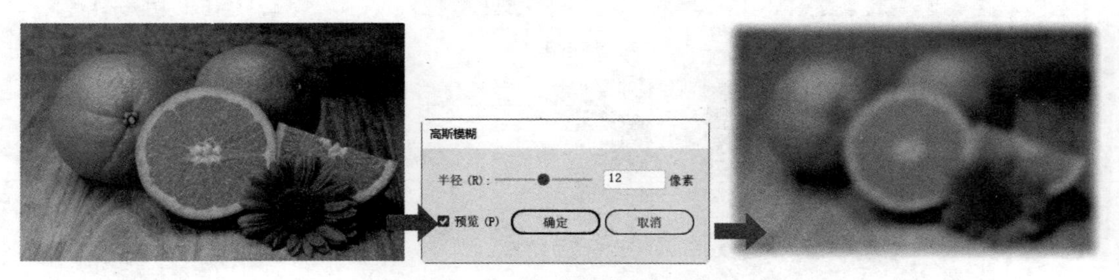

图9-35　应用“高斯模糊”效果

4．扭曲效果

选择【效果】/【扭曲】命令，弹出的子菜单中有3种不同风格的扭曲效果命令，包括扩散亮光、玻璃、海洋波纹。图9-36所示为对原图分别应用3种扭曲效果的效果，选择其中一种命令可以打开相应对话框，在其中设置相关参数，在展开的“扭曲”效果组中可以预览或应用其他扭曲效果，最后单击 确定 按钮。

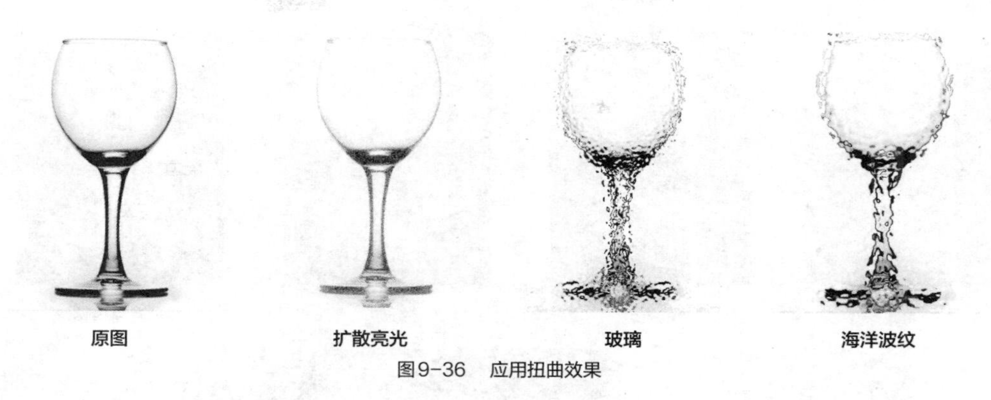

图9-36 应用扭曲效果

5. 画笔描边效果

选择【效果】/【画笔描边】命令，弹出的子菜单中有成角的线条、墨水轮廓、喷溅、喷色描边、强化的边缘、深色线条、烟灰墨和阴影线8种画笔描边效果。图9-37所示为对原图分别应用各种画笔描边效果。选择其中一种命令可以打开对话框，在其中设置相关参数，在展开的“画笔描边”效果组中可以预览或应用其他画笔描边效果，最后单击「确定」按钮。

图9-37 应用画笔描边效果

6. 纹理效果

选择【效果】/【纹理】命令，弹出的子菜单中有拼缀图、颗粒、纹理化、染色玻璃、马赛克拼贴、龟裂缝6种纹理效果，可以使图像产生各种纹理效果。图9-38所示为对原图分别应用各种纹理效果。选择其中一种命令可以打开对话框，在其中设置相关参数，在展开的“纹理”效果组中可以预览或应用其他纹理效果，最后单击「确定」按钮。

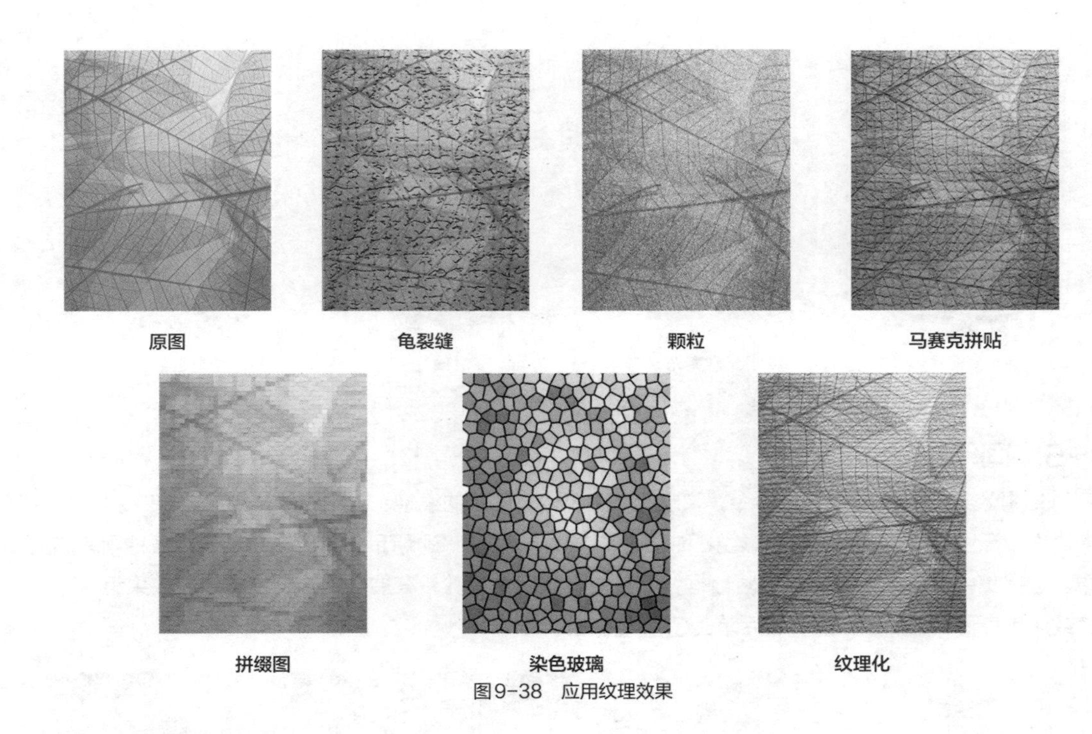

图9-38　应用纹理效果

7. 艺术效果

选择【效果】/【艺术效果】命令，弹出的子菜单中有15种艺术效果。图9-39所为对原图分别应用各种艺术效果后的效果。选择其中一种命令可以打开对话框，在其中设置相关参数，在展开的“艺术效果”效果组中可以预览或应用其他艺术效果，最后单击 确定 按钮。

图9-39　应用艺术效果

图9-39 应用艺术效果（续）

8. “照亮边缘”效果

“照亮边缘”效果可以描绘图像的轮廓，勾勒颜色变化的边缘，加强其过渡效果，从而产生轮廓发光的效果。选择【效果】/【风格化】/【照亮边缘】命令，打开对话框，设置边缘宽度、边缘亮度和平滑度，单击 确定 按钮，如图9-40所示。

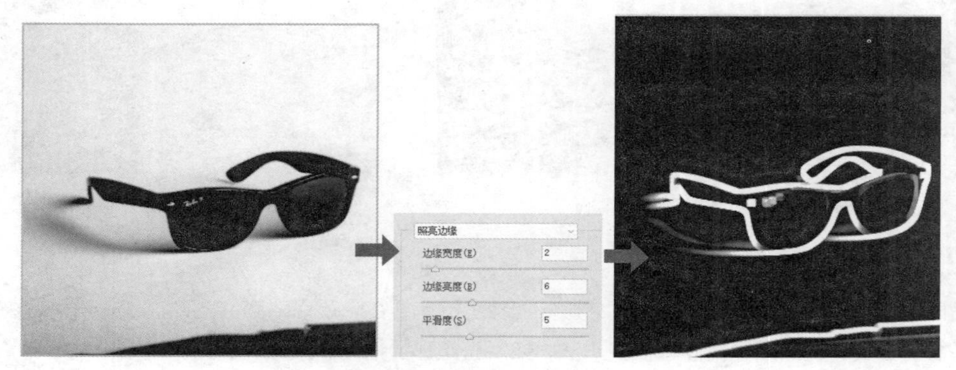

图9-40 应用“照亮边缘”效果

任务实施

1. 设计玻璃质感背景

米拉考虑制作具有玻璃质感的蓝色渐变背景，但只添加“玻璃”效果，玻璃质感并不强烈。米拉考虑先添加“涂抹棒”效果和“晶格化”效果，再添加“玻璃”效果来增强玻璃质感，具体操作如下。

（1）新建名称为“沐浴露电商竖版海报.ai”的文件，选择“矩形工具”，绘制与画板大小相同的矩形。选择“渐变工具”，在控制栏中单击“径向渐变”按钮，从画板中间向上方拖曳鼠标，创建线性渐变填充，设置渐变色为“#5CC4E9”“#325F9D”，调整渐变位置，渐变效果如图9-41所示。

（2）选择矩形，选择【效果】/【艺术效果】/【涂抹棒】命令，在打开的对话框中设置描边长度、高光区域、强度为“2、12、2”，如图9-42所示，单击 确定 按钮。

（3）选择矩形，选择【效果】/【像素化】/【晶格化】命令，在打开的“晶格化”对话框中设置单元格大小为“80”，单击 确定 按钮，如图9-43所示。

（4）选择矩形，选择【效果】/【扭曲】/【玻璃】命令，在打开的对话框中设置扭曲度、平滑度、缩放为“16、6、200”，如图9-44所示，单击 确定 按钮。

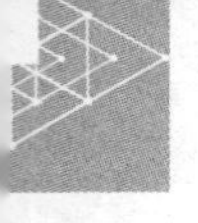

图9-41 渐变填充矩形

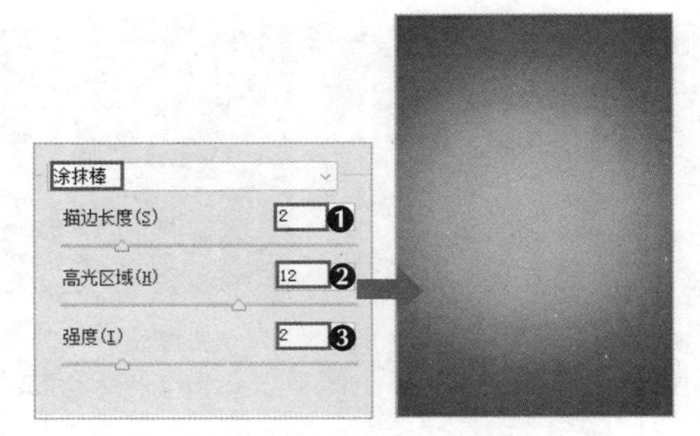

图9-42 添加“涂抹棒”效果

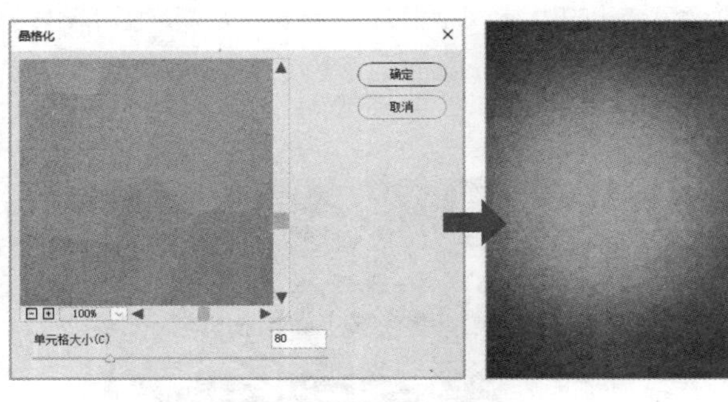

图9-43 添加“晶格化”效果

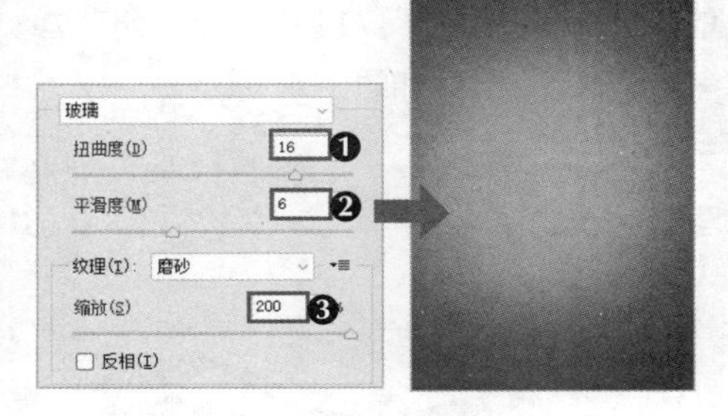

图9-44 添加“玻璃”效果

2. 设计商品光影感

若商品图像粗糙、无质感，那么就会影响消费者的购买欲，所以对商品图像进行精修很有必要。商品图像精修有很多方法，如矫正塑形、抠图、修瑕、铺光、塑造结构。米拉在绘制沐浴露瓶子时，考虑通过“高斯模糊”效果进行铺光，打造瓶身的高光和阴影，提升商品质感，具体操作如下。

（1）选择“钢笔工具”，在画板外绘制沐浴露瓶子，设置填充色为“#FAF7F5”，如图9-45所示。

（2）复制一个沐浴露瓶子，选择“直线段工具”，为瓶盖绘制分割线，在“路径查找器”面板中单击“分割”按钮，得到瓶盖的各个部分，如图9-46所示。

（3）选择瓶盖各个部分，选择“渐变工具”，在控制栏中单击“线性渐变”按钮，拖曳鼠标，创建线性渐变填充，设置渐变色为“#FEF3E0”“#590D1B”；添加色标，为其设置与渐变色一样的颜色，调整色标位置和颜色，得到各个部位的渐变效果，如图9-47所示，模拟瓶盖材料表面的光泽效果。

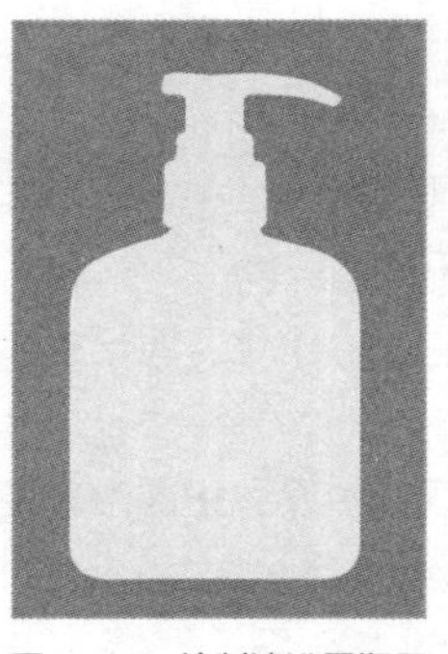

图9-45 绘制沐浴露瓶子

图9-46 分割瓶盖

图9-47 为瓶盖创建线性渐变效果

（4）打开“沐浴露图标.ai”文件，复制图标到瓶身中。选择“文字工具”T，输入文字，设置文字属性为“方正正大黑简体、#3364A7、Arial”，设置字符间距为“100”，效果如图9-48所示。

（5）使用“钢笔工具”绘制阴影区域，设置填充色为“#503D28”，如图9-49所示。

（6）选择阴影图形，选择【效果】/【模糊】/【高斯模糊】命令，设置半径为“250”，单击 确定 按钮，如图9-50所示，在控制栏中设置不透明度为“75%”。

图9-48　添加图标与文案

图9-49　绘制阴影区域

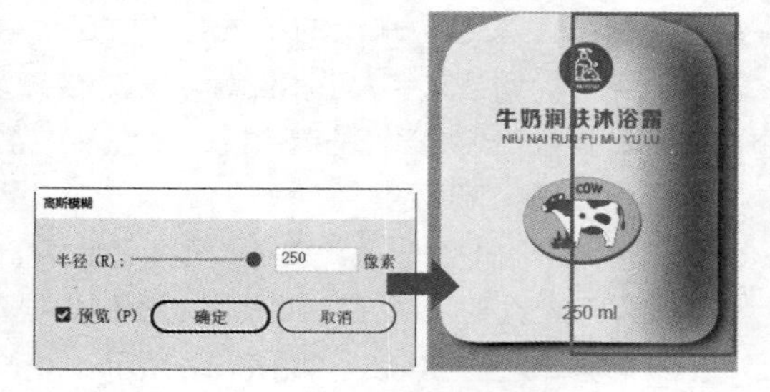

图9-50　高斯模糊阴影

（7）使用“钢笔工具”绘制高光区域，设置填充色为“#FFFFFF”，如图9-51所示。

（8）选择高光图形，选择【效果】/【模糊】/【高斯模糊】命令，设置半径为“40”，单击 确定 按钮，如图9-52所示，在控制栏中设置不透明度为“75%”。

图9-51　绘制高光区域

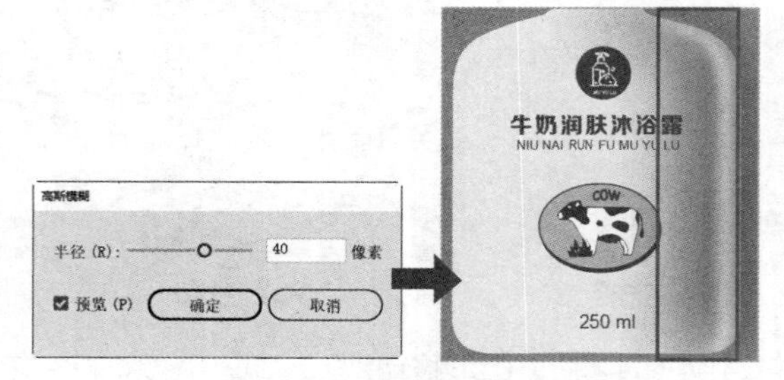

图9-52　高斯模糊高光

（9）复制底层的沐浴露瓶子，将其粘贴到顶层，选择高光、阴影和轮廓区域，单击鼠标右键，在弹出的快捷菜单中选择“建立剪切蒙版”命令，将高光、阴影显示在瓶子范围内，如图9-53所示。

（10）选择底层的瓶子图形，选择【效果】/【风格化】/【投影】命令，打开“投影”对话框，设置不透明度、X位移、Y位移、模糊为“75%、20px、10px、10px”，选中“暗度”单选项，单击 确定 按钮，如图9-54所示。框选瓶子相关元素，按【Ctrl+G】快捷键进行组合，便于后期对整体进行移动。

图9-53　创建剪切蒙版

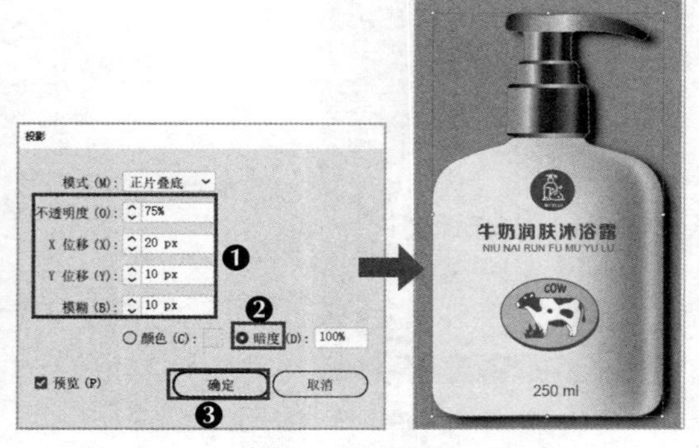

图9-54　添加投影

3. 排版文案与商品

完成背景的设计和商品的绘制后，需要将商品添加到背景中，然后添加文案并进行排版，完成海报的设计。为渲染海报氛围，米拉考虑在海报中加入与牛奶沐浴露相关的牛奶元素，用于渲染和美化海报，具体操作如下。

（1）使用“文字工具” T.输入“香滑肌 洗出来 牛奶润肤沐浴露”“BODY WASH”文字，采用的字体有“方正兰亭粗黑简体”“方正兰亭黑简体”“方正超粗黑_GBK”，调整文字大小和位置，设置文字颜色为“#FFFFFF”“#2D739E”，在“透明度”面板中将“BODY”的混合模式设置为“叠加”，如图9-55所示。然后绘制白色线条来装饰版面，如图9-56所示。

（2）选择“香滑肌 洗出来”文字，选择【效果】/【风格化】/【投影】命令，打开“投影”对话框，设置不透明度、X位移、Y位移、模糊为“75%、10px、10px、10px”，选中“暗度”单选项，单击 确定 按钮，如图9-57所示。

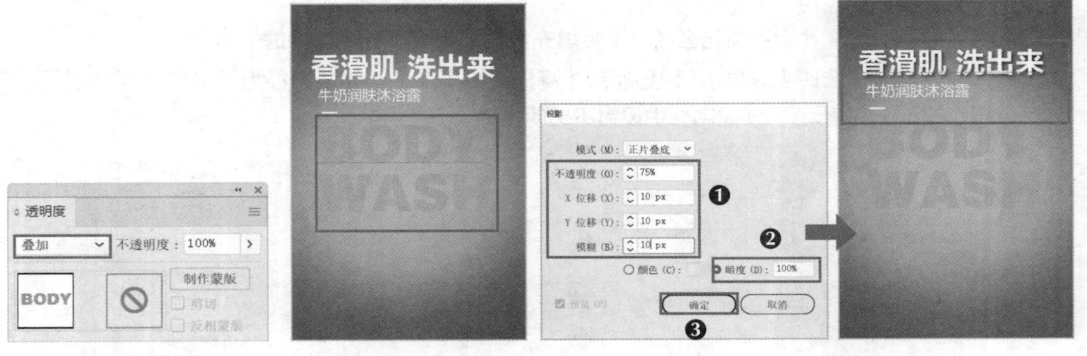

图9-55 设置混合模式　　图9-56 绘制白色线条　　图9-57 添加“投影”效果

（3）将画板外的沐浴露图形移动到“BODY WASH”文字上，调整其大小和位置，效果如图9-58所示。

（4）选择【文件】/【置入】命令，打开“置入”对话框，选择“牛奶.png”素材，取消选中“链接”复选框，单击 置入 按钮，拖曳鼠标以置入素材，将其放置到沐浴露图形下边，在“透明度”面板中设置混合模式为“滤色”，复制牛奶素材，旋转“180°”，调整高度，放置到海报上边，如图9-59所示。保存文件。

图9-58 添加沐浴露图形

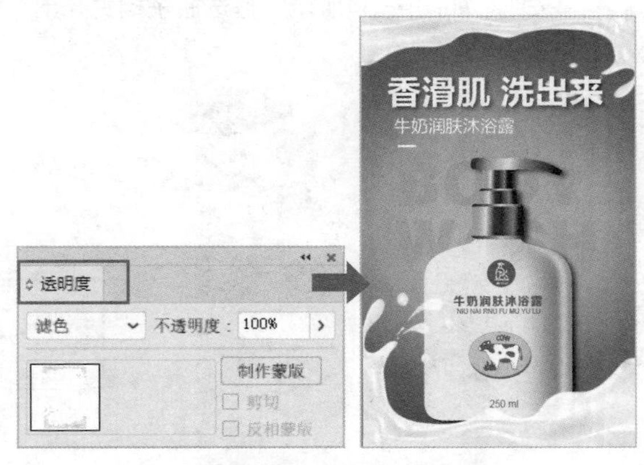

图9-59 复制并调整牛奶素材

课堂练习

设计薯片包装

某食品公司需要为薯片更换老旧的包装，应用新的包装，已提供口味、薯片等素材，要求尺寸为255px×400px，合理排版文案和图片，设计不同口味的薯片包装，利用“高斯模糊”“投影”等效果打造高光、阴影；为“香脆薯片”文字添加膨胀变形效果。完成番茄味薯片包装的设计后，可复制包装，通过重新着色图稿操作来更改主题色，再替换装饰元素，将其修改为黄瓜味薯片包装。本练习的参考效果如图9-60所示。

图9-60 薯片包装参考效果

素材位置： 素材\项目9\番茄.png、薯片1.png、薯片2.png、薯片3.png、黄瓜片.png

效果位置： 效果\项目9\薯片包装.ai

任务9.3 设计美妆品牌弹窗广告

某化妆品品牌委托公司设计以“免费送10元代金券”为主题的店铺弹窗广告，用于展示在官网首页，吸引更多的潜在消费者点击领取代金券并消费。老洪将该任务交给米拉，米拉分析该任务的资料，首先浏览官网的风格、字体、颜色搭配，然后考虑制作与官网设计风格一致的弹窗广告，给消费者舒适的视觉感受，使其能够被消费者所接受，使消费者产生点击领取代金券的想法。

任务描述

任务背景	弹窗广告是指打开网页后自动弹出的广告，无论是点击还是不点击都会出现在消费者的眼前。弹窗广告能够快速吸引消费者的注意力，是一种常见的推广方式。一些网站或App通常利用弹窗广告推广产品或发放红包、优惠券等福利。某化妆品品牌为吸引消费者下单消费，开展“免费送10元代金券”优惠活动，计划通过弹窗广告来推送优惠信息
任务目标	①“领”按钮与关闭按钮醒目，易于识别，便于消费者快速操作
	② 制作尺寸为640px×640px，分辨率为72像素/英寸（1英寸=2.54厘米）的美妆品牌弹窗广告
	③ 弹窗广告内容精简，信息层级清晰，配色合理
知识要点	“图形样式”面板、“外观”面板、照亮样式、文字效果、“投影”效果等

本任务的参考效果如图9-61所示。

图9-61　美妆品牌弹窗广告参考效果

素材位置：素材\项目9\红包.png

效果位置：效果\项目9\美妆品牌弹窗广告.ai

知识准备

米拉在设计美妆品牌弹窗广告时，需要制作具有特殊效果的按钮和文字。老洪告诉米拉，为提高设计效率，可以直接应用“图形样式”面板中的图形样式，若需要修改图形样式的外观效果，可直接通过“外观”面板进行。于是，米拉决定暂停制作，先熟悉这两个面板。

1. “图形样式”面板

图形样式是指可反复使用的外观属性，通过图形样式可以快速更改对象的外观，提高工作效率。其具体操作方法为：选中对象，选择【窗口】/【图形样式】命令，打开“图形样式”面板，选择图形样式，将其应用给指定对象，如图9-62所示。

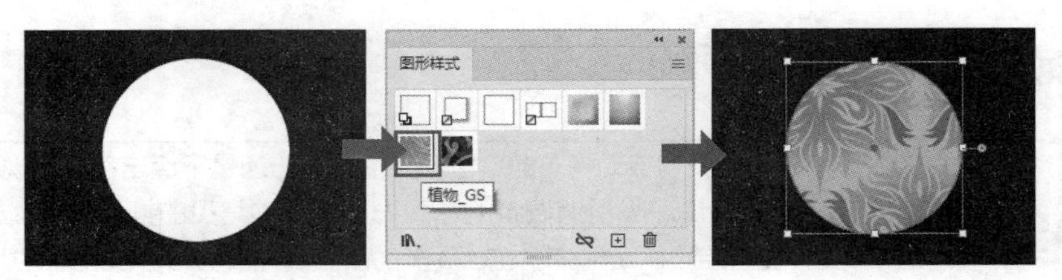

图9-62　应用图形样式

“图形样式”面板中各按钮的功能介绍如下。

- **图形样式库菜单** ：图形样式库是一组预设的图形样式的集合。单击该按钮，在弹出的菜单中选中一种命令，可以打开对应的图形样式库面板。图9-63所示为打开“3D效果”面板，应用第1排第2个图形样式的效果。

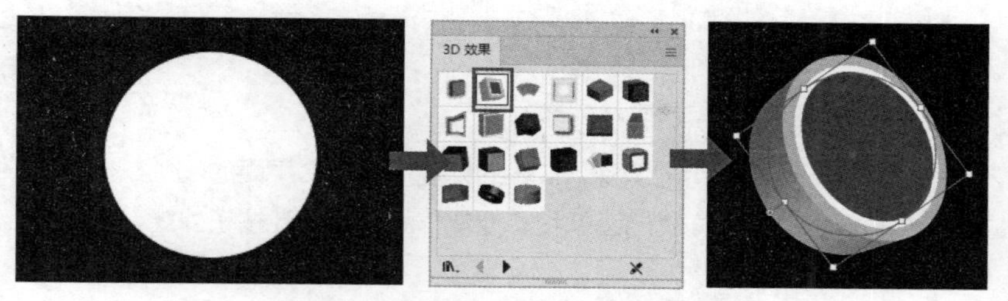

图9-63 应用“3D效果”面板中的图形样式

- **断开图形样式链接**：单击该按钮，将应用的图形样式与“图形样式”面板中的图形样式断开链接。断开链接后，可修改应用的图形样式，而“图形样式”面板中的图形样式不受影响。
- **新建图形样式**：单击该按钮，将当前选择的图形样式添加到“图形样式”面板中。
- **删除图形样式**：单击该按钮，可以将当前选择的图形样式从“图形样式”面板中删除。

2. “外观”面板

“外观”面板可用于集中查看或修改对象应用的外观属性，如对象的描边、填充、效果。其具体操作方法为：选中对象，选择【窗口】/【外观】命令，打开“外观”面板，可查看并编辑所选对象应用的所有外观属性，如图9-64所示。

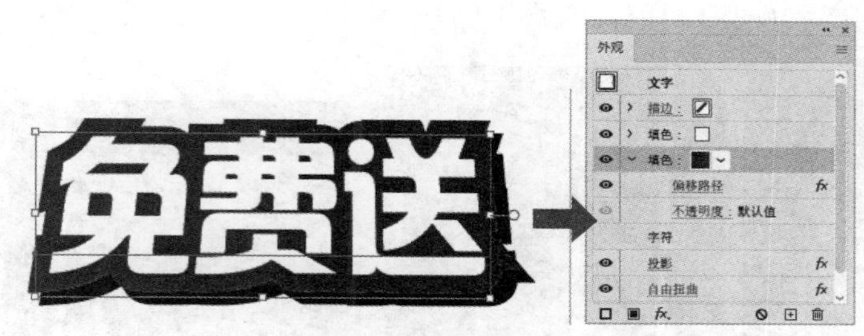

图9-64 使用“外观”面板查看对象应用的外观属性

“外观”面板中各按钮的功能介绍如下。

- **添加新描边**：选择一个图形对象，“外观”面板中显示了该对象的描边属性，单击“添加新描边”按钮，可创建新的描边属性。
- **添加新填色**：选择一个图形对象，在“外观”面板底部单击“添加新填色”按钮，可创建新的填充属性。
- **添加新效果**：选择一个图形对象，在“外观”面板底部单击“添加新效果”按钮，在弹出的菜单中选择一种效果命令，在打开的对话框中设置相关参数，单击 确定 按钮。
- **清除外观**：选择一个图形对象，在“外观”面板底部单击“清除外观”按钮可以清除该对象的所有外观属性。单击“外观”面板右上角的按钮，在弹出的菜单中选择“清除外观”命令，也可以清除所有外观属性。
- **复制所选项目**：在“外观”面板中选择一项外观属性，单击该按钮可复制外观属性。
- **fx图标**：选中带有效果的对象，单击效果名称或双击名称右侧的fx图标，将重新打开效果设置对话框，便于进行参数的更改；也可上下拖曳效果名称以调整效果的排列顺序，更改对象的显示效果。
- **删除效果**：选中带有效果的对象，单击需要删除的效果名称，在“外观”面板底部单击“删除”按钮。

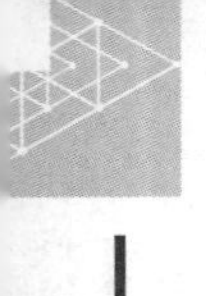

任务实施

1. 设计按钮效果

设计按钮时，按钮需要容易被用户识别，按钮的外观需要契合页面的配色、文字的字体等。米拉准备应用“图形样式”面板和“外观”面板来设计按钮外观，具体操作如下。

（1）新建名称为“美妆品牌弹窗广告.ai”的文件，绘制与画板大小相同的圆角矩形，设置填充色为“#2E3032”。

（2）绘制圆形，选择“渐变工具”，在控制栏中单击“线性渐变”按钮，拖曳鼠标创建线性渐变填充，设置渐变色为“#A34F9A”“#4FBFCD”，调整渐变位置。使用“钢笔工具”绘制两个环绕圆的图形，使用“吸管工具”单击渐变圆形，吸取其渐变填充效果，如图9-65所示。

（3）选择【文件】/【置入】命令，打开“置入”对话框，选择“红包.png”素材，取消选中“链接”复选框，单击置入按钮，拖曳鼠标以置入素材，调整其大小和位置，如图9-66所示。

（4）绘制圆形和圆角矩形，设置填充色为“#FFFFFF”。选择红包左侧的圆角矩形和圆形，更改填充色为“#E34231”，复制圆形并将其向左上偏移，创建线性渐变填充，设置渐变色为“#ECD530”“#EF9C19”，如图9-67所示。

图9-65　绘制渐变填充图形

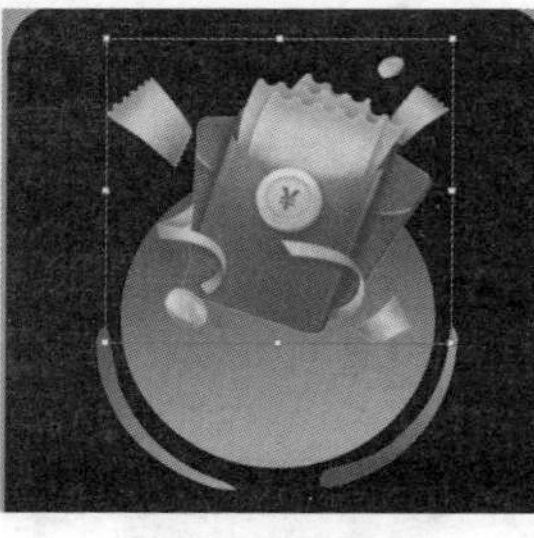

图9-66　置入素材

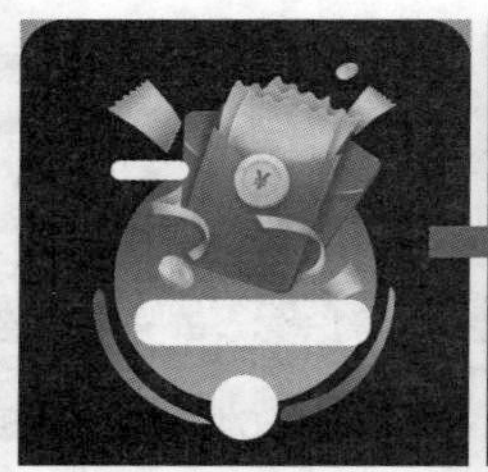
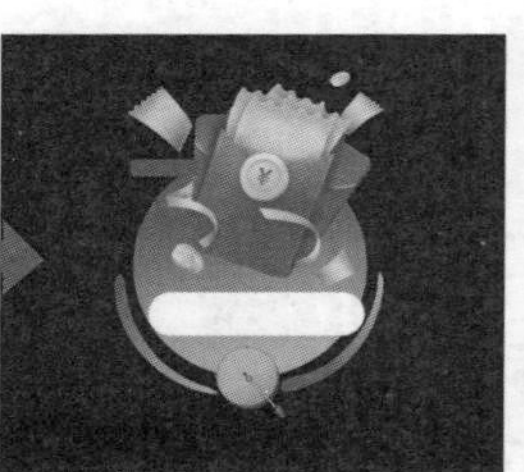

图9-67　绘制并调整按钮

（5）选择中间的圆角矩形，选择【窗口】/【图形样式】命令，打开“图形样式”面板，在面板底部单击“图形样式库菜单”按钮，在弹出的菜单中选择“照亮样式”命令，打开“照亮样式”面板，单击“浅橙色照亮”照亮样式，为圆角矩形应用该样式，效果如图9-68所示。

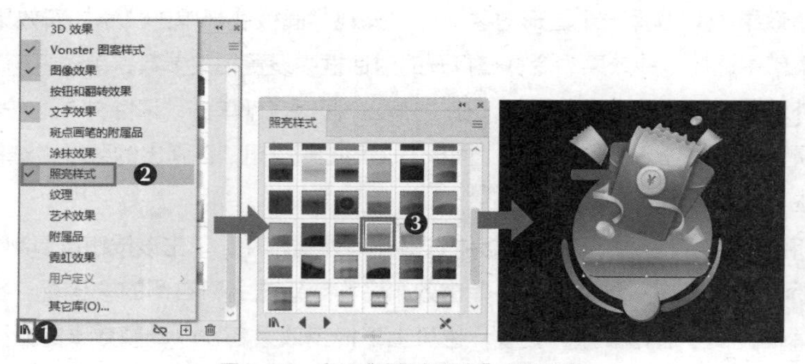

图9-68　应用“浅橙色照亮”照亮样式

（6）选择中间的圆角矩形，选择【窗口】/【外观】命令，打开“外观”面板，在面板底部单击“添加新效果”按钮，在弹出的菜单中选择【风格化】/【投影】命令，打开“投影”对话框，设置不透明度、X位移、Y位移、模糊为“75%、6px、6px、0px”，选中“颜色”单选项，设置投影颜色为“#A0320B”，单击确定按钮，如图9-69所示。

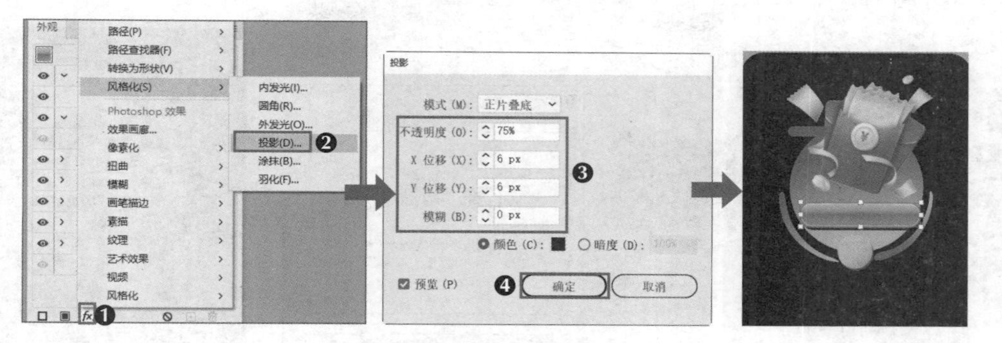

图9-69 添加“投影”效果

2. 设计文字效果

除了可以为图形添加图形样式，还可以为文字添加预设的文字效果。米拉考虑为文字扩展外观，再为文字添加渐变填充色，最后为文字添加投影效果。为提高视觉效果，采用“边缘效果2”文字效果来快速更改文字外观，并利用“自由扭曲”效果来增强文字立体感，具体操作如下。

(1) 在圆角矩形的两端，绘制两个圆，设置填充色为“#FFFFFF”。使用“文字工具”T.输入文字，字体可采用“方正汉真广标简体”或“庞门正道标题体”，调整文字的大小和位置，在“今日福利”“领”“10元代金券”文字上单击鼠标右键，在弹出的快捷菜单中选择【变换】/【倾斜】命令，打开“倾斜”对话框，设置倾斜角度为“10°”，单击确定按钮。

(2) 选择“领”文字，选择【对象】/【扩展】命令，将文字转换为图形，为其创建线性渐变填充，设置渐变色为“#DF4E10”“#821A1F”，如图9-70所示。

(3) 选择“免费送”文字，在“图形样式”面板底部单击“图形样式库菜单”按钮，在弹出的菜单中选择“文字效果”命令，打开“文字效果”面板，单击“边缘效果2”文字效果，如图9-71所示。

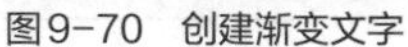

图9-70 创建渐变文字

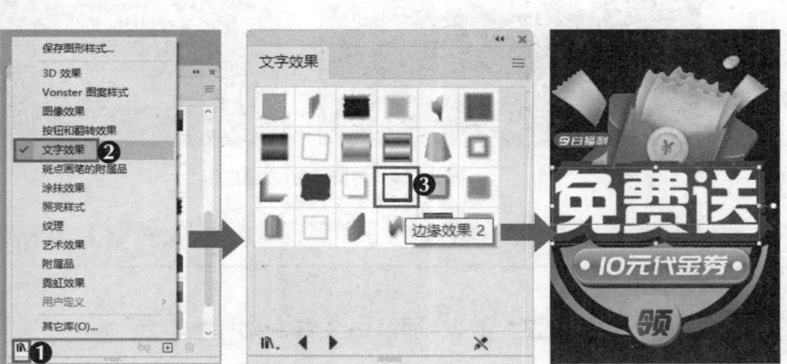

图9-71 应用“边缘效果2”文字效果

(4) 选择“免费送”文字，在“外观”面板底部单击“添加新效果”按钮fx.，在弹出的菜单中选择【扭曲和变换】/【自由扭曲】命令，打开“自由扭曲”对话框，相向拖曳上边的两个控制点，进行上窄下宽形式的扭曲，单击确定按钮，如图9-72所示。

（5）在底部绘制圆形与“×”图形组成的关闭按钮，设置填充色为“#FFFFFF”，如图9-73所示，保存文件。

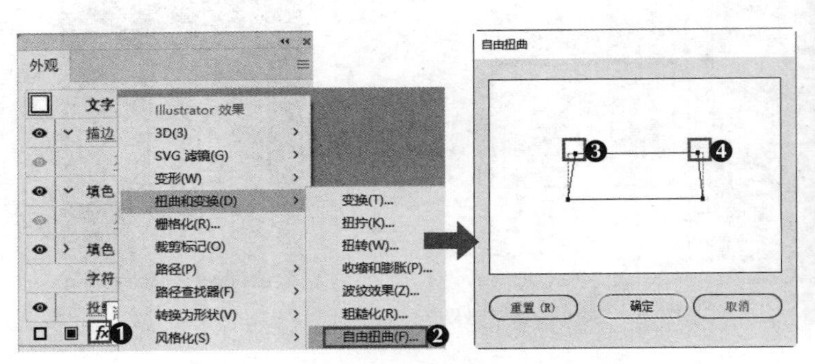

图9-72　添加“自由扭曲”效果

图9-73　绘制关闭按钮

课堂练习

设计生鲜App弹窗广告

某生鲜App为新用户提供5元无门槛优惠券，委托公司设计弹窗广告，已提供弹窗广告内容，要求合理搭配弹窗广告色彩，尺寸为640px×640px。设计师可先绘制圆角矩形、圆环图形，利用图形样式设计“立即领取>”按钮，添加并排版文字，为数字“5”添加图形样式，最后绘制星形和关闭按钮。本练习的参考效果如图9-74所示。

图9-74　生鲜App弹窗广告

效果位置：效果\项目9\生鲜App弹窗广告.ai

综合实战 设计“五四”青年节微信公众号首图

某公众号为庆祝“五四”青年节，弘扬“五四”精神，提高公众号的曝光度和关注度，委托公司设计“五四”青年节微信公众号首图。米拉接过该任务，首先分析该公众号的定位，以及需要达到的目的；然后提取“五四”青年节文案，以“致青春 为梦想加油”为主题，并用3D效果突出显示“5”“4”文字；采用蓝色作为主色，契合主题。

实战描述

实战背景	某微信公众号准备在5月4日更新一篇有关“五四”青年节的宣传推文，向订阅者传递相关信息，同时提高公众号的曝光度和关注度，进而提高转化率。现委托公司设计“五四”青年节宣传推文的首图，要求简洁大气，能有效提高“五四”青年节宣传推文的点击率
实战目标	① 公众号首图设计符合平台的规定和订阅者的喜好，视觉效果精致、美观
	② 配图风格恰当，给订阅者留下深刻的印象
	③ 制作尺寸为900px×383px，分辨率为72像素/英寸（1英寸=2.54厘米）的“五四”青年节微信公众号首图
	④ 主题鲜明，能够迅速抓住订阅者的眼球
	⑤ 图文关联性强，延长订阅者停留时间
知识要点	3D效果、扩展外观、“投影”效果、“高斯模糊”效果、渐变填充等

本实战的参考效果如图9-75所示。

图9-75 “五四”青年节微信公众号首图参考效果

素材位置：素材\项目9\人物剪影.ai

效果位置：效果\项目9\“五四”青年节微信公众号首图.ai

思路及步骤

纯文字类型的公众号首图的信息表达更直接，主题更鲜明。对于本任务，米拉考虑采用这种类型，同时为增加创意，将背景设计成蓝色的渐变背景，将“5”“4”数字制作成3D对象，然后扩展其外观，添加渐变效果；通过光线渲染氛围，使公众号首图的视觉效果更加好；最后以“致青春 为梦想加油”为推文标题，添加小元素装饰画面。本实战的设计思路如图9-76所示，参考步骤如下。

①设计渐变背景

②创建3D对象

③扩展并编辑3D对象

④文案、图形排版

图9-76 设计“五四”青年节微信公众号首图的思路

（1）新建名称为“‘五四’青年节微信公众号首图.ai”的文件，绘制与画板大小相同的矩形。选择矩形，选择【窗口】/【渐变】命令，打开“渐变”面板，单击“任意形状渐变”按钮，添加色标并设置色标颜色，设置任意渐变效果，主要颜色有“#1E4299”“#4AA7DE”。注意中间亮，四周暗。

微课视频

设计“五四”青年节微信公众号首图

（2）使用“钢笔工具”绘制光束图形，选择“渐变工具”，在控制栏中单击“线性渐变”按钮，设置渐变色为从“#00A0E9”到透明，打造光束效果。

（3）使用“文字工具”T输入文字“5”“4”，设置字体为“方正正大黑简体”。选择【效果】/【3D】/【凸出和斜角】命令，打开“3D凸出和斜角选项”对话框，设置绕x、y、z轴旋转的角度为“48°、14°、-14°”，透视为“50°”，单击 确定 按钮创建3D对象。

（4）选择3D对象，选择【对象】/【扩展外观】命令，可以将3D对象转换为图形。使用“直接选择工具”选择顶层的“5”“4”图形，复制后将其置于底层。打开“外观”面板，在面板底部单击“添加新效果”按钮fx，在弹出的菜单中选择【风格化】/【投影】命令，打开“投影”对话框，设置投影参数，单击 确定 按钮。

（5）通过编辑图形美化3D对象，绘制与画板大小相同的矩形，通过剪切蒙版将3D对象放置到画板右侧。打开“人物剪影.ai”素材，复制其中的图形到“4”文字上。绘制星形，设置填充色为“#FFFFFF”，选择【效果】/【模糊】/【高斯模糊】命令，在打开的对话框中设置高斯模糊参数。

（6）使用“文字工具”T输入文案，采用的字体有“庞门正道标题体”“方正兰亭黑简体”，添加字母装饰，注意调整字符间距、字体大小，最后保存文件。

课后练习 “三八”妇女节微信公众号首图

某公众号为庆祝“三八”妇女节，赞扬妇女在社会各领域做出的重要贡献和取得的巨大成就，委托公司设计妇女节微信公众号首图，要求尺寸为900px×383px。米拉接过该任务，首先分析该公众号的定位，以及需要达到的目的；然后提取“三八”妇女节文案，以“不惧时光 活出漂亮”为主题，用3D效果突出显示“38”文字；采用红色作为主色，契合主题，完成妇女节微信公众号首图的设计，参考效果如图9-77所示。

图9-77 妇女节微信公众号首图参考效果

素材位置：素材\项目9\背景.tiff

效果位置：效果\项目9\“三八”妇女节微信公众号首图.ai

项目10 商业设计案例

情景描述

自入职以来，米拉已经积累了许多设计经验，她工作认真、仔细，能够按时完成任务，且不少设计作品的视觉效果也受到了客户的夸赞，这表明她已经具备了较强的职业能力，于是她向老洪申请转正。老洪十分认可米拉的工作能力，但仍需按照公司转正流程来考核米拉，他要求米拉独立、高效地完成几个商业设计案例，并强调这些任务需要以客户为中心，具备很强的商业性、实用性和创新性，对设计师综合运用Illustrator各种功能有较高的要求，可以有效评估设计师的技术水平、创意思维和审美能力。如果米拉能够成功完成这些商业设计案例，能达到成为一名正式设计师助理的标准，公司就能顺理成章地批准她的转正申请。

案例展示

任务10.1 “暖意杯具”网店美工设计

案例背景及要求

项目名称	“暖意杯具”网店美工设计	部门	设计部	设计人员	米拉
项目背景	“暖意杯具”是一家以售卖杯子用具为主要业务的网店，秉持着“让消费者享受生活”的经营理念，不断为消费者提供优质的商品。该网店近期要上新一款橙色的不锈钢保温杯，为此需要制作主图和详情页，充分展示保温杯的卖点，给消费者留下良好的印象，进而有效提升保温杯的销量				
基本信息	● 网店名称：暖意杯具 ● 商品卖点：光滑杯身，握感舒适；颜值好；内壁为304不锈钢，耐氧化、耐腐蚀、更健康；双效抽空技术，有效阻隔温度传导对流；弹跳盖设计，自带安全杯锁，360° 防水防漏；不锈钢长效保温 ● 商品价格：139元 ● 商品参数：产地为四川省，品名为暖意不锈钢保温杯，型号为BWB-116-××××，材质为304不锈钢+食品PP+硅橡胶，尺寸为宽6.5cm、高17.5cm，口径为4.5cm，容量为350ml				
客户需求	● 制作主图和详情页 ● 主图和详情页风格统一，具有时尚感，色彩搭配合理 ● 详情页需要展示保温杯材质细节、结构 ● 文字精练，信息层级清晰，向消费者充分展示保温杯的卖点				
项目素材	图像素材： 保温杯1 保温杯2 保温杯3 保温杯4 店铺Logo 亮点图标				
作品清单	● 主图电子稿一份：尺寸为800px×800px，分辨率为72像素/英寸（1英寸=2.54厘米），颜色模式为RGB ● 详情页电子稿一份：尺寸为790px×6820px，分辨率为72像素/英寸，颜色模式为RGB				

案例分析及制作

1. 案例构思

（1）主图

- **图像设计：**在客户提供的图像素材中，选择正面、美观的图像作为主图的主体图像。再处理图像素材的光影关系，设计渐变立体场景，以增强商品的展示效果。
- **文字设计：**由于主图画面有限，因此只需添加“暖暖冬日 温意流淌”宣传语，以及“不锈钢长效保温”商品卖点文字。通过不同字体大小、字体、文字颜色来划分文字信息的重要程度。另外，采用横向排列文字的形式方便消费者浏览信息。
- **色彩设计：**由于商品素材的色彩以橙色为主，因此在制作主图时，主色仍以橙色渐变为主，并使用在视觉上与之相协调的白色作为辅助色。

- **布局设计：**将图像置于主图右侧，主图左侧放置文字信息，整体布局成左文右图的形式。

（2）详情页

- **图像设计：**详情页图像可分为焦点图、卖点图、特征图和参数图。在制作焦点图时，采用与主图相同的渐变色，并搭建拱门、圆台立体场景；在制作卖点图时，可整理几个卖点，通过图标的方式进行展示；在制作特征图时，围绕保温杯材质细节、结构进行展示，以使卖点更有说服力；在制作参数图时，可使用由横线组成的网格进行参数的展示，两端对齐，参数呈一排展示，使消费者能够对商品的详细信息一目了然。
- **文字设计：**详情页文字的字体可与主图保持一致，焦点图文字放置在左上角；卖点图文字配合图标分为两行两列展示，并放大标题文字，为标题文字添加装饰形状；特征图除了要添加特征文字外，还可以采用标注的形式对细节进行阐述；参数图标题参考卖点图的标题样式，参数字号保持统一。
- **色彩设计：**由于详情页的设计风格需要与主图设计风格保持一致，因此色彩搭配上常以棕色、米黄色、橙色为主色，以白色、不同灰色为辅助色，以蓝色为点缀色，既丰富了画面的色彩，又与保温杯本身的色彩相呼应，如图10-1所示。

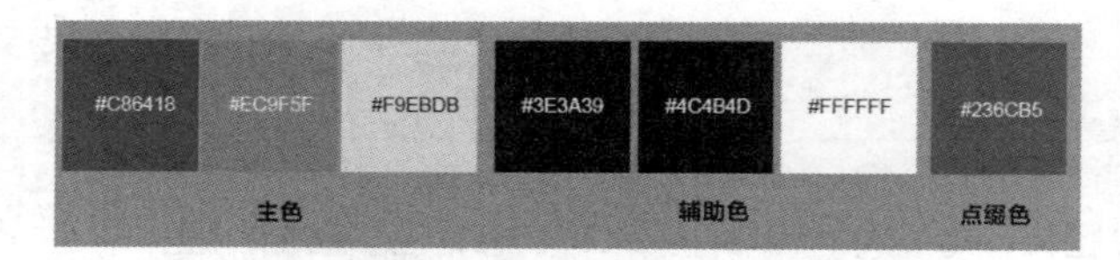

图10-1　详情页色彩设计

- **布局设计：**焦点图、特征图布局以图片展示为主，在空白处添加文字标注与说明；卖点图布局以两行两列图标展示为主，以文字进行说明；参数图左侧为参数名称、右侧为参数内容，添加横线，均匀分布，保持左侧和右侧对齐。

本案例的参考效果如图10-2所示。

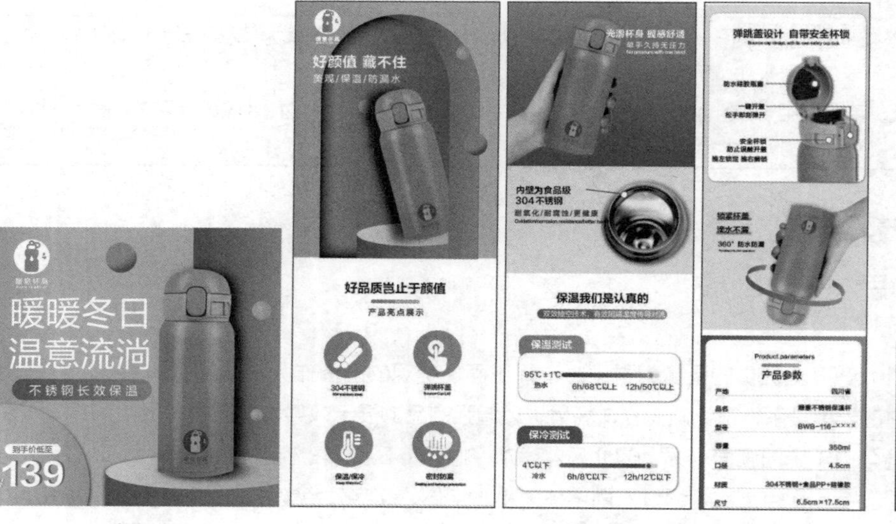

高清彩图

图10-2　“暖意杯具”网店设计参考效果

素材位置：素材\项目10\保温杯\

效果位置：效果\项目10\保温杯主图.ai、保温杯详情页.ai

2. 制作思路

微课视频

"暖意杯具"网店美工设计

制作主图时，可使用形状工具组中的工具绘制图形，使用渐变、投影等效果来美化图形，打造立体场景；置入保温杯素材，添加投影，利用"钢笔工具"和"羽化"效果制作保温杯图像的阴影和高光；使用文字工具组中的工具输入文字信息，结合文字属性和渐变圆角矩形美化文字。制作过程如图10-3～图10-8所示。

图10-3 绘制渐变背景

图10-4 绘制圆柱图形

图10-5 绘制渐变装饰圆形

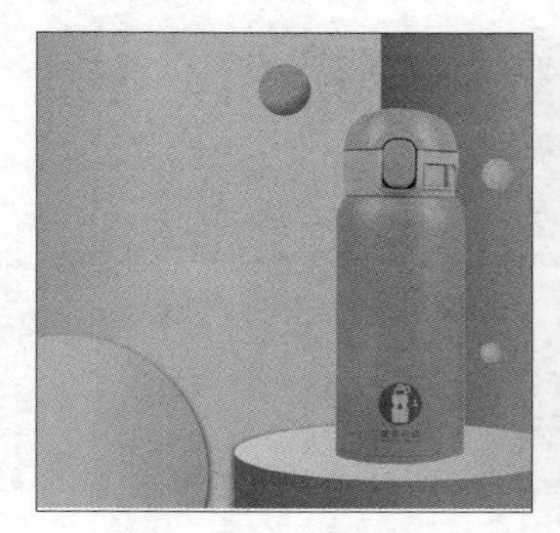

图10-6 置入保温杯素材

图10-7 制作保温杯阴影和高光

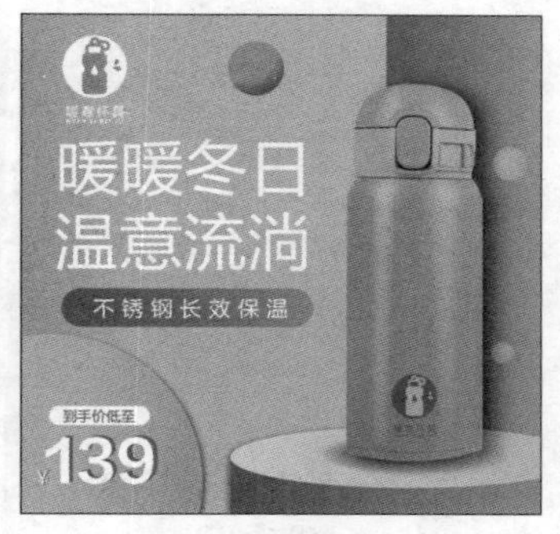

图10-8 添加与美化文字

知识补充

网店美工设计

网店美工设计包括商品主图、详情页设计，网店装修与设计，以及引力魔方图、智钻图、直通车图、活动方图等一系列与商品或网店有关的设计。设计师在设计这些作品时，应明确自己的设计目的和客户需求，考虑网店定位和受众群体、消费者使用习惯和心理需求，以避免设计出来的作品不符合实际需要，从而影响销售。

制作详情页时，可按照焦点图、卖点图、特征图和参数图的顺序依次完成制作。制作时，需要为各个图添加对应的素材，然后调整素材大小和位置，根据需要添加投影样式或装饰图形；再使用文字工具组中的工具输入文字，注意统一文字样式，文字内容与图片表达的内容息息相关。制作过程如图10-9～图10-31所示。

图10-9　绘制渐变矩形和圆角矩形

图10-10　添加内发光效果

图10-11　复制与编辑圆柱图形

图10-12　绘制拱门内侧图形

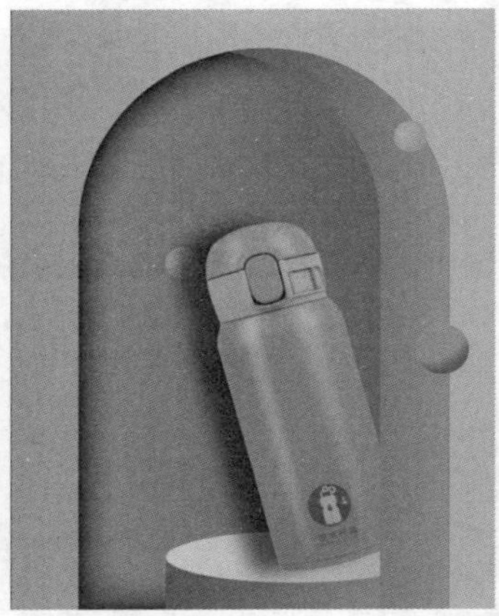

图10-13　添加与美化保温杯

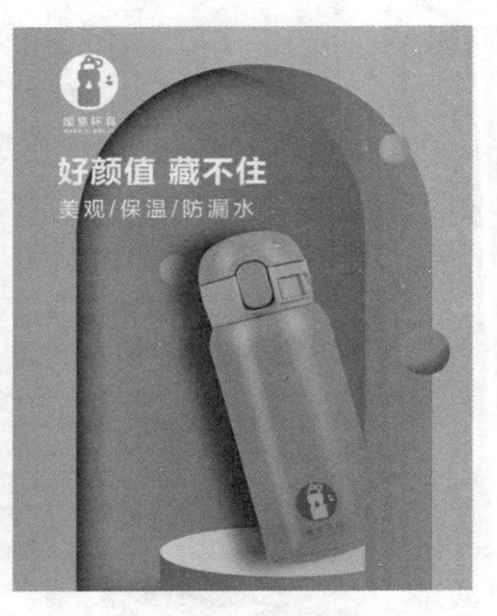

图10-14　输入文字并添加Logo

好品质岂止于颜值

产品亮点展示

图10-15　输入文字并绘制图形

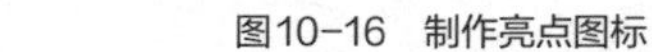

图10-16　制作亮点图标

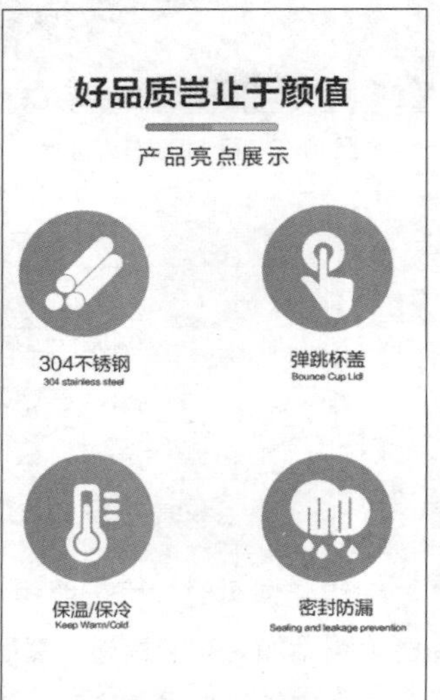

图10-17　制作其他图标

图10-18 制作光滑杯身展示图

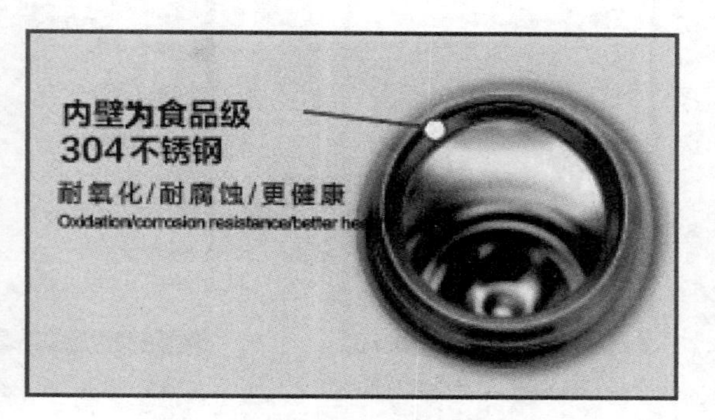

图10-19 制作304不锈钢材质展示图

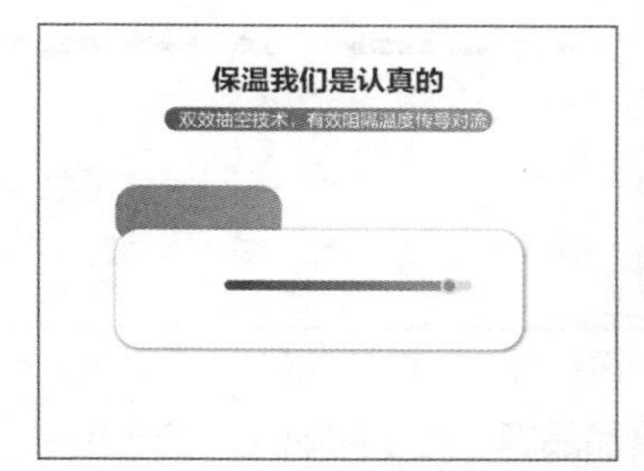

图10-20 设计保温板块

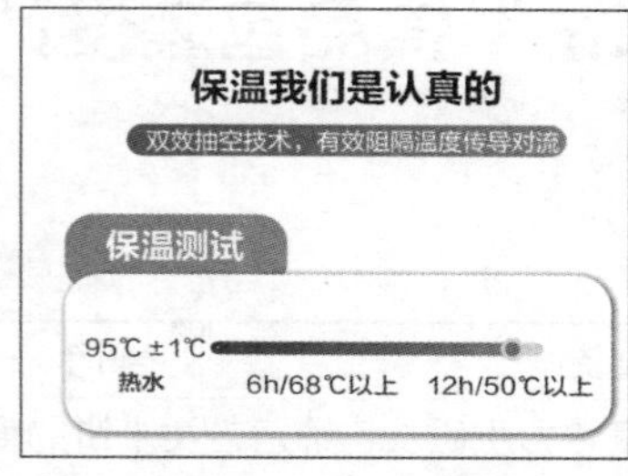

图10-21 添加保温参数文字

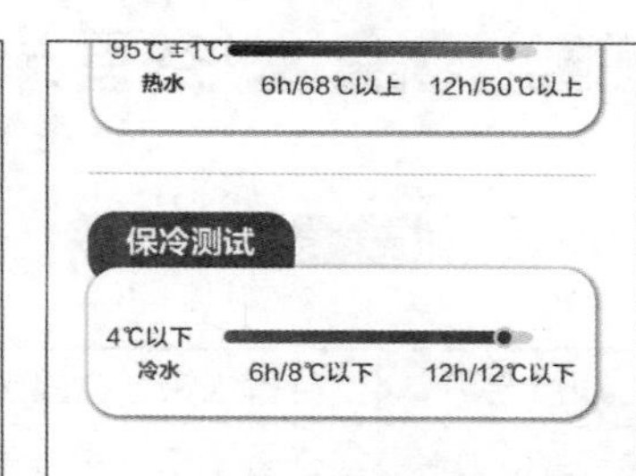

图10-22 制作保冷参数板块

图10-23 设计弹跳盖与安全杯锁展示图

图10-24 添加投影

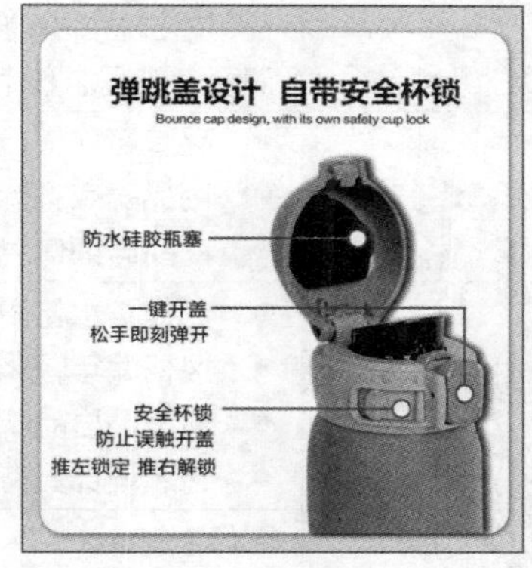

图10-25 添加细节说明

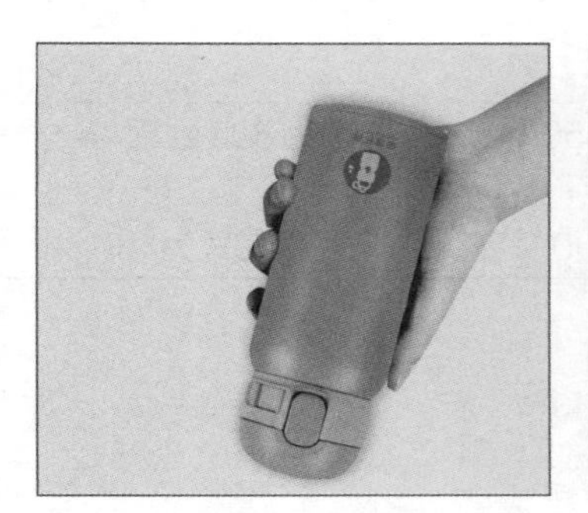

图10-26 设计倒置展示图

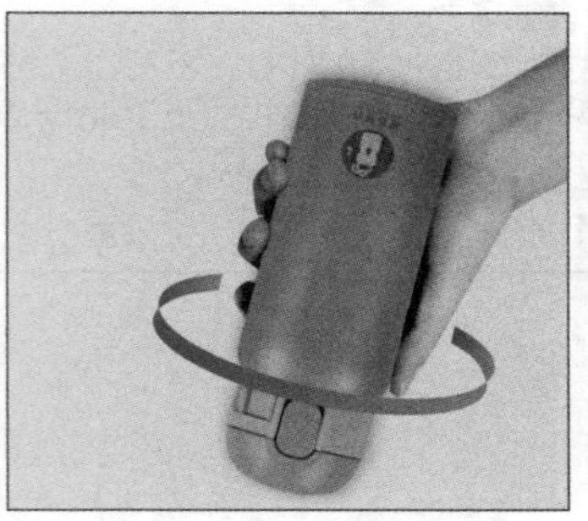

图10-27 绘制渐变图形

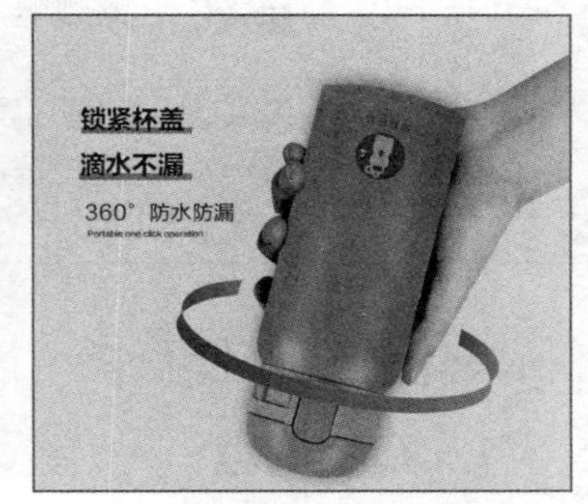

图10-28 输入文字说明

图10-29　制作产品参数背景图

图10-30　制作标题部分

图10-31　输入产品参数文字

任务10.2　“谷香米饼”食品包装设计

案例背景及要求

项目名称	“谷香米饼”食品包装设计	**部门**	设计部	**设计人员**	米拉
项目背景	“谷香米饼”是一家致力于研发与销售各类米饼的食品品牌，为了实现品牌的长期发展，保持创新和进取精神，现针对市场需求和消费者反馈，打算以热销的一款米饼为试验商品，尝试进行礼盒包装的设计，对原本散装的米饼进行存储和收纳，保护米饼在运输过程中不被损伤，拓展包装形式和销售渠道，以更好地满足消费主力——年轻消费者的需求和期待				
基本信息	● 品牌名称：谷香米饼 ● 商品卖点：传统糕点、非含油型膨化食品 ● 商品详细信息：详见“‘谷香米饼’详情.txt”素材				
客户需求	● 制作防水材质、手拎礼盒形式的包装，整体色彩符合谷香米饼特点 ● 风格偏年轻化，以简约为主 ● 着重凸显品牌名称，避免与其他文字信息混淆 ● 包装设计具有创意性，能使米饼具有吸引力和视觉冲击力				
项目素材	图像素材： 000 000000000 包装二维码、图标				
作品清单	包装设计电子稿两份：平面图尺寸为650mm×650mm，分辨率为300像素/英寸（1英寸=2.54厘米），颜色模式为CMYK； 立体效果图尺寸为210mm×297mm，分辨率为300像素/英寸，颜色模式为CMYK				

案例分析及制作

1. 案例构思

- **图标设计：**根据提供的品牌名称“谷香米饼”，设计符合名称内涵的品牌图标。利用

"米""饼"两字进行设计，"米"字通过米粒图形进行展示，"饼"字通过传统糕点外观中的花朵样式进行展示。在花朵图案中添加米粒、勺子，在花朵四角添加圆形，在圆形上以及花朵下方分别添加商品卖点和品牌名称文字，在花朵图案上方添加变形文字，修饰品牌图标，得到具有传统特征的"谷香米饼"品牌图标。

- **色彩设计：**采用与米饼接近的淡黄色作为包装主色，给人温暖舒适的视觉感受，突出米饼特征，使消费者容易联想到米饼，从视觉上吸引消费者的注意力。再挑选辅助色，通过棕色和土黄色来设计米饼图案，给消费者留下米饼美味的感觉，刺激消费者进行消费。包装文字采用暗红色，标签背景颜色为白色，用于凸出文字。将圆点和圆角矩形设计成红色，作为点缀来装饰包装，如图10-32所示。

图10-32 包装色彩设计

- **包装规格设计：**折叠后成品尺寸为140mm×68mm×215mm，展开尺寸为436mm×358mm。在包装平面图上标注出血线、折叠线、裁剪线，以便后期投入生产。其中，出血线是指用于界定印刷品需要被裁掉部分的线，出血宽度一般为3mm~5mm，该包装采用3.5mm。

知识补充

包装设计

包装设计是指选用合适的包装材料，运用巧妙的工艺手段，为商品的容器结构和外包装进行装饰设计。设计师在设计包装时，应立足于容器结构和实用性，根据容器特点进行合理设计，以避免设计出来的成品不符合实际需要，或破坏原有画面的美观性，从而影响销售。

本案例的参考效果如图10-33所示。

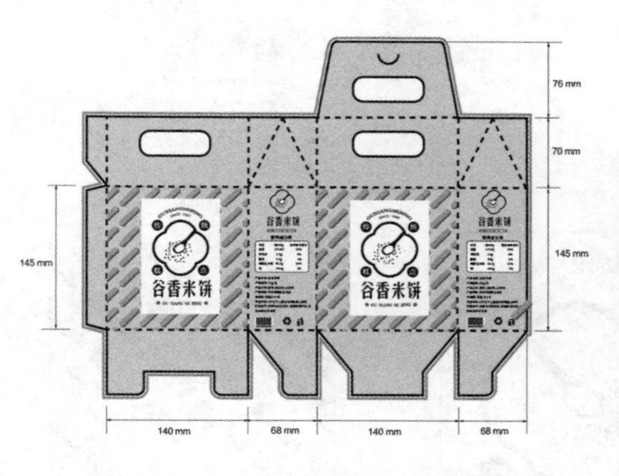

图10-33 "谷香米饼"食品包装设计参考效果

素材位置：素材\项目10\“谷香米饼”详情.txt

效果位置：效果\项目10\“谷香米饼”食品包装设计平面图.ai、“谷香米饼”食品包装设计效果图.ai

2. 制作思路

微课视频

“谷香米饼”食品包装设计

制作包装时，可使用钢笔工具组中的工具绘制包装的大致形状，然后绘制包装的外轮廓，设置折叠线和出血线并添加尺寸标注；设计平面图中的图标、图案，添加商品信息；最后绘制立体包装，按照平面图效果为立体包装添加相关元素。制作过程如图10-34～图10-48。

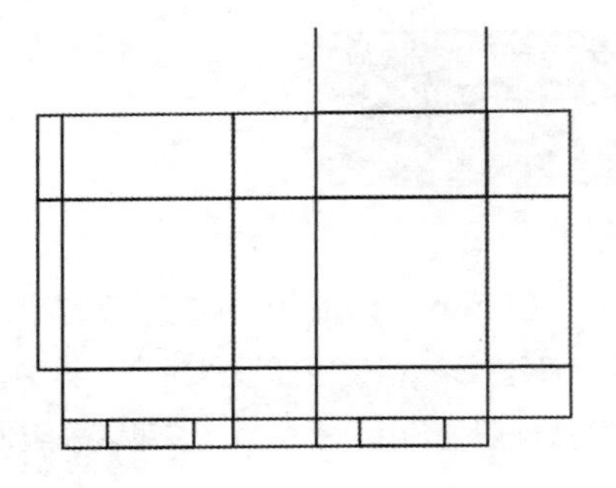

图10-34　绘制包装的大致形状

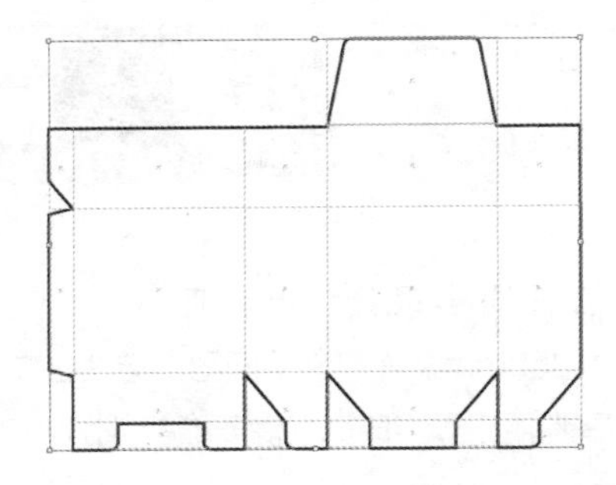

图10-35　绘制包装的外轮廓

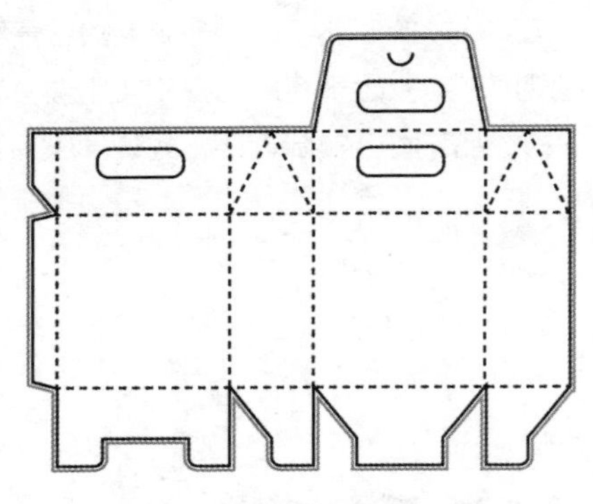

图10-36　设置折叠线和出血线

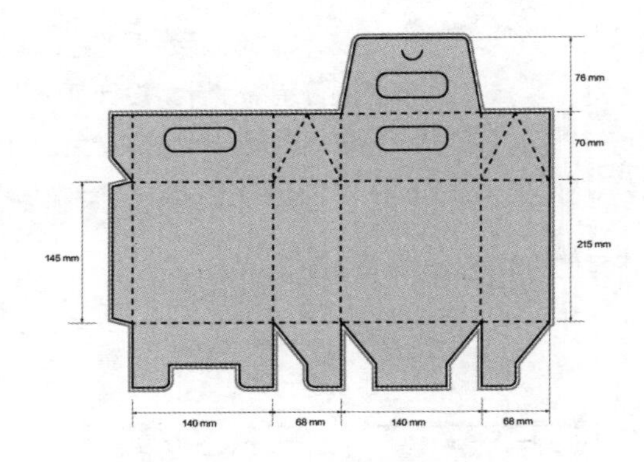

图10-37　添加尺寸标注

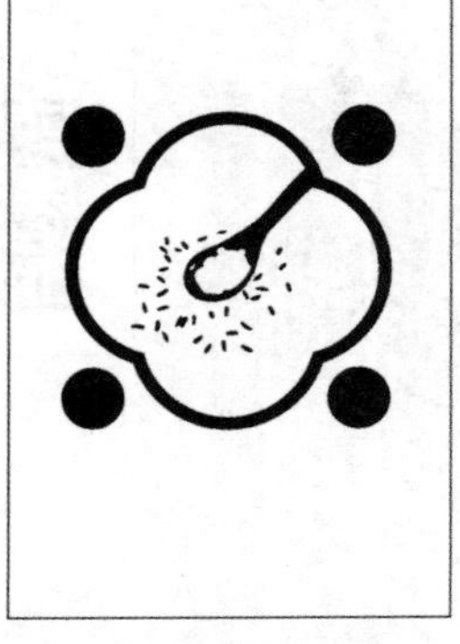

图10-38　绘制图形

图10-39　制作图标

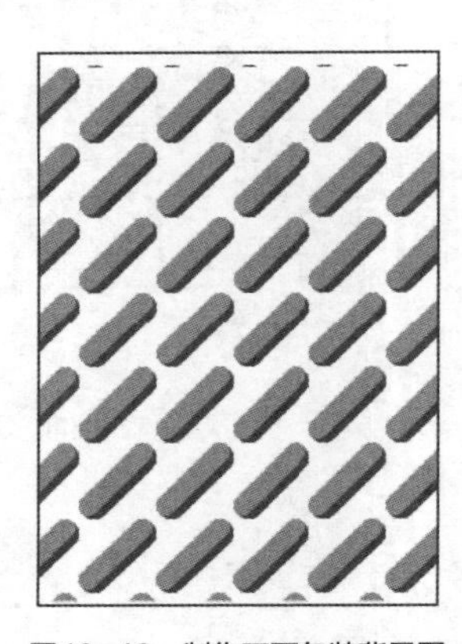

图10-40　制作正面包装背景图

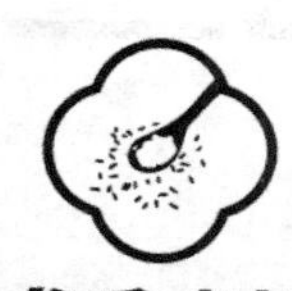

谷香米饼

GU XIANG MI BING

营养成分表

项目	每100g	营养参考值%
能量	1711kJ	20%
蛋白质	5.0g	8%
脂肪	0.8g	1%
碳酸化合物	92.2g	31%
钠	10mg	1%

产品名称：谷香米饼

产品规格：36g/包

产品口味：原味、南瓜味、水果味

产品类型：非含油型膨化食品

保质期：常温12个月

安全须知：3岁以下儿童进食时需成人陪同

贮藏条件：请避免日光直射、高温潮湿环境，开封后请尽早食用

000 000000000

图10-41　制作侧面包装效果

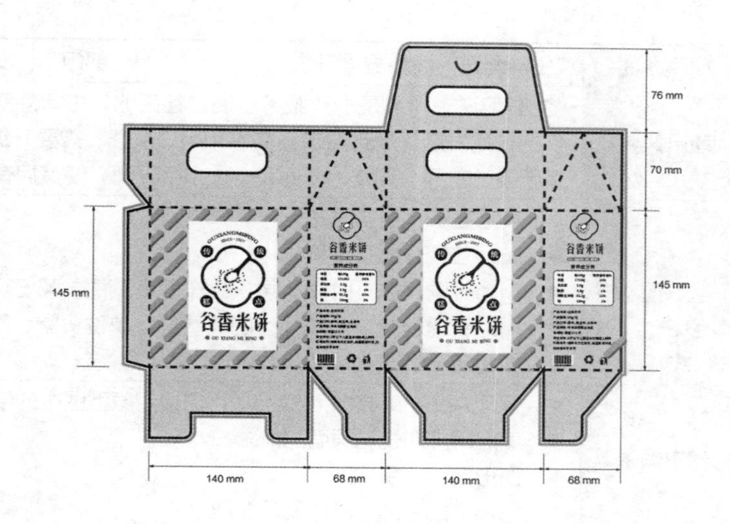

图10-42　制作包装平面图

图10-43　绘制立体包装

图10-44　美化立体包装效果

图10-45　添加投影效果

图10-46　更改渐变颜色

图10-47　添加包装正面内容

图10-48　添加包装侧面内容

任务10.3 “生鲜配送”App界面升级

案例背景及要求

项目名称	“生鲜配送”App界面升级	部门	设计部	设计人员	米拉
项目背景	“生鲜配送”App是一款服务于周边社区的，主营外卖配送的应用软件，为了实现软件的长期发展，现针对市场需求和用户反馈，需要升级“生鲜配送”App界面，需要重新设计首页、购物车界面和个人中心界面，使其拥有良好的用户体验				
基本信息	● App名称：生鲜配送 ● App应用介质：手机 ● App经营类目：时令水果、新鲜蔬菜、海鲜水产、肉禽蛋品 ● App针对群体：周边社区的消费群、单位食堂、高端餐厅、中小餐厅、生鲜超市便利店				
客户需求	● 保证App的功能性和实用性，仍沿用原型图中的结构、图像、文字 ● 满足用户对视觉层面的需求 ● 图形简洁，易识别 ● 色彩搭配自然，能体现环保理念				
项目素材	图像素材： 哈密瓜 黄瓜 鸡蛋 梨 南瓜 葡萄 青苹果 提子 土豆 西蓝花 虾 鱼 “生鲜配送”App界面原型图				
作品清单	“生鲜配送”App界面电子稿一份：尺寸为790 px × 512 px，分辨率为72像素/英寸（1英寸=2.54厘米），颜色模式为RGB				

案例分析及制作

1. 案例构思

- **文字设计：** 选用易识别的“思源黑体”作为基本字体，根据字体大小和文字颜色来突出相关重点信息，既简约美观，又庄重。
- **色彩设计：** 首先考虑以白色为App界面的主色，然后考虑在界面中采用饱和度较高的绿色作为界面的辅助色，给消费者绿色健康、新鲜、清新的视觉感受。为使文字区别于背景，以辅助色（深灰色和浅灰色）为文字的主要颜色。为避免配色单调，可采用不同深浅的几种绿色，使界面在色彩的运用上保持高度一致。最后考虑以鲜亮的红色为点缀色来点缀界面，活跃界面氛围，如图10-49所示。为保持界面的统一性，将辅助色用于文字、图标、按钮等元素中，界面主题外的内容使用浅灰色进行弱化，如底部Tab栏图标的设计，当前页图标颜色为辅助色，其他页图标颜色为浅灰色；重要信息采用较深的灰色，次要信息采用浅灰色。

图10-49　App界面色彩设计

- **布局设计：** 布局设计是对界面的文字、图形、图像等元素进行合理的排列与设计。“生鲜配送”App界面原型图如图10-50所示，App界面图像沿用原型图中的图像，为避免图像丢失，可考虑将图像素材进行搜集并打包，然后分析原型图的界面布局，重新设计各模块的大小，使界面布局更加简洁、美观、合理，能够帮助用户更容易、更快地理解界面操作。本案例布局效果如图10-51所示。

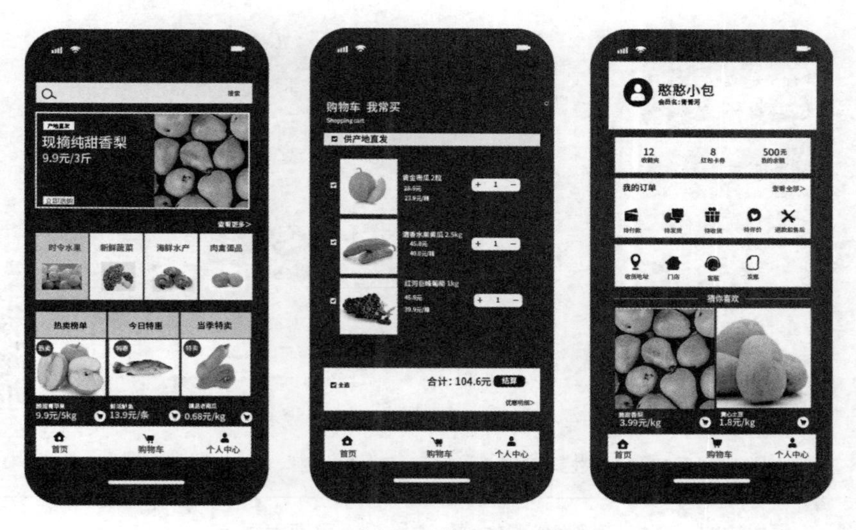

图10-50　“生鲜配送”App界面原型图

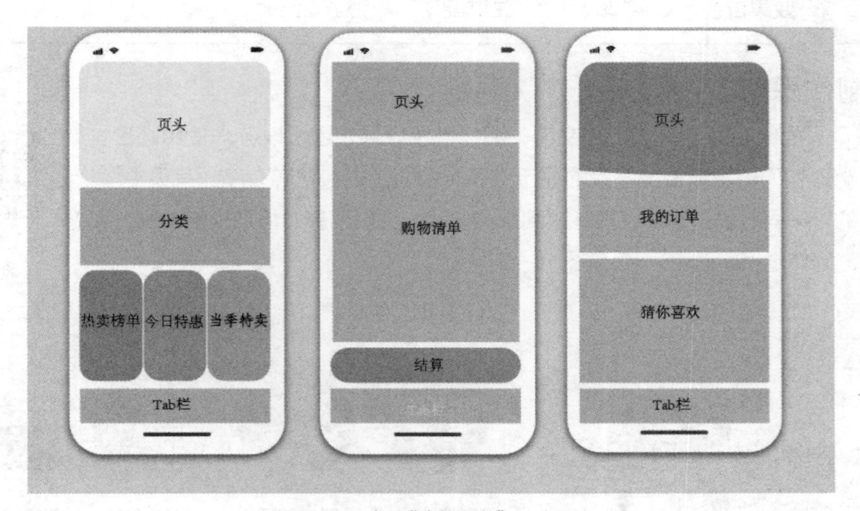

图10-51　布局“生鲜配送”App界面

知识补充

App界面设计

App界面设计是为满足应用软件专业化的需求，而对App的使用界面进行美化、优化、规范化的设计，具体包括App图标、App各类界面，界面中的各模块、色彩和视觉风格等设计内容。App界面设计注重用户体验、界面元素的一致性、可视化层次结构，设计师围绕这些设计要点进行设计，才能设计出功能强大、易用且吸引人的App界面，从而提升用户满意度、用户留存率。

本案例的参考效果如图10-52所示。

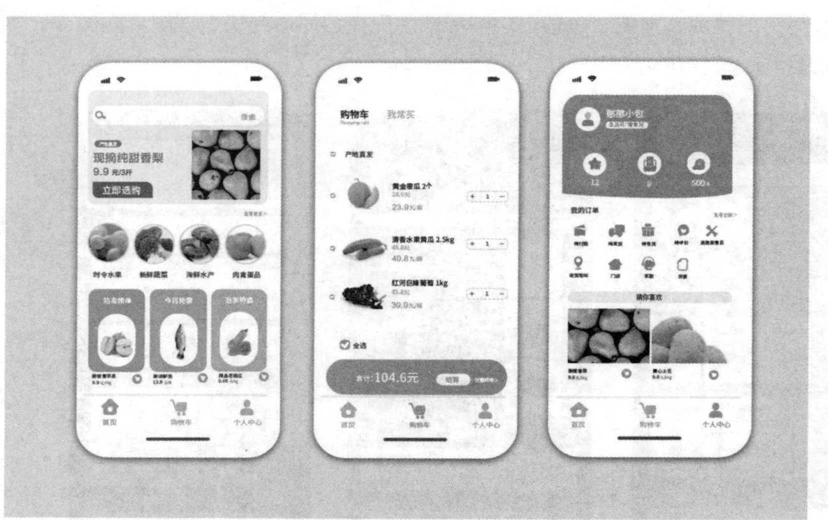

高清彩图

图10-52 “生鲜配送”App界面升级参考效果

素材位置：素材\项目10\“生鲜配送”App界面原图.ai

效果位置：效果\项目10\“生鲜配送”App界面.ai

2. 制作思路

微课视频

“生鲜配送”App界面升级

制作首页界面时，除了可以优化文字、图标显示效果，还可以考虑使用圆形、圆角矩形、矩形作为蒙版来规范图片的显示范围，使图片更加整齐有序。首页中增加了大面积的、不同深浅的绿色色块，起到分割内容、突出信息、增加视觉冲击力、装饰的作用。制作过程如图10-53～图10-56所示。

图10-53 制作首页“页头”模块

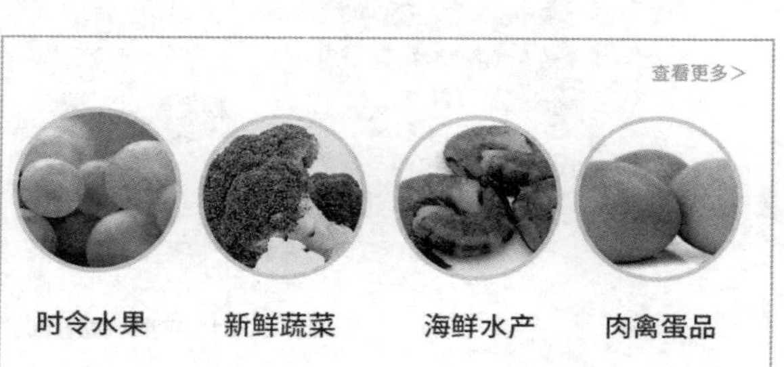

图10-54 制作首页“分类”模块

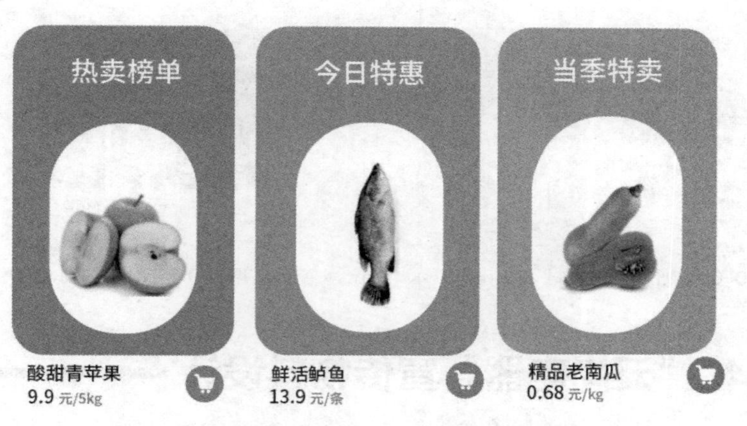

图10-55　制作“热卖榜单”“今日特惠”“当季特卖”模块

图10-56　制作底部Tab栏

制作购物车界面时，可优化按钮形状、颜色，重新设计文字，使该界面与首页界面的风格、色彩一致；底部Tab栏可以直接套用首页界面的设计，注意通过文字色彩的变化来区分图标的重要层次。制作过程如图10-57～图10-58所示。

图10-57　优化按钮

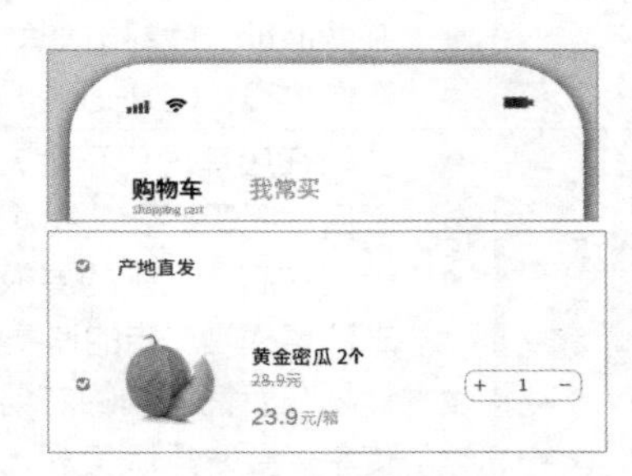

图10-58　设计文字

制作个人中心界面时，对该界面的“页头”模块进行加高、弯曲处理，将收藏夹、红包和卡券、余额设计成图标并合并到页头进行展示；然后绘制水果图形装饰页头，图形色彩采用了绿色；在设计“我的订单”模块的图标时，可充分利用原型图中的图标元素进行二次优化设计，注意图标分布均匀，界面整齐有序。制作过程如图10-59～图10-61所示。

图10-59　制作“页头”模块

图10-60　制作“我的订单”模块

图10-61　制作“猜你喜欢”模块

任务10.4　“云尚电器”宣传物料设计

案例背景及要求

项目名称	“云尚电器”宣传物料设计	部门	设计部	设计人员	米拉
项目背景	“云尚电器”是一家以售卖家电为主业的品牌，为扩大市场覆盖范围，吸引更多的消费者，增加市场份额，决定在成都市青羊大道新开设一家分店，现需要进行“新店开业低至6折”的促销活动，以展现品牌能力和实力，同时增加客流量，吸引潜在目标消费者到店选购				
基本信息	● 品牌：云尚电器 ● 开业优惠：新店开业低至6折 ● 开业时间：2023年9月10日 ● 开业地址：成都市青羊大道××号云尚电器 ● 咨询热线：028-5621××××				
客户需求	● 计划在店铺门口正上方悬挂开业横幅广告，大力宣传开业折扣信息，要求美观、醒目、简明扼要，能够快速吸引消费者前来购买产品 ● 计划在店铺门前的展板上张贴开业宣传广告，要求与横幅内容一致，能够快速向未注意横幅广告的消费者传达开业折扣信息 ● 计划在店铺周边的广场、十字路口、地铁站等人流量聚集的地方发放开业折扣宣传单，要求排版美观，展示开业折扣的同时列举部分热销产品的优惠信息，以吸引更多的潜在目标消费者进店查看				
项目素材	图像素材： 电饭煲　滚筒洗衣机　家电　空气炸锅　扫地机器人　液晶电视　榨汁机　云尚电器Logo 电器图标				
作品清单	● 开业横幅广告电子稿一份：尺寸为1800mm×350mm，分辨率为300像素/英寸（1英寸=2.54厘米），颜色模式为CMYK ● 开业宣传海报电子稿一份：尺寸为420mm×285mm，分辨率为300像素/英寸，颜色模式为CMYK ● 开业宣传单电子稿一份：尺寸为210mm×285mm，分辨率为300像素/英寸，颜色模式为CMYK				

案例分析及制作

1. 案例构思

(1) 开业横幅广告

- **布局设计：** 横幅广告通常以文字为主，直接将“新店开业低至6折”开业优惠信息放大显示在广告中，在顶部放置品牌Logo，在文字两侧放置店铺图像中的装饰图形。
- **文字设计：** 采用较粗的“方正汉真广标简体”字体，通过旋转、倾斜、字体大小对比、渐变轮廓来增强文字美感。
- **色彩设计：** 黄色给人温暖、快活的感觉，可使消费者感到温暖、亲切，很适合作为开业宣传的主色；辅助色采用不同深浅的蓝色、白色、深灰色，蓝色具有收缩内敛、清冷低调的特点，符合电器行业特征，且蓝色和黄色属于对比色，两者相互衬托，视觉冲击力较强。色彩设计如图10-62所示。

图10-62 色彩设计

(2) 开业宣传海报

- **布局设计：** 海报中间放置优惠信息文字，四周分布品牌Logo、产品图形进行装饰。
- **文字设计：** 直接使用开业横幅广告中的文字设计，修改文字组合方式，将一排文字显示为两排，修改偏移参数，添加投影，更改文字颜色等，使文字在视觉上与其他物料具有统一感。

(3) 开业宣传单

- **布局设计：** 顶部放置优惠信息文字和品牌Logo；在中间绘制圆角矩形，用于放置促销产品图像与信息，呈2行3列等距展示，利用矩形修饰产品信息和促销价格；宣传单底部放置地址和咨询热线等信息。
- **文字设计：** 直接使用开业宣传海报中的文字设计，再进行扩展，避免调整大小时，艺术字效果产生变化。
- **色彩设计：** 与开业宣传海报相比，增加了产品与产品信息的展示，该区域可以粉红色、红色为点缀色，如图10-63所示，用于突出产品的名称与价格信息，营造促销氛围；用深灰色和白色作为产品信息文字的颜色，便于快速识别。

10-63 点缀色

本案例的参考效果如图10-64所示。

开业横幅广告

开业宣传海报

开业宣传单

图10-64 “云尚电器”宣传物料参考效果

素材位置： 素材\项目10\云尚电器物料\

效果位置： 效果\项目10\开业横幅广告.ai、开业宣传海报.ai、开业宣传单.ai

2. 制作思路

制作开业横幅广告时，填充背景色后，结合图形混合功能来设计背景的图案；使用文字工具组中的工具输入文字，注意文字分开输入，便于单独调整文字大小、角度；利用偏移路径和渐变填充功能设置渐变轮廓效果，调整部分文字的颜色，再添加其他元素。制作过程如图10-65～图10-70所示。

图10-65 制作横幅广告背景

图10-66 输入并调整文字倾斜和旋转角度

图10-67　复制文字并偏移路径

图10-68　为底部文字添加渐变填充

图10-69　调整部分文字的颜色

图10-70　添加图形、产品图像、品牌Logo

制作开业宣传海报时，使用了横幅广告的艺术字样式和背景元素，并新增了电器图标进行装饰，将横幅广告中一排显示的文案调整为两排显示，调整文字颜色。制作过程如图10-71～图10-73所示。

图10-71　移动并调整背景、文字和装饰

图10-72　更改文字颜色并添加投影

图10-73　添加图形、图标、产品图像、品牌Logo

制作开业宣传单时，除了利用前面的元素，还需置入电器图像，对名称、价格信息进行组合排版设计，利用矩形、圆角矩形、圆形制作文字底纹，利用偏移路径和渐变填充功能设置渐变轮廓效果。制作过程如图10-74～图10-76所示。

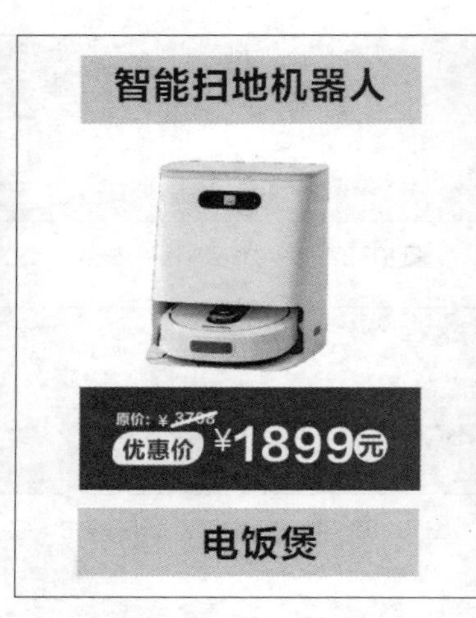

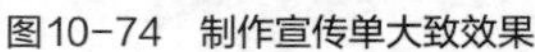

图10-74　制作宣传单大致效果　　图10-75　制作产品模块　　图10-76　制作其他产品模块与底部模块

任务10.5　“天府地产”手机海报设计

案例背景及要求

<table>
<tr><td>项目名称</td><td>“天府地产”手机海报设计</td><td>部门</td><td>设计部</td><td>设计人员</td><td>米拉</td></tr>
<tr><td>项目背景</td><td colspan="5">“天府地产”是一家房地产公司，提供天府新区房产交易服务，包括天府新区买房、天府新区卖房、二手房购买、房屋租赁、新房出售等服务。现某处楼盘正处于开盘热销中，为推广该楼盘，该房地产公司准备在各个社交平台推送手机海报，以扩大宣传，挖掘潜在客户，促进楼盘销售</td></tr>
<tr><td>基本信息</td><td colspan="5">● 品牌：天府地产
● 主题：买房低负担
● 海报文字：详见“天府地产.txt”素材</td></tr>
<tr><td>客户需求</td><td colspan="5">● 文字信息层级清晰，重点信息突出
● 采用纯文字风格，色彩绚丽
● 布局合理、主题清晰，画面具有吸引力</td></tr>
<tr><td>项目素材</td><td colspan="5">图像素材：
天府地产　二维码
天府地产Logo和二维码</td></tr>
<tr><td>作品清单</td><td colspan="5">“天府地产”手机海报电子稿一份：尺寸为1242px×2208px，分辨率为72像素/英寸（1英寸=2.54厘米），颜色模式为RGB</td></tr>
</table>

案例分析及制作

1. 案例构思

微课视频
"天府地产"手机海报设计

- **文字设计：** 文字排列组合的视觉效果直接影响海报信息的传达。通过对话框、字体大小对比、色块修饰来排列组合文字，凸出文字层次。如将“买房”文字加大，采用较粗字体“方正兰亭粗黑简体”；将“低负担”文字变小，用白色色块凸出显示，与“买房”形成对比。
- **色彩设计：** 由于手机海报的主题为“买房低负担”，因此可选用代表促销的红色作为主色，以白色为辅助色，以黄色为点缀色。为增加海报质感，采用径向渐变的红色制作背景，利用线性渐变的黄色修饰“买房”文字。

本案例的参考效果如图10-77所示。

素材位置： 素材\项目10\天府地产Logo.ai、天府地产.txt、二维码.ai

效果位置： 效果\项目10\“天府地产”手机海报.ai

2. 制作思路

制作“天府地产”手机海报时，可使用“渐变工具” 填充背景色，添加Logo并绘制装饰线，绘制对话框图形，使用形状工具组中的工具为部分文字绘制底纹，以修饰文字；使用“文字工具” 输入文字，调整文字字体、大小、颜色、字符间距，最后添加二维码图标。制作过程如图10-78～图10-85所示。

高清彩图

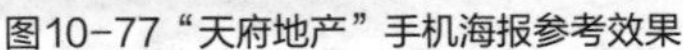
图10-77“天府地产”手机海报参考效果

图10-78　制作背景　　图10-79　绘制对话框图形　　图10-80　绘制矩形

图10-81　在对话框内输入文字　　图10-82　绘制矩形并调整文字　　图10-83　扩展文字并创建渐变效果

图10-84　设计海报中下模块

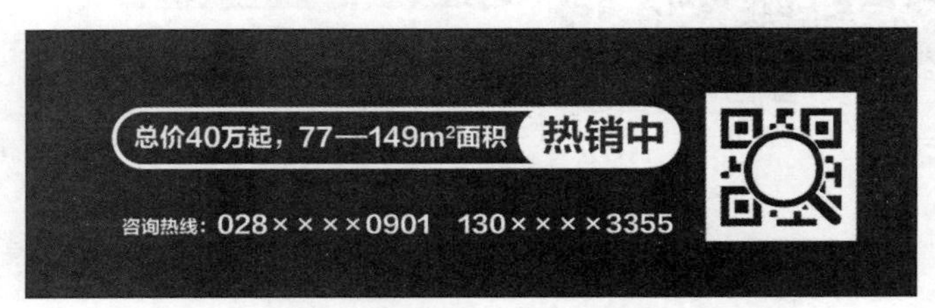

图10-85　设计海报底部模块

附录1 拓展案例

本书精选了15个拓展案例供读者自我练习与提高，从而提升使用Illustrator处理图像的能力。请登录人邮教育社区下载本书的配套资源（每个案例的制作要求、素材文件、参考效果等）。

招贴设计

界面设计

网店设计

附录2 设计师的自我修炼

成长为一名优秀的设计师，需要了解设计的基本概念、设计的发展、设计形态，运用设计的思维去观察、分析、提炼、重构事物；学习色彩的基础知识，培养对色彩的感知能力，加深对色彩关系、色调强调、色彩情感表现等的认知；能够运用平面构成、色彩构成、立体构成的理论和方法，设计出符合功能需求和审美需求的作品。